国家地表水环境质量监测网监测任务作业指导书

（试行）

环境保护部环境监测司
中国环境监测总站
编

中国环境出版集团·北京

图书在版编目（CIP）数据

国家地表水环境质量监测网监测任务作业指导书：试行/环境保护部环境监测司，中国环境监测总站编. —北京：中国环境出版集团，2017.7（2021.8 重印）
ISBN 978-7-5111-3227-7

Ⅰ. ①国… Ⅱ. ①环…②中… Ⅲ. ①地面水—水质监测—技术方法—中国 Ⅳ. ①X832

中国版本图书馆 CIP 数据核字（2017）第 144137 号

出 版 人 武德凯
责任编辑 张 倩
责任校对 尹 芳
封面设计 岳 帅

出版发行 中国环境出版集团
（100062 北京市东城区广渠门内大街 16 号）
网 址：http://www.cesp.com.cn
电子邮箱：bjgl@cesp.com.cn
联系电话：010-67112765（编辑管理部）
010-67112735（第一分社）
发行热线：010-67125803，010-67113405（传真）

印 刷 北京市联华印刷厂
经 销 各地新华书店
版 次 2017 年 7 月第 1 版
印 次 2021 年 8 月第 4 次印刷
开 本 787×1092 1/16
印 张 18
字 数 420 千字
定 价 55.00 元

前　言

为了贯彻落实《中华人民共和国环境保护法》《生态环境监测网络建设方案》和《国家生态环境质量监测事权上收实施方案》，规范化开展国家网监测工作，提高国家网监测数据的可比性，制定本作业指导书。

本指导书含 28 个文件，叙述了国家网监测任务全过程的操作规程。内容涵盖了样品采集、保存与运输技术要点，水温、pH 值、溶解氧、电导率、透明度和盐度现场监测项目操作注意事项，实验室分析测试方法选择，高锰酸盐指数、化学需氧量、五日生化需氧量、氨氮、总磷、总氮、铜、铅、锌、镉、砷、硒、汞、氟化物、六价铬、氰化物、挥发酚、石油类、阴离子表面活性剂、硫化物、粪大肠菌群、叶绿素 a、硝酸盐、亚硝酸盐、硫酸盐、氯化物、铁、锰、硅酸盐的测定，内部质量控制与质量保证要求和数据处理及报送要求。

本指导书主要参与编写单位：中国环境监测总站、辽宁省环境监测实验中心、上海市环境监测中心、江苏省环境监测中心、浙江省环境监测中心、安徽省环境监测中心站、山东省环境监测中心站、河南省环境监测中心、广东省环境监测中心、重庆市生态环境监测中心、四川省环境监测总站、浙江省舟山海洋生态环境监测站、广西壮族自治区海洋环境监测中心站、大连市环境监测中心、无锡市环境监测中心站、常州市环境监测中心、福州市环境监测中心站、武汉市环境监测中心。

本指导书自发布之日起实施。

本指导书由中国环境监测总站负责解释。

目 录

一、术语和定义

1．总氮

指在《水质　总氮的测定　碱性过硫酸钾消解紫外分光光度法》（HJ 636）规定的条件下，能测定的样品中溶解态及悬浮物中氮的总和，包括亚硝酸盐氮、硝酸盐氮、无机铵盐、溶解态氨及大部分有机含氮化合物中的氮。

2．铜、铅、锌、镉、铁、锰

铜、铅、锌、镉、铁和锰，指的是溶解态含量。即采样后在现场立即用0.45 μm的微孔滤膜过滤后，再进行测定的含量。

3．砷、硒、汞

砷、硒、汞，指的是总量。即未经过滤的样品经消解后所测得的含量。

4．氰化物

指在pH=4介质中，硝酸锌存在的情况下，加热蒸馏，能形成氰化氢的氰化物，包括全部简单氰化物（多为碱金属和碱土金属的氰化物）和锌氰络合物，不包括铁氰化物、亚铁氰化物、铜氰络合物、镍氰络合物和钴氰络合物。

5．挥发酚

指随水蒸气蒸馏出并能和4-氨基安替比林反应生成有色化合物的挥发性酚类化合物，结果以苯酚计。

6．石油类

指在《水质　石油类和动植物油类的测定　红外分光光度法》（HJ 637）规定的条件下，能够被四氯化碳萃取且不被硅酸镁吸附的物质。

7．阴离子表面活性剂

指普通合成洗涤剂的主要活性成分。使用最广泛的阴离子表面活性剂是直链烷基苯磺酸钠（LAS），《水质　阴离子表面活性剂的测定　亚甲蓝分光光度法》（GB/T 7494）采用LAS作为标准物质，其烷基碳链在C_{10}～C_{13}，平均碳数为12，平均分子量为344.4。

8．全程序空白

指置于样品容器中并按照与实际样品一致的程序进行测定的实验室用纯水。所谓一致的程序包括装入样品瓶中、运至采样现场、暴露于现场环境、贮藏、保存以及所有的分析步骤等。设置全程序空白样品的目的在于确认采样、保存、运输、前处理和分析全过程中是否存在污染和干扰。

9．实验室空白

指按照与实际样品一致的分析操作步骤进行测定的实验室用纯水。设置实验室空白样品的目的在于确认前处理和分析过程中是否存在污染和干扰。

二、样品采集、保存与运输技术要点

1. 目的

明确水样采集、保存与运输的技术要求，制定本技术要点。

2. 适用范围

适用于地表水水质样品采集、保存和运输过程。

3. 采样设备和防护装备

水质采样器具、静置用容器、样品瓶、样品冷藏设备、铝箔、密封条、标签、采样记录、绳索、测距仪、流量计（可测深度）、摄像机或相机、GPS、救生衣等。

冰封期采样根据需要选用冰钎、电动钻冰机或手摇冰钻等。

4. 采样位置

使用GPS或固定标志物来保证监测断面位置的准确和固定。一般情况下，在一个监测断面上设置的采样垂线数和各垂线上的采样点数按照表2-1、表2-2和表2-3来执行。除以下特殊情况外，不允许只采集岸边样品。

（1）断面所处桥梁被淹没且附近没有船只可以租用等不能保证采样安全的特殊情况，无法按照规定布设垂线，需拍照并在样品采集记录表中写明情况。

（2）断面所处河段水位较浅，无法行船，附近没有桥梁等特殊情况，无法按照规定布设垂线，需拍照并在样品采集记录表中写明情况。

（3）因其他客观原因，断面无法按照规定布设垂线，需拍照并在样品采集记录表中写明情况。

表2-1　采样垂线数的设置

水面宽	垂线数	说明
≤50 m	一条（中泓）	垂线布设应避开污染带，同时在污染带增加监测垂线
50～100 m	两条（近左、右岸有明显水流处）	
＞100 m	三条（左、中、右）	

表2-2　河流采样垂线上采样点数的设置

水深	采样点数	说明
≤5 m	上层一点	1. 上层指水面下0.5 m处，水深＜0.5 m时，在水深1/2处 2. 中层指1/2水深处 3. 下层指河底以上0.5 m处
5～10 m	上、下层两点	
＞10 m	上、中、下层三点	

表 2-3　湖（库）监测垂线采样点的设置

<table>
<tr><th>水深</th><th>分层情况</th><th>采样点数</th><th>说明</th></tr>
<tr><td>≤5 m</td><td></td><td>一点（水面下 0.5 m 处）</td><td rowspan="5">1．分层是指湖水温度分层状况
2．水深不足 1 m，在 1/2 水深处设置采样点
3．有充分证据证实垂线水质均匀时，可酌情减少采样点</td></tr>
<tr><td rowspan="2">5～10 m</td><td>不分层</td><td>两点（水面下 0.5 m，水底上 0.5 m）</td></tr>
<tr><td>分层</td><td>三点（水面下 0.5 m，1/2 斜温层，水底上 0.5 m 处）</td></tr>
<tr><td>＞10 m</td><td></td><td>除水面下 0.5 m、水底上 0.5 m 处外，按每一斜温层分层 1/2 处设置</td></tr>
</table>

另外，长江口、珠江口等入海河流断面应根据实际情况增加采样垂线数。因客观原因或不具备能力而不能按照水深要求采集中下层水样时，应在样品采集记录表中写明情况。

5．技术要求

5.1 监测断面断流采集要求

监测断面断流（水面不连续、仅有零星水样或冰层下无水）可不采样，但需拍照并做好记录，按相关规定上报。

5.2 冰封期监测断面采集注意事项

（1）在确保安全的条件下，进行钻冰采样。

（2）水体封冻，采集冰下水深 0.5 m 处的水样，水深小于 0.5 m 时，在水深 1/2 处采样。

（3）破开冰面后，观察水体是否为活水，如有水涌出，需进行采样，否则不采样，但需拍照并做好记录，按相关规定上报。

（4）无论采用什么方式钻冰孔，都应采取措施避免所采样品受钻冰影响而沾污，从而影响样品代表性。

（5）在符合相关标准要求的情况下，尽量选择聚乙烯容器。

（6）采样时，如果环境温度过低，样品进入容器内即结冰，可不用样品荡洗。

（7）建议在采样前将固定剂提前加入样品瓶中，防止水样倒入容器后冻冰而无法加入固定剂或无法与固定剂混匀。

（8）由于天气原因溶解氧无法在现场测定时，可采用实验室的方法进行分析。

5.3 受潮汐影响的监测断面采集要求

受潮汐影响的监测断面采集涨平潮位和退平潮位的水样。除表层（水面下 0.5 m 处）样品外，采集分层样品或底层（5～10 m 的水底上 0.5 m）时，盐度大于 2 的水样不参与统计。若退平潮位的采集水样盐度均大于 2 时，应考虑调整断面位置。为保证采样安全，一般应根据潮汐变化，选择日间涨退潮时间完成采样。

5.4 样品采集

河流监测项目：电导率、水温、pH 值、溶解氧、高锰酸盐指数、化学需氧量、五日生化需氧量、氨氮、总磷、铜、锌、氟化物、硒、砷、汞、镉、六价铬、铅、氰化物、挥发酚、石油类、阴离子表面活性剂、硫化物、粪大肠菌群

湖库增加项目：透明度、总氮、叶绿素 a
湖库不测项目：流量

入海控制断面增加项目：
盐度、总氮、硝酸盐氮、亚硝酸盐氮、硫酸盐、铁、锰、氯化物、硅酸盐

项目	采集要求
现场监测项目：电导率、水温、pH 值、溶解氧、透明度、盐度	现场测定
一般监测项目：高锰酸盐指数、化学需氧量、氨氮、总磷、氟化物、硒、砷、汞、六价铬、氰化物、挥发酚、阴离子表面活性剂、硫化物、总氮、硝酸盐氮、亚硝酸盐氮、硫酸盐、氯化物和硅酸盐	采样前先用水样荡涤采样容器和盛样容器 2～3 次。采样时不可搅动水底部的沉积物，不能混入漂浮于水面上的物质。水样采集后自然沉降 30 min，取上层非沉降部分。湖库样品采集，测定化学需氧量、高锰酸盐指数、总氮、总磷时，水样静置 30 min，用虹吸方式移取水样，吸管进水尖嘴应插至水样表层 50 mm 以下位置
单独采集项目：五日生化需氧量	使用干燥的样品瓶。采样前，不对样品瓶进行冲洗。采集的水样不进行自然沉降。将水样采集于棕色玻璃瓶中，水样必须注满，上部不留空间，样品量不少于 1 000 mL
单独采集项目：铜、铅、锌、镉、铁、锰	采样前先用水样荡涤采样容器和盛样容器 2～3 次。采集的水样必须在现场立即用 0.45 μm 的微孔滤膜过滤后装于聚乙烯采样瓶中
单独采集项目：石油类	使用干燥的样品瓶。采样前，不对样品瓶进行冲洗。采样前先破坏可能存在的油膜，在水面至 300 mm 采集柱状水样，采集的水样全部用于测定。用 1 000 mL 样品瓶（专用石油瓶或玻璃瓶）采集
单独采集项目：粪大肠菌群	单独采样，优先采集。使用已灭菌并且封包好的样品瓶。采样前，不对样品瓶进行冲洗。采样量一般为采样瓶容量的 80%左右
单独采集项目：叶绿素 a	使用干燥的样品瓶。采样前，不对样品瓶进行冲洗。如果水样中含沉降性固体如泥沙等，用铝箔避光沉降 30 min

图 2-1　样品分类采集要求示意图

5.4.1 水温、pH、溶解氧、电导率、透明度、盐度为现场监测项目

5.4.2 高锰酸盐指数、化学需氧量、氨氮、总氮、总磷、六价铬、硒、砷、汞、氰化物、氟化物、挥发酚、硫化物、阴离子表面活性剂、入海控制断面监测项目硝酸盐氮、亚硝酸盐氮、氯化物、硫酸盐、硅酸盐

采样前先用水样荡涤采样容器和盛样容器 2～3 次。采样时不可搅动水底部的沉积物，不能混入漂浮于水面上的物质。水样采集后自然沉降 30 min，取上层非沉降部分。

如果某项指标单独采集，则水样的体积不得少于表 2-4 中规定的最小采样量。如果多项指标合瓶采集，则水样的体积考虑重复分析和质量控制的需要，并留有余地。

注意事项：

（1）如果监测断面水样清澈，现场可不进行自然沉降 30 min，直接进行水样分装。水样返回实验室后，不可再次沉降，且测定前必须摇匀。

（2）水样在现场自然沉降 30 min 后，返回实验室，不可再次沉降，且测定前必须摇匀。

（3）使用船只采样，且在船上不具备沉降条件时，可在返回岸上后立即进行现场沉降。

（4）由于客观原因，无法在现场自然沉降 30 min 的，需拍照记录现场情况，并在采样记录表中写明原因。

（5）在采样记录表中，必须明确记录：①采集到的样品情况（浑浊、色、味等）；②说明是否进行现场自然沉降；③沉降后的水样情况（浑浊、色等）。

（6）对于自然沉降 30 min 后，仍然存在大量沉降性固体的河流：一是可以依据 SL 270 多泥沙河流水环境样品采集及预处理技术规程规定，将采样器中每次采集的水样全部通过 63 μm 的过滤筛，倒入一个较大的静置用容器中，储够需用量后，先将静置用容器中的水样搅拌均匀，然后边搅拌边灌装采样瓶。测定金属项目的样品应使用尼龙网过滤筛，测有机物项目的样品应使用不锈钢金属网筛。二是可以试行离心方式去除可沉降性固体，推荐参数 4 000 r/min，离心时间 5 min。若采用以上两种方式，须同时提供与自然沉降方式的比对数据。

（7）湖库样品采集，测定化学需氧量、高锰酸盐指数、总氮和总磷时，水样静置 30 min，用虹吸方式移取水样，吸管进水尖嘴应插至水样表层 50 mm 以下位置。

5.4.3 五日生化需氧量

单独采样，且使用干燥的样品瓶。采样前，不用水样对样品瓶进行冲洗。采集的水样不进行自然沉降。采样时不可搅动水底部的沉积物，不能混入漂浮于水面上的物质。将水样采集于棕色玻璃瓶中，水样必须注满，上部不留空间，样品量不少于 1 000 mL。

使用溶解氧瓶时需用水封口。

5.4.4 重金属铜、铅、锌、镉、入海控制断面监测项目铁和锰

采样前先用水样荡涤采样容器和盛样容器 2～3 次。采样时不可搅动水底部的沉积物，不能混入漂浮于水面上的物质。采集的水样必须在现场立即用 0.45 μm 的微孔滤膜过滤后装于聚乙烯采样瓶中，采集水样的体积不得少于方法规定的采样量，可参考表 2-4 中的采样量，贴好标签。

注意事项：

（1）每次过滤后需用去离子水清洗过滤装置，以防样品交叉污染。

（2）0.45 μm 的微孔滤膜可选择 5 cm 直径的滤膜。

（3）对于使用船只采样的断面，且在船上不具备过滤条件的，可在返回岸上后立即进行过滤。

5.4.5 石油类

单独采样，且使用干燥的样品瓶。采样前，不用水样对样品瓶进行冲洗。采样前先破坏可能存在的油膜，在水面至 300 mm 采集柱状水样，采集的水样全部用于测定。用 1 000 mL 样品瓶（专用石油瓶或玻璃瓶）采集。

5.4.6 粪大肠菌群

单独采样，优先采集。使用已灭菌并且封包好的样品瓶或无菌袋。采样前，不用水样对样品瓶进行冲洗。

采样时，小心开启包装纸和瓶盖，避免瓶盖及瓶子颈部受杂菌污染。采样后在瓶内要留有足够的空间，采样量一般为采样瓶容量的 80%左右。采样完毕，迅速扎上无菌包装纸。

5.4.7 叶绿素 a

单独采样，且使用干燥的样品瓶。采样前，不用水样对样品瓶进行冲洗。如果水样中含沉降性固体（如泥沙等），用铝箔避光沉降 30 min，取上层水样转移至棕色硬质玻璃瓶中。

5.5 样品保存要求

5.5.1 保存剂要求

水样采集完成后，应根据各项目标准分析方法的要求，在现场加入保存剂固定。各项目的保存剂及其用量，详见表 2-4 的要求。保存剂尽量使用优级纯及以上试剂。

分析方法中规定尽快分析的化学需氧量、氨氮、总磷（冷藏）、阴离子表面活性剂（冷藏）等项目，采集的水样当天能完成分析时，可不加保存剂。否则，应根据实验室采用的分析方法的要求，对样品进行固定保存，详见表 2-4。

注意事项：

（1）保存剂添加过程中，所用器具不可混用，避免交叉污染。

（2）适量添加保存剂，切勿过多，以免影响实验室分析。

5.5.2 冷藏要求

五日生化需氧量、氨氮、挥发酚、阴离子表面活性剂、粪大肠菌群、叶绿素 a、总磷（不加保存剂）、高锰酸盐指数（保存期超过 6h）、石油类（保存期超过 24h）、氟化物（不能尽快分析）、硫酸盐（不能尽快分析）、氯化物（不能尽快分析）、硝酸盐氮（不能尽快分析）和硝酸盐氮（不能尽快分析）等测定项目在运输过程中按照保存条件要求存放在冷藏设备中，详见表 2-4。

样品可放入带制冷功能的便携式冷藏箱（冷藏箱体不透光），调节温度于 0～5℃；若冷藏箱不带制冷功能，应使用冰袋保证冷藏箱的温度，同时应在运输过程中确保冷藏效果。

5.6 样品运输要求

水样采集后必须立即送回实验室。根据采样点的地理位置和每个项目分析前最长可保存的时间，选用适当的运输方式，在现场工作开始之前，就要安排好水样的运输工作，以防延误。

同一采样点的样品应装在同一包装箱内，如需分装在两个或几个箱子中，则需在每个箱内放入相同的现场采样记录。运输前，应检查现场采样记录上的所有水样是否全部装箱。

每个水样瓶均需贴上标签，内容有采样点位编号、采样日期和时间、测定项目、保存方法，并写明用何种保存剂。

每个水样瓶必须加以妥善的保存和密封，并装在包装箱内固定，以防在运输途中破损。除防震、避免日光照射和低温运输外，还要防止新的污染物进入容器和沾污瓶口，使水样变质。

5.7 质控样采集要求

5.7.1 全程序空白样品

每月采集的所有地表水样品（可以包含省控网、市控网水质样品），每组每次至少采集一个全程序空白样品，每年每个项目必须覆盖一次以上，现场监测项目除外。

5.7.2 现场平行样品

（1）采集现场平行样时，应等体积轮流分装成两份，并分别加入保存剂，注意不要装完一份瓶样品再装另一份样品。

（2）每月采集的所有地表水样品（可以包含省控网、市控网水质样品），现场平行样数量应至少为水样总数的 10%；每年每个项目必须覆盖一次以上，现场监测项目、石油类和粪大肠菌群不采集平行样。

5.8 实验室间分样注意事项

必须取用同一水样进行分装，水样分装应同时进行，禁止装完一瓶样品再装另一瓶样品。可选用多根虹吸管同时取样的分样方法。

石油类和粪大肠菌群单独采样，同一点位样品几方应同时完成采样，且采样位置尽可能靠近。

5.9 水样标签和采样记录注意事项

5.9.1 水样标签要求

每一份样品都应附一张完整的水样标签。水样标签应事先设计打印。标签内容至少包括“项目唯一性编号”“监测项目”“采样完成时间（精确到时）”和“是否加入保存剂”等信息。

5.9.2 采样记录注意事项

采样记录应及时完整记录采样现场的情况。采样记录的内容至少包括“样品唯一性编码”“采样点位”“监测项目”“保存条件”“水体表观特征”“天气状况”等信息。

6. 引用标准

6.1 《地表水和污水监测技术规范》（HJ/T 91—2002）

6.2 《地表水环境质量标准》（GB 3838—2002）

6.3 《水质 采样技术指导》（HJ 4949—2009）

6.4 《多泥沙河流水环境样品采集及预处理技术规程》（SL 270—2001）

6.5 《水质 河流采样技术指导》（HJ/T 52—1999）

6.6 《水质 高锰酸盐指数的测定》（GB/T 11892—1989）

6.7 《水质 化学需氧量的测定 重铬酸盐法》（GB/T 11914—1989）

6.8 《水质 五日生化需氧量（BOD_5）的测定 稀释与接种法》（HJ 505—2009）

6.9 《水质 氨氮的测定 纳氏试剂分光光度法》（HJ 535—2009）

6.10 《水质 总磷的测定 钼酸铵分光光度法》（GB/T 11893—1989）

6.11 《水质 总氮的测定 碱性过硫酸钾消解紫外分光光度法》（HJ 636—2012）

6.12 《水质 32种元素的测定 电感耦合等离子体发射光谱法》（HJ 776—2015）

6.13 《水质 铜、锌、铅、镉的测定 原子吸收分光光度法》（GB/T 7475—1987）

6.14 《水质 汞、砷、硒、铋和锑的测定 原子荧光法》（HJ 694—2014）

6.15 《水质 总汞的测定 冷原子吸收分光光度法》（HJ 597—2011）

6.16 《水质 六价铬的测定 二苯碳酰二肼分光光度法》（GB/T 7467—1987）

6.17 《水质 无机阴离子的测定（F^-、Cl^-、NO_2^-、Br^-、NO_3^-、PO_4^{3-}、SO_3^{2-}、SO_4^{2-}）离子色谱法》（HJ 84—2016）

6.18 《水质 氰化物的测定 容量法和分光光度法》（HJ 484—2009）

6.19 《水质 挥发酚的测定 4-氨基安替比林分光光度法》（HJ 503—2009）

6.20 《水质 石油类和动植物油类的测定 红外分光光度法》（HJ 637—2012）

6.21 《水质 阴离子表面活性剂的测定 亚甲蓝分光光度法》（GB/T 7494—1987）

6.22 《水质 硫化物的测定 亚甲基蓝分光光度法》（GB/T 16489—1996）

6.23 《水质 铁、锰的测定 火焰原子吸收分光光度法》（GB/T 11911—1989）

6.24 《海洋监测规范》（GB 17378.4—2007）

6.25 《水质采样 样品的保存和管理技术规定》（HJ 493—2009）

编写人员：

解　鑫（中国环境监测总站）

刘　京（中国环境监测总站）

丁　页（中国环境监测总站）

林健弟（广东省环境监测中心）

李　彤（广东省环境监测中心）

谢　争（上海市环境监测中心）

林芸辉（上海市环境监测中心）

潭泉峰（上海市环境监测中心）

廖　翀（四川省环境监测总站）

陈雨艳（四川省环境监测总站）

谢小红（四川省环境监测总站）

谢文理（常州市环境监测中心）

表 2-4　样品采集和保存要求

项目	采样容器	保存剂及用量	保存期	最少采样量/mL	容器洗涤	采样注意事项	来源
高锰酸盐指数	G	H_2SO_4，使样品 pH≤2	6 h	500	Ⅰ		《水质　高锰酸盐指数的测定》（GB/T 11892—1989）
	G	H_2SO_4，使样品 pH≤2，0～5℃避光保存	2 d				
化学需氧量	G		尽快分析	100	Ⅰ		《水质　化学需氧量的测定　重铬酸盐法》（GB/T 11914—1989）
		H_2SO_4，使样品 pH≤2，0～5℃保存	5 d				
五日生化需氧量	棕 G	0～5℃避光保存	24 h	1 000	Ⅰ	采集的水样必须注满采样瓶，上部不留空间	《水质　五日生化需氧量（BOD_5）的测定　稀释与接种法》（HJ 505—2009）
氨氮	G.P		尽快分析	250	Ⅰ		《水质　氨氮的测定　纳氏试剂分光光度法》（HJ 535—2009）
		H_2SO_4，使样品 pH≤2，0～5℃保存	7 d				
总磷	G	H_2SO_4，使样品 pH≤1	24 h	500	Ⅳ		《水质　总磷的测定　钼酸铵分光光度法》（GB/T 11893—1989）
		0～5℃保存					
总氮	G.P	H_2SO_4，使样品 pH≤2	7 d	250	Ⅰ		《水质　总氮的测定　碱性过硫酸钾消解紫外分光光度法》（HJ 636—2012）
铜、铅、锌、镉	P	浓 HNO_3，使 HNO_3 含量达到 1%	14 d	100	Ⅲ	采样前，用洗涤剂和水依次洗净聚乙烯瓶，置于硝酸溶液（硝酸溶液：1+1）浸泡 24 h 以上，用实验用水彻底洗净	《水质　32 种元素的测定　电感耦合等离子体发射光谱法》（HJ 776—2015）
				250		采集后立即通过 0.45 μm 滤膜过滤，得到的滤液立即酸化	《水质　铜、锌、铅、镉的测定　原子吸收分光光度法》（GB/T 7475—1987）石墨炉原子吸收法《水和废水监测分析方法（第四版）》
硒、砷	P	1 L 水样中加浓 HCl 2 mL	14 d	250	Ⅲ		《水质　汞、砷、硒、铋和锑的测定　原子荧光法》（HJ 694—2014）

项目	采样容器	保存剂及用量	保存期	最少采样量/mL	容器洗涤	采样注意事项	来源
汞	P	若水样为中性，1 L 水样中加浓 HCl 5 mL	14 d	250	III		《水质 汞、砷、硒、铋和锑的测定 原子荧光法》（HJ 694—2014）
	P	每升水样中加入 10 mL 浓 HCl，然后加入 0.5 g 重铬酸钾（优级纯），若橙色消失，应适当补加重铬酸钾，使水样呈持久的淡橙色，密塞，摇匀。在室温阴凉处放置	1 m	1 000	III	采集水样时，样品应尽量充满样品瓶，以减少器壁吸附。	《水质 总汞的测定 冷原子吸收分光光度法》（HJ 597—2011）
六价铬	G	NaOH，调节 pH 约为 8	24 h	250	III	采集后尽快测定	《水质 六价铬的测定 二苯碳酰二肼分光光度法》（GB/T 7467—1987）
氟化物	P		尽快分析	250	I		《水质 无机阴离子的测定（F^-、Cl^-、NO_2^-、Br^-、NO_3^-、PO_4^{3-}、SO_3^{2-}、SO_4^{2-}）离子色谱法》（HJ 84—2016）
		0～5℃避光保存	14 d			若不能及时测定，应经抽气过滤装置过滤，于 4℃以下冷藏、避光保存	
氰化物	G.P G.P	0～5℃保存，1 L 水样中加 0.5 g 固体 NaOH，使水样 pH＞12	24 h	500	I	现场采样时，需用所采水样淋洗 3 次后再采水样	《水质 氰化物的测定 容量法和分光光度法》（HJ 484—2009）
挥发酚	G	0～5℃保存，用 H_3PO_4 调 pH 约为 4，并加适量硫酸铜，使样品中硫酸铜质量浓度约为 1 g/L	24 h	500	I	1．注意浓磷酸对其他分析项目的沾污，尤其是总磷 2．将样品滴于淀粉-碘化钾试纸上若出现蓝色，说明存在游离氯等氧化剂，可加入过量的硫酸亚铁去除氧化剂	《水质 挥发酚的测定 4-氨基安替比林分光光度法》（HJ 503—2009）

项目	采样容器	保存剂及用量	保存期	最少采样量/mL	容器洗涤	采样注意事项	来源
石油类	G	HCl，使水样 pH≤2	24 h	1 000	Ⅱ	采集石油类的水样，不进行采样瓶（容器）的冲洗。采样前先破坏可能存在的油膜，用直立式采水器把玻璃材质容器安装在采水器的支架中，将其放到 300 mm 深度，边采水边向上提升，在到达水面时剩余适当空间；测定油类的水样，应在水面至 300 mm 采集柱状水样，并单独采样，全部用于测定。用 1 000 mL 样品瓶（专用石油瓶或玻璃瓶）采集地表水。不适合采集混合样品，需采取单独储存方式	《水质 石油类和动植物油类的测定 红外分光光度法》（HJ 637—2012）
	G	HCl，使水样 pH≤2，0～5℃保存	3 d				
阴离子表面活性剂	G	0～5℃保存	24 h	250	Ⅳ		《水质 阴离子表面活性剂的测定 亚甲蓝分光光度法》（GB/T 7494—1987）
	G	0～5℃保存，1%（V/V）的甲醛溶液	4 d				
	G	0～5℃保存，需用氯仿饱和水样	8 d				
硫化物	棕 G	1 L 水样中加入 NaOH（4 g/100mL）1 mL，$Zn(AC)_2$（50 g 乙酸锌和 12.5 g 乙酸钠溶于 1 000 mL 水中）2 mL	7 d	250	Ⅰ	1．水样采集时先加入适量乙酸锌-乙酸钠溶液，再采集水样 2．水样充满容器，瓶塞下不留空气	《水质 硫化物的测定 亚甲基蓝分光光度法》（GB/T 16489—1996）
粪大肠菌群	灭菌 G/无菌袋	0～5℃保存	6 h			样品采集至瓶肩（约 80%）	《水质 采样样品的保存和管理技术规定》（HJ 493—2009）

项目	采样容器	保存剂及用量	保存期	最少采样量/mL	容器洗涤	采样注意事项	来源
叶绿素 a	棕 G	1 L 水样中计入 1%碳酸镁悬浊液 1mL	4 h	500 或 1 000			
		0～5℃避光保存，1L 水样中加入 1%碳酸镁悬浊液 1mL	4～48 h				
铁、锰	P	浓 HNO_3，使 HNO_3 含量达到 1%	14 d	100	III	采集后立即通过 0.45 μm 滤膜过滤，得到的滤液立即酸化	《水质 32 种元素的测定 电感耦合等离子体发射光谱法》（HJ 776—2015）
		HNO_3，使水样 pH≤2		250			《水质 铁、锰的测定 火焰原子吸收分光光度法》（GB/T 11911—1989）
硫酸盐	G.P	尽快分析；若不能及时测定，应经抽气过滤装置过滤，0～5℃避光保存	30 d	250	I		《水质 无机阴离子的测定 离子色谱法》（HJ 84—2016）
氯化物	G.P		30 d				
硝酸盐氮	G.P		7 d				
亚硝酸盐氮	G.P		2 d				
活性硅酸盐	P		24 h	500	II		《海洋监测规范》（GB 17378.4—2007）

注：（1）G 为硬质玻璃瓶；P 为聚乙烯瓶（桶）。

（2）I，II，III，IV表示四种洗涤方法，如下：I：洗涤剂洗一次，自来水三次，蒸馏水一次；II：洗涤剂洗一次，自来水洗两次，1+3 HNO_3 荡洗一次，自来水洗三次，蒸馏水一次；III：洗涤剂洗一次，自来水洗两次，1+3 HNO_3 荡洗一次，自来水洗三次，去离子水一次；IV：铬酸洗液洗一次，自来水洗三次，蒸馏水洗一次。

（3）经 160℃干热灭菌 2 h 的微生物、生物采样容器，必须在两周内使用，否则应重新灭菌；经 121℃高压蒸汽灭菌 15 min 的采样容器，如不立即使用，应于 60℃将瓶内冷凝水烘干，两周内使用。细菌监测项目采样时不能用水样冲洗采样容器，不能采混合水样，应单独采样后 2 h 内送实验室分析。

（4）保存方式相同的项目，可根据实际情况合并到同一采样瓶。

三、现场监测项目操作注意事项

1．目的

指导现场监测项目水温、pH、溶解氧、电导率、透明度、盐度的正确规范开展。

2．适用范围

适用于现场监测项目在采样现场的操作全过程。

3．水温测定操作注意事项

3.1 按照仪器使用说明书准备水温测定操作规程，便于现场监测人员使用。

3.2 表层水温计：适用于测量水的表层温度，测量范围满足−6～+40℃，分度值为 0.2℃。

3.3 深水温度计：适用于水深 40 m 以内的水温的测量，测量范围满足−2～+40℃，分度值为 0.2℃。

3.4 水样测定：将水温计投入水中至待测深度，感温 5 min 后，迅速上提并立即读数。从水温计离开水面至读数完毕应不超过 20 s；读数完毕后，将筒内水倒净。

3.5 当现场气温高于 35℃或低于−30℃时，水温计在水中的停留时间要适当延长，以达到温度平衡。

3.6 在冬季的东北地区读数应在 3 s 内完成，否则水温计表面形成一层薄冰，影响读数的准确性。

3.7 温度计应在检定有效期内使用。

3.8 监测人员需要经过培训、考核合格后方可上岗。

4．pH 测定操作注意事项

4.1 按照仪器使用说明书准备 pH 测定操作规程，便于现场监测人员使用。

4.2 水样测定：先用蒸馏水仔细冲洗电极，再用水样冲洗，然后将电极浸入水样中，小心搅拌或摇动，待读数稳定后记录 pH。

4.3 由于不同复合电极构成各异，其浸泡方式会有所不同，有些电极要用蒸馏水浸泡，而有些则严禁用蒸馏水浸泡电极，须严格遵守操作规程，以免损坏电极。

4.4 测定时，复合电极（含球泡部分）应全部浸入水样中。

4.5 电极受污染时，可用低于 1 mol/L 稀盐酸溶解无机盐垢，用稀洗涤剂（弱碱性）除去有机油脂类物质，稀乙醇、丙酮、乙醚除去树脂高分子物质，用酸性酶溶液（如食母生片）除去蛋白质血球沉淀物，用稀漂白液、过氧化氢除去颜料类物质等。

4.6 注意电极的出厂日期及使用期限，存放或使用时间过长的电极性能将变劣。

4.7 便携式 pH 计应在检定有效期内使用。

4.8 测试水样前，现场测定质控样。

4.9 监测人员需要经过培训、考核合格后方可上岗。

5. 溶解氧测定操作注意事项

5.1 按照仪器使用说明书准备溶解氧仪测定操作规程，便于现场监测人员使用。

5.2 水样测定：将探头浸入水样中，不能有空气泡截留在膜上，停留足够的时间，待探头温度与水温达到平衡，且数字显示稳定时读数。

探头的膜接触水样时，水样要保持一定的流速，防止与膜接触的瞬间将该部位水样中的溶解氧耗尽，使读数发生波动。

对于流动样品（如河水）：应检查水样是否有足够的流速（不得小于0.3 m/s），若水流速低于0.3 m/s需在水样中往复移动探头，或者取分散样品进行测定。

5.3 校正：必要时，根据所用仪器的型号和对测量结果的要求，检验水温、气压或含盐量，并对测定结果进行校正。同时在采样记录表上记录水温、气压和盐度。

5.4 新仪器投入使用前或更换电极或电解液以后，应检查仪器的线性，一般每隔两个月进行一次线性检查。

检查方法：通过测定一系列不同浓度蒸馏水样品中溶解氧的浓度来检查仪器的线性。向3～4个250 mL完全充满蒸馏水的细口瓶中缓缓通入氮气泡，去除水中氧气，用探头时刻测量剩余的溶解氧含量，直到获得所需溶解氧的近似质量浓度，然后立刻停止通氮气，用碘量法测定水中准确的溶解氧质量浓度。

若探头法测定的溶解氧浓度值与碘量法在显著性水平为5%时无显著性差异，则认为探头的响应呈线性。否则，应查找偏离线性的原因。

5.5 电极的维护和再生。

5.5.1 电极的维护。

任何时候都不得用手触摸膜的活性表面。

电极和膜片的清洗：若膜片和电极上有污染物，会引起测量误差，一般1～2周清洗一次。清洗时要小心，将电极和膜片放入清水中涮洗，注意不要损坏膜片。

经常使用的电极建议存放在存有蒸馏水的容器中，以保持膜片的湿润。干燥的膜片在使用前应该用蒸馏水湿润活化。

5.5.2 电极的再生。

当电极的线性不合格时，就需要对电极进行再生。电极的再生约一年一次。

电极的再生包括更换溶解氧膜罩、电解液和清洗电极。

每隔一定时间或当膜被损坏和污染时，需要更换溶解氧膜罩并补充新的填充电解液。如果膜未被损坏和污染，建议两个月更换一次填充电解液。

更换电解质和膜之后，或当膜干燥时，都要使膜湿润，只有在读数稳定后，才能进行校准，仪器达到稳定所需要的时间取决于电解质中溶解氧消耗所需要的时间。

5.6 便携式溶解氧仪应在检定或校准有效期内使用。

5.7 监测人员需要经过培训、考核合格后方可上岗。

6．电导率测定操作注意事项

6.1 按照仪器使用说明书准备电导率仪测定操作规程，便于现场监测人员使用。

6.2 确保测量前仪器已按照校准程序经过校准。

6.3 将电极插入水样中，注意电极上的小孔必须浸泡在水面以下。

6.4 最好使用塑料容器盛装待测的水样。

6.5 电导率随温度变化而变化，温度每升高1℃，电导率增加约2%，通常规定25℃为测定电导率的标准温度。

6.6 便携式电导率仪应在检定有效期内使用。

6.7 便携式电导率仪必须保证每月校准一次，更换电极或电池时也需校准。

6.8 监测人员需要经过培训、考核合格后方可上岗。

7．透明度测定操作注意事项

7.1 按照仪器使用说明书准备透明度测定操作规程，便于现场监测人员使用。

7.2 水样测定：将盘在船的背光处平放入水中，逐渐下沉，至恰恰不能看见盘面的白色时，记取其尺度，以cm为单位。重复测量两次，取平均值。

7.3 在雨天及大量浑浊水流入水体时，或水面有较大波浪时，不宜测量透明度。

7.4 尽量避开水草、垃圾、油膜等杂物的干扰。

7.5 测量前需检查吊绳刻度是否完整且准确，若发现刻度缺失或移位等情况，需补充并重新标定。

7.6 测量时监测人员应尽可能接近水面，不可在桥上或岸边测量。

7.7 若水流较快盘面倾斜时，需增加配重，保证盘面水平、吊绳垂直。

7.8 测量过程中需将盘在“刚好看见”与“刚好不能看见”之间上下多次移动，以确认“刚好不能看见”的位置。

7.9 透明度盘使用时间较长或其他原因导致盘面白色变黄时，应重新涂白。

7.10 监测人员需要经过培训、考核合格后方可上岗。

8．盐度测定操作注意事项

8.1 按照仪器使用说明书准备盐度测定操作规程，便于现场监测人员使用。测量原理是依据实用盐度定义通过测量电导率计算得出盐度值。适用范围为盐度在2～42的样品。对于盐度小于2的样品可通过氯度测量结果计算盐度。

8.2 确保测量前仪器已按照校准程序经过校准。

8.3 将电极插入水样中，注意电极上的椭圆小孔必须浸泡在水面以下。

8.4 最好使用塑料容器盛装待测的水样。

8.5 根据地表水样品常见的电导率范围选择技术参数合适的便携式盐度仪或电导率仪。两种测量模式之间可以相互转换。

8.6 便携式盐度仪应定期检定并在检定有效期内使用。根据使用频次确定合理的检定周期，更换电极或电池时也需校准。

8.7 监测人员需要经过培训、考核合格后方可上岗。

9．引用标准

9.1 《水质 水温的测定 温度计或颠倒温度计测定法》（GB 13195—91）

9.2 《水和废水监测分析方法（第四版）》中第三篇 第一章 六、pH（二）便携式pH计法

9.3 《水和废水监测分析方法（第四版）》中第三篇 第三章 一、溶解氧（二）便携式溶解氧仪法

9.4 《水和废水监测分析方法（第四版）》中第三篇 第一章 九、电导率（一）便携式电导率仪法

9.5 《水和废水监测分析方法（第四版）》中第三篇 第一章 五、透明度（二）塞氏盘法

9.6 《海洋监测规范》（GB 17378.4—2007）

编写人员：

解　鑫（中国环境监测总站）

渠　巍（重庆市生态环境监测中心）

李斗果（重庆市生态环境监测中心）

龚　玲（重庆市生态环境监测中心）

肖　婷（重庆市生态环境监测中心）

陈　桥（常州市环境监测中心）

潘　晨（常州市环境监测中心）

李　金（常州市环境监测中心）

胡序朋（浙江省舟山海洋生态环境监测站）

四、实验室分析测试方法选择

在国家地表水环境质量监测网监测工作中，关于地表水环境质量标准基本项目 24 项及电导率、湖库增测的透明度及叶绿素 a 项目、入海控制断面增测的盐度、硝酸盐氮、亚硝酸盐氮、硫酸盐、氯化物、铁、锰、硅酸盐，除去水温、pH、溶解氧、电导率、透明度和盐度这 6 个项目采用现场测定外，其余 29 个监测项目采用实验室分析。

根据前期跨省、市界断面联合监测结果发现，有些监测项目在联合监测工作中双方数据存在明显差异，如石油类、化学需氧量、五日生化需氧量、氨氮、高锰酸盐指数、总磷（以 P 计）、铜、氟化物（以 F^-计）、汞、镉、挥发酚、粪大肠菌群；而有些监测项目，如总氮、硫化物、锌、硒、砷、六价铬、铅、氰化物、阴离子表面活性剂在联合监测工作中双方数据基本无争议。

剖析现阶段造成地表水跨省、市界断面联合监测数据差异性的诸多因素，针对具体监测项目，并综合考虑国家网现行承担单位普遍采用的国家标准方法，为所有项目确定了 1～3 种稳定可靠的分析方法，多数项目以 1 种方法为主。

其中，《叶绿素 a 的测定　分光光度法》和《铜、铅和镉的测定　石墨炉原子吸收分光光度法》目前尚未上升为标准方法但实际监测工作又亟须使用，因此《叶绿素 a 的测定　分光光度法》和《铜、铅和镉的测定　石墨炉原子吸收分光光度法》的方法文本暂且参照其标准承担单位目前提交的送审稿或征求意见稿编写。

注意事项：在联合监测或同步监测时，监测双方针对同一监测项目必须采用相同的监测分析方法。

具体监测分析方法标准详见表 4-1。

表 4-1　分析方法

序号	监测项目	分析方法	方法来源
1	高锰酸盐指数	酸性法/碱性法	GB/T 11892—1989
2	化学需氧量	重铬酸盐法	GB/T 11914—1989
3	五日生化需氧量	稀释与接种法	HJ 505—2009
4	氨氮	纳氏试剂分光光度法	HJ 535—2009
5	总磷（以 P 计）	钼酸铵分光光度法	GB/T 11893—1989
6	总氮（以 N 计）	碱性过硫酸钾消解紫外分光光度法	HJ 636—2012
7	铜	电感耦合等离子体发射光谱法	HJ 776—2015
		电感耦合等离子体质谱法	HJ 700—2014
		石墨炉原子吸收分光光度法	—
8	锌	电感耦合等离子体发射光谱法	HJ 776—2015
		电感耦合等离子体质谱法	HJ 700—2014
		原子吸收分光光度法	GB/T 7475—1987
9	氟化物（以 F^-计）	离子色谱法	HJ 84—2016
		离子选择电极法	GB/T 7484—1987

序号	监测项目	分析方法	方法来源
10	硒	原子荧光法	HJ 694—2014
		电感耦合等离子体质谱法	HJ 700—2014
11	砷	原子荧光法	HJ 694—2014
		电感耦合等离子体质谱法	HJ 700—2014
12	汞	原子荧光法	HJ 694—2014
		冷原子吸收分光光度法	HJ 597—2011
13	镉	电感耦合等离子体质谱法	HJ 700—2014
		石墨炉原子吸收分光光度法	—
14	六价铬	二苯碳酰二肼分光光度法	GB/T 7467—1987
15	铅	电感耦合等离子体质谱法	HJ 700—2014
		石墨炉原子吸收分光光度法	—
16	氰化物	异烟酸-吡唑啉酮分光光度法/异烟酸—巴比妥酸分光光度法	HJ 484—2009
17	挥发酚	4-氨基安替比林分光光度法（萃取分光光度法）	HJ 503—2009
18	石油类	红外分光光度法	HJ 637—2012
19	阴离子表面活性剂	亚甲蓝分光光度法	GB/T 7494—1987
20	硫化物	亚甲基蓝分光光度法	GB/T 16489—1996
21	粪大肠菌群	多管发酵法和滤膜法（试行）	HJ/T 347—2007
		纸片快速法	HJ 755—2015
22	叶绿素 a	分光光度法	—
23	硝酸盐、亚硝酸盐	离子色谱法	HJ 84—2016
		紫外分光光度法（硝酸盐）	HJ/T 346—2007
		分光光度法（亚硝酸盐）	GB/T 7493—1987
24	硫酸盐	离子色谱法	HJ 84—2016
		铬酸钡分光光度法	HJ/T 342—2007
25	氯化物	离子色谱法	HJ 84—2016
		硝酸银滴定法	GB/T 11896—1989
26	铁、锰	火焰原子吸收分光光度法	GB/T 11911—1989
		电感耦合等离子体发射光谱法	HJ 776—2015
		电感耦合等离子体质谱法	HJ 700—2014
27	硅酸盐	硅钼蓝分光光度法	GB/T 17378.4—2007
		连续流动比色法	HJ 442—2008（附录 J）

编写人员：

许秀艳（中国环境监测总站）

丁　页（中国环境监测总站）

五、高锰酸盐指数的测定

（一）水质 高锰酸盐指数的测定（酸性法）

高锰酸盐指数是反映水体中有机及无机可氧化物质污染的常用指标。定义为在一定条件下，用高锰酸钾氧化水样中的某些有机物及无机还原性物质，由消耗的高锰酸钾量计算相当的氧量。高锰酸盐指数不能作为理论需氧量或总有机物含量的指标，因为在规定的条件下，许多有机物只能部分地被氧化，易挥发的有机物也不包含在测定值之内。

注 1：高锰酸盐指数，亦被称为化学需氧量的高锰酸钾法。由于在规定条件下，水中有机物只能部分被氧化，并不是理论上的需氧量，也不是反映水体中总有机物含量的尺度。因此，用高锰酸盐指数这一术语作为水质的一项指标，以有别于重铬酸钾法的化学需氧量（应用于工业废水），更符合于客观实际。

1. 方法原理

样品中加入已知量的高锰酸钾和硫酸，在沸水浴中加热 30 min，高锰酸钾将样品中的某些有机物和无机还原性物质氧化，反应后加入过量的草酸钠还原剩余的高锰酸钾，再用高锰酸钾标准溶液回滴过量的草酸钠。通过计算得到样品中高锰酸盐指数。

注 2：高锰酸盐指数是个相对的条件性指标，其测定结果与溶液的酸度、高锰酸盐浓度、加热温度和时间有关。因此，测定时必须严格遵守操作规定，使结果具可比性。当水样的高锰酸盐指数值超过 4.5 mg/L 时，则酌情分取少量试样，并用水稀释后再行测定。酸性法适用于氯离子含量不超过 300 mg/L 的水样。氯离子浓度高于 300 mg/L，采用在碱性介质中氧化的测定方法。

方法检出限为 0.5 mg/L。

2. 试剂

除非另有说明，否则均使用符合国家标准或专业标准的分析纯试剂，实验用水需使用新制备的蒸馏水、RO 反渗透膜法制备的三级水或同等纯度以上不含有机物或还原性物质的水。

注 3：交换树脂法得到的含有有机物或还原性物质的去离子水不可使用。

2.1 不含还原性物质的水：将 1L 实验用水置于全玻璃蒸馏器中，加入 10 mL 硫酸（2.3）和少量高锰酸钾溶液（2.7），蒸馏。弃去 100 mL 初馏液，余下馏出液贮于具玻璃塞的细口瓶中。

2.2 硫酸：ρ（H_2SO_4）=1.84 g/mL。

2.3 硫酸：1+3 溶液。在不断搅拌下，将 100 mL 硫酸（2.2）慢慢加入到 300 mL 水中。趁热加入数滴高锰酸钾溶液（2.8）直至溶液出现粉红色。

2.4 氢氧化钠：500 g/L 溶液。称取 50 g 氢氧化钠溶于水并稀释至 100 mL。

2.5 草酸钠标准贮备液：浓度 c（1/2 $Na_2C_2O_4$）为 0.100 0 mol/L。称取 0.670 5 g 经 120℃烘干 2 h 并放冷的草酸钠（$Na_2C_2O_4$）溶解水中，移入 100 mL 容量瓶中，再用水稀释至标线，混匀，置 4℃保存。或购买有证标准溶液。

2.6 草酸钠标准溶液：浓度 c_1（1/2 $Na_2C_2O_4$）为 0.010 0 mol/L。吸取 10.00 mL 草酸钠标准贮备液（2.5）于 100 mL 容量瓶中，用水稀释至标线，混匀。或购买有证标准溶液。

2.7 高锰酸钾标准贮备液：浓度 c_2（1/5$KMnO_4$）约为 0.1 mol/L。称取 3.2 g 高锰酸钾溶解于水并稀释至 1 000 mL。于 90～95℃水浴中加热此溶液 2 h，冷却。存放 2 d 后，倾出上清液或用玻璃砂芯漏斗过滤，贮于棕色瓶中。

2.8 高锰酸钾标准溶液：浓度 c_3（1/5 $KMnO_4$）约为 0.01 mol/L。吸取 100 mL 高锰酸钾标准贮备液（2.7）于 1 000 mL 容量瓶中，用水稀释至标线，混匀。此溶液在暗处可保存几个月，使用当天标定其浓度。

3. 仪器和设备

3.1 沸水浴装置。

3.2 250 mL 锥形瓶。

3.3 25 mL 或 50 mL 酸式滴定管。

3.4 定时钟。

3.5 常用的实验室仪器和设备。

4. 分析测试

4.1 空白试验：取 100 mL 实验用水，按步骤 4.3、步骤 4.4 测定，记录下消耗的高锰酸钾溶液（2.8）体积 V_0。空白样品的测定值应小于方法检出限。

4.2 高锰酸钾标准溶液的标定：将空白试验（4.1）或水样滴定后的溶液加热至 80℃以上，准确加入 10.00 mL 草酸钠标准溶液（2.6）。用高锰酸钾溶液（2.8）继续滴定至刚出现粉红色，并保持 30 s 不退。记录下消耗的高锰酸钾标准溶液（2.8）体积 V_2。计算高锰酸钾溶液的校正系数 K 值（K=10.00/V_2）。

注 4：K 值应介于 0.950～1.01。

4.3 吸取 100.0 mL 经充分摇动、混合均匀的样品（或分取适量，用水稀释至 100 mL），置于 250 mL 锥形瓶中，加入 5 mL 硫酸（2.3），准确加入 10.00 mL 高锰酸钾溶液（2.8），摇匀。将锥形瓶置于沸水浴内，必须保证每一个样品恒温时间为 30 min（水浴沸腾，开始计时）。保证每个样品的加热时间都是相同的。

4.4 取出锥形瓶后，趁热加入 10.00 mL 草酸钠标准溶液（2.6），摇匀后溶液变为无色。立即用高锰酸钾标准溶液（2.8）滴定至刚出现粉红色，并保持 30 s 不退。记录消耗的高锰酸钾溶液体积 V_1。整个过程时间控制在 5 min 以内。

注 5：沸水浴的水面要高于锥形瓶内的液面。样品量以加热氧化后残留的高锰酸钾（2.8）为其加入量的 1/3～1/2 为宜。加热时，如溶液红色退去，说明高锰酸钾量不够，须重新取样，经稀释后测定。滴定时温度如低于 60℃，反应速度缓慢，因此应加热至 80℃左右。若溶液温度过低，需适当加热。沸水浴温度为 98℃。如在高原地区，报出数据时需注明水的沸点。

4.5 结果表示。

高锰酸盐指数（I_{Mn}）以每升样品消耗毫克氧数来表示（O_2，mg/L），按式（5-1）进行计算。

$$I_{\mathrm{Mn}}=\frac{\left[\left(10+V_1\right)K-10\right]\times c\times 8\times 1\,000}{100} \tag{5-1}$$

式中：V_1——样品滴定（4.4）时，消耗高锰酸钾溶液体积，mL；

K——校正系数；

c——草酸钠标准溶液（2.6），0.010 0 mol/L；

8——1/2 氧摩尔质量，g/mol。

如样品经稀释后测定，按式（5-2）计算。

$$I_{\mathrm{Mn}}=\frac{\left\{\left[\left(10+V_1\right)K-10\right]-\left[\left(10+V_0\right)K-10\right]\times f\right\}\times c\times 8\times 1\,000}{V_3} \tag{5-2}$$

式中：V_0——空白试验（4.1）时，消耗高锰酸钾溶液体积，mL；

V_3——测定时所取样品体积，mL；

f——稀释样品时，实验用水在 100 mL 测定用体积内所占比例（如 10 mL 样品用水稀释至 100 mL，则 f=0.90）。

当测定结果＜100 mg/L 时，保留至小数点后一位，当测定结果≥100 mg/L 时，保留三位有效数字。

5．质量保证和质量控制

5.1 空白试验

每批次（≤20 个）样品应至少测定两个实验室空白样品，空白样品的测定值应小于方法检出限。

5.2 精密度控制

每批次（≤20 个）样品，应至少测定 10%的平行双样，样品数量＜10 个时，应至少测定一个平行双样。当样品含量≤2.0 mg/L 时，平行双样测定结果的相对偏差应≤25%，样品含量＞2.0 mg/L 时，平行双样测定结果的相对偏差应≤20%。

5.3 准确度控制

每批次（≤20 个）样品，应至少测定一个有证标准样品，有证标准样品的测定值应在允许的范围内。

6．引用标准

《水质 高锰酸盐指数的测定》（GB/T 11892—1989）。

编写人员：

陈　烨（中国环境监测总站）

东　明（辽宁省环境监测实验中心）

（二）水质 高锰酸盐指数的测定（碱性法）

当样品中氯离子浓度高于 300 mg/L 时，则采用碱性法。

1. 方法原理

在碱性溶液中，加入一定量高锰酸钾溶液于水样中，加热一定时间以氧化水中的还原性无机物和部分有机物。加酸酸化后，加入过量的草酸钠溶液还原剩余的高锰酸钾，再以高锰酸钾溶液滴定至微红色。

2. 试剂

同酸性法。

3. 仪器和设备

同酸性法。

4. 分析测试

4.1 吸取 100.0 mL 经充分摇动，混合均匀的样品（或酌情少取，用水稀释至 100 mL）于 250 mL 锥形瓶中，加入 0.5 mL 氢氧化钠溶液（2.4），摇匀。准确加入 10.00 mL 高锰酸钾溶液（2.8）。

4.2 将锥形瓶置于沸水浴内 30 min（从水浴重新沸腾起计时），沸水浴的液面要高于反应溶液的液面。

4.3 取出锥形瓶，加入 10 mL 硫酸（2.3）并保证溶液呈酸性。准确加入 10.00 mL 草酸钠溶液（2.6）至溶液变为无色。

4.4 趁热迅速用高锰酸钾溶液（2.8）滴定至溶液刚出现粉红色，并保持 30 s 不退。记录消耗的高锰酸钾溶液体积。整个过程时间控制在 5 min 以内。

高锰酸钾标准溶液的标定同酸性法。

高锰酸钾溶液校正系数的测定与酸性法相同。

4.5 结果表示

同酸性法。

5. 质量保证和质量控制

同酸性法。

编写人员：

陈　烨（中国环境监测总站）

东　明（辽宁省环境监测实验中心）

六、化学需氧量的测定

水质 化学需氧量的测定 重铬酸盐法

1. 方法原理

在水样中加入已知量的重铬酸钾溶液，并在硫酸介质中以硫酸银作催化剂，经沸腾回流后，以试亚铁灵为指示剂，用硫酸亚铁铵溶液滴定水样中未被还原的重铬酸钾，由消耗的硫酸亚铁铵的量计算出消耗氧的质量浓度。

酸性重铬酸钾可氧化大部分有机物，在硫酸银催化作用下，直链脂肪族化合物可完全被氧化，而具有特殊结构的化合物如吡啶、芳烃等难以被氧化，其氧化率较低。

本方法不适用于含氯化物浓度大于1 000 mg/L（稀释后）的水中化学需氧量的测定。当氯离子含量超过1 000 mg/L时，COD的最低允许值为250 mg/L，低于此结果的准确度不可靠。

当取样量为20.0 mL时，本方法（采用低浓度试剂）的检出限为5 mg/L，未经稀释的水样（采用高浓度试剂）测定上限为700 mg/L。

2. 试剂

除非另有说明，实验时所用试剂均为符合国家标准的分析纯试剂，实验用水均为新制备的超纯水、蒸馏水或同等纯度以上的水。

2.1 硫酸银（Ag_2SO_4）分析纯。

2.2 硫酸汞（$HgSO_4$）分析纯。

2.3 硫酸：ρ（H_2SO_4）=1.84 g/mL，优级纯。

2.4 硫酸溶液：1+9。

2.5 硫酸银-硫酸溶液：称取10 g硫酸银，加到1 L硫酸中，放置1～2 d使之溶解，并摇匀，使用前小心摇动。

2.6 硫酸汞溶液：ρ（$HgSO_4$）=100 g/L。称取10 g硫酸汞，溶于100 mL硫酸溶液中，混匀。

2.7 重铬酸钾标准溶液。

2.7.1 重铬酸钾，基准试剂：取适量重铬酸钾在105℃烘箱中干燥2 h。

2.7.2 重铬酸钾标准溶液Ⅰ：c（1/6 $K_2Cr_2O_7$）=0.250 0 mol/L。准确称取12.258 g重铬酸钾（2.7.1）溶于水中，定容至1 000 mL。

2.7.3 重铬酸钾标准溶液Ⅱ：c（1/6 $K_2Cr_2O_7$）=0.025 0 mol/L。量取50.00 mL重铬酸钾标准溶液Ⅰ至500 mL容量瓶中，用水稀释至标线，混匀。

2.8 硫酸亚铁铵标准溶液

2.8.1 硫酸亚铁铵标准溶液Ⅰ：$c[(NH_4)_2Fe(SO_4)_2 \cdot 6H_2O]$≈0.10 mol/L。称取39 g硫酸亚

铁铵$[(NH_4)_2Fe(SO_4)_2\cdot 6H_2O]$溶解于水中，加入 20 mL 硫酸，待溶液冷却后稀释至 1 000 mL。

2.8.2 每日临用前，必须用重铬酸钾标准溶液Ⅰ准确标定硫酸亚铁铵标准溶液Ⅰ的浓度。

取 10.00 mL 重铬酸钾标准溶液Ⅰ置于锥形瓶中，用水稀释至约 100 mL，缓慢加入 30 mL 硫酸，混匀，冷却后加入 3 滴（约 0.15 mL）试亚铁灵指示剂，用硫酸亚铁铵标准溶液Ⅰ滴定，溶液的颜色由黄色经蓝绿色变为红褐色即为终点。记录下硫酸亚铁铵标准溶液Ⅰ的消耗量 V（mL）。硫酸亚铁铵标准溶液Ⅰ浓度按式（6-1）进行计算：

$$c=\frac{2.50}{V} \tag{6-1}$$

式中：c——硫酸亚铁铵标准溶液Ⅰ浓度，mol/L；

V——滴定时消耗硫酸亚铁铵标准溶液Ⅰ的体积，mL。

2.8.3 硫酸亚铁铵标准溶液Ⅱ：$c[(NH_4)_2Fe(SO_4)_2\cdot 6H_2O]\approx 0.01$ mol/L。将硫酸亚铁铵标准溶液Ⅰ用水稀释 10 倍，用重铬酸钾标准溶液Ⅱ标定，其滴定步骤及浓度计算分别与上述相同。

每日临用前，必须用重铬酸钾标准溶液Ⅱ准确标定此溶液的浓度。

2.9 邻苯二甲酸氢钾标准溶液：c（$KC_8H_5O_4$）=2.082 4 mmol/L。称取 105℃干燥 2 h 的邻苯二甲酸氢钾（$KC_8H_5O_4$）0.425 1 g 溶于水，并稀释至 1 000 mL，混匀。以重铬酸钾为氧化剂，将邻苯二甲酸氢钾完全氧化的耗氧量为 1.176 g/g（即 1 g 邻苯二甲酸氢钾耗氧 1.176 g），故该标准溶液理论的 COD 值为 500 mg/L，用时新配。或购买有证标准溶液。

2.10 1,10-菲绕啉（1,10-phenanathroline monohy drate，商品名邻菲罗啉、1,10-菲罗啉等）指示剂溶液：即试亚铁灵指示剂。溶解 0.7 g 七水合硫酸亚铁（$FeSO_4\cdot 7H_2O$）于 50 mL 水中，加入 1.5 g 1,10-菲绕啉，搅拌至溶解，稀释至 100 mL。

2.11 防爆沸玻璃珠或沸石。

注：硫酸汞属于剧毒化学品，硫酸也具有较强的化学腐蚀性，操作时应按规定要求佩戴防护器具，避免接触皮肤和衣服，若含硫酸溶液溅出，应立即用大量清水清洗；在通风橱内进行操作；检测后的残渣残液应做妥善的安全处理。

3. 仪器和设备

3.1 回流冷却装置：磨口 250 mL 锥形瓶的全玻璃回流装置，若取样量在 30mL 以上，可采用磨口 500 mL 锥形瓶的全玻璃回流装置。冷却方式可选用水冷或风冷全玻璃回流装置，其他等效冷凝回流装置亦可。

3.2 加热装置：电炉或其他等效标准消解装置。

3.3 天平：精度为 0.000 1 g。

3.4 酸式滴定管（25 mL 或 50 mL）或其他精度满足要求的等效电了滴定器。

3.5 一般实验室常用仪器和设备。

4．前处理

无机还原性物质如亚硝酸盐、硫化物及二价铁盐将使结果增加，将其需氧量作为水样 COD 值的一部分是可以接受的。本方法的主要干扰物为氯化物，可加入硫酸汞溶液去除。经回流后，氯离子可与硫酸汞结合成可溶性的氯汞配合物。硫酸汞溶液的用量，可根据水样中氯离子的含量按质量比 m（$HgSO_4$）∶m（Cl^-）≥20∶1 的比例加入。高含量的氯离子对本方法产生正干扰，可采用“附录 A　氯离子含量的粗判方法”进行测定或粗略判定。此外，氯离子的含量也可测定电导率后按照《水质 溶解氧的测定 电化学探头法》（HJ 506）附录 A 进行换算，或参照《海洋监测规范》（GB 17378.4）中的第 4 部分 海水分析测定盐度后进行换算。

5．分析测试

5.1 COD 值≤50 mg/L 的样品

5.1.1 样品测定

将水样充分摇匀，取 20.0 mL 于锥形瓶中，依次加入硫酸汞溶液、10.00 mL 重铬酸钾标准溶液Ⅱ和几颗防爆沸玻璃珠，摇匀。硫酸汞溶液按 m（$HgSO_4$）∶m（Cl^-）≥20∶1 的比例加入。

将锥形瓶连接到回流装置冷凝管下端，从冷凝管上端缓慢加入 30 mL 硫酸银-硫酸溶液，以防止低沸点有机物的逸出，不断旋动锥形瓶使之混合均匀。自溶液开始沸腾起回流 2 h。若为水冷装置，应在加入硫酸银-硫酸溶液之前，通入冷凝水。

回流冷却后，自冷凝管上端加入 90 mL 水冲洗冷凝管，使溶液体积在 140 mL 左右，取下锥形瓶。

溶液冷却至室温后，加入 3 滴试亚铁灵指示剂溶液，用硫酸亚铁铵标准溶液Ⅱ滴定，溶液的颜色由黄色经蓝绿色变为红褐色即为终点。记下硫酸亚铁铵标准溶液Ⅱ的消耗体积 V_1。

5.1.2 空白试验

按样品测定相同步骤以 20.0 mL 蒸馏水代替水样进行空白试验，记录下空白滴定时消耗硫酸亚铁铵标准溶液的体积 V_0。

5.2　COD 值＞50 mg/L 的样品

5.2.1 高浓度样品 COD 的粗测

对于浓度较高的水样，可选取所需体积 1/10 的水样和 1/10 的试剂，放入硬质玻璃管中，摇匀后，加热至沸腾数分钟，观察溶液是否变成蓝绿色。如呈蓝绿色，应再适当少取水样，重复以上试验，直至溶液不变蓝绿色为止，从而可以确定待测水样的稀释倍数。

5.2.2 样品测定

将水样或稀释后水样充分摇匀，取出 20.0 mL 于锥形瓶中，依次加入硫酸汞溶液、10.00 mL 重铬酸钾标准溶液Ⅰ和几颗防爆沸玻璃珠，摇匀。其他操作与 COD 值≤50 mg/L 的样品测定相同。

待溶液冷却至室温后，加入 3 滴试亚铁灵指示剂溶液，用硫酸亚铁铵标准溶液Ⅰ滴定，溶液的颜色由黄色经蓝绿色变为红褐色即为终点。记录硫酸亚铁铵标准溶液I的消耗体积 V_1。

5.2.3 空白试验

按样品测定相同步骤以20.0 mL蒸馏水代替水样进行空白试验，记录空白滴定时消耗硫酸亚铁铵标准溶液的体积 V_0。

5.3 在特殊情况下，取样体积可根据需要在10.0～50.0 mL，硫酸汞溶液按 $m(HgSO_4)$∶$m(Cl^-)$≥20∶1的比例加入，其余试剂的用量则按比例做相应的调整。

5.4 计算

样品中化学需氧量的质量浓度按下式（6-2）进行计算：

$$\rho = \frac{c \times (V_0 - V_1) \times 8\,000}{V_2} \qquad (6\text{-}2)$$

式中：ρ——样品中化学需氧量的质量浓度，mg/L；

c ——硫酸亚铁铵标准溶液的浓度，mol/L；

V_0——空白试验所消耗的硫酸亚铁铵标准溶液的体积，mL；

V_1——水样测定所消耗的硫酸亚铁铵标准溶液的体积，mL；

V_2 ——水样的体积，mL；

8 000——1/2 氧的摩尔质量以mg/L为单位的换算值。

测定结果报整数且不超过三位有效数字。

6. 质量保证和质量控制

6.1 空白试验

每批次（≤20个）样品应至少测定两个实验室空白样品和一个全程序空白样品。

6.2 精密度控制

每批样品（≤20个）应测定10%～20%的平行样。当样品含量为5～50 mg/L时，平行双样测定结果的相对偏差应≤20%；当样品含量为50～100 mg/L时，平行双样测定结果的相对偏差应≤15%；当样品含量＞100mg/L时，平行双样测定结果的相对偏差应≤10%。

6.3 准确度控制

每批样品（≤20个）应至少测定一个有证标准样品，有证标准样品的测定值应在允许范围内。

7. 注意事项

7.1 本方法所用的试剂如硫酸汞等具有一定的毒性，对健康具有潜在的危害，应避免与这些化学品的直接接触，准备和处理时要务必小心。样品前处理过程应在通风橱中进行，所用试剂及分析后的样品需回收并进行安全处理。

7.2 本方法中采用浓硫酸和重铬酸盐处理和消解样品，需穿防护衣，佩戴防护手套，保护好面部。当溶液泼洒时，即刻用大量清水冲洗。

7.3 向水中加入浓硫酸时，必须小心谨慎，边加入边搅拌。

7.4 玻璃仪器清洗时应小心，避免灰尘落入，应单独存放，专门用于测定COD。

7.5 溶液消解时应保证消解装置均匀加热，使溶液缓慢沸腾，但不宜爆沸。如出现爆沸，说明溶液中出现局部过热，会导致测定结果有误。爆沸的原因可能是加热过于激烈，或是防爆沸玻璃珠的效果不好；如消解过程中未出现沸腾，溶液可能未被完全消解，可能会导致测定结果有误。

7.6 试亚铁灵的加入量虽然不影响临界点，但还是应该尽量一致。当溶液的颜色先变为蓝绿色再变到红褐色，即达到终点，但还会存在几分钟后重现蓝绿色的情况，此时需补充滴定，直至红褐色达到终点。

7.7 水样加热回流后，溶液中重铬酸钾剩余量应是加入量的 1/5～4/5 为宜。

7.8 回流冷凝管不宜用软质乳胶管，否则容易老化、变形、冷却水不通畅。

7.9 要充分保证冷凝效果，用手摸冷凝管上段，冷却出水时不能有温感，否则测定结果会偏低。

8. 引用标准

《水质 化学需氧量的测定 重铬酸盐法》（GB/T 11914—1989）

编写人员：

袁　懋（中国环境监测总站）

张付海（安徽省环境监测中心站）

唐晓菲（安徽省环境监测中心站）

附录 A
（资料性附录）
氯离子含量的粗判方法

氯离子含量粗判的目的是用简便快速的方法估算出水样中氯离子的含量，以确定硫酸汞的加入量。

A.1 溶剂配制

（1）硝酸银溶液：c（$AgNO_3$）=0.141 mol/L

称取 2.395 g 硝酸银，溶于 100 mL 容量瓶中，贮于棕色滴瓶中。

（2）铬酸钾溶液：ρ（K_2CrO_4）=50 g/L

称取 5 g 铬酸钾溶于少量蒸馏水中，滴加硝酸银溶液至有红色沉淀生成。摇匀，静置 12 h，然后过滤并用蒸馏水将滤液稀释至 100 mL。

（3）氢氧化钠溶液：ρ（NaOH）=10 g/L

称取 1 g 氢氧化钠溶于水中，稀释至 100 mL，摇匀，贮于滴瓶中。

A.2 方法步骤

取 10.0 mL 含氯水样于锥形瓶中，稀释到 20 mL，用氢氧化钠溶液调至中性（pH 试纸判定即可），加入 1 滴铬酸钾指示剂，用滴管（不是滴定管）滴加硝酸银溶液，并不断摇匀，直至出现砖红色沉淀，记录滴数，换算成体积，粗略估算水样中氯离子的含量。

为方便快捷地估算氯离子含量，先估算所用滴管滴下每滴液体的体积，根据化学分析中每滴体积（如下按 0.04 mL 给出示例）计算给出氯离子含量与滴数的粗略换算表（附表 6-1）。

附表 6-1　氯离子含量与滴数的粗略换算表

水样取样量/mL	氯离子测试浓度值/（mg/L）			
	滴数：5	滴数：10	滴数：20	滴数：50
2	500	1 000	2000	5 000
5	200	400	800	2 000
10	100	200	400	1 000

A.3 注意事项

（1）水样取样量大或氯离子含量高时，比较易于判断滴定终点，粗判误差相对较小。

（2）硝酸银浓度一般比较高，以节约时间，因此滴定操作一般会过量，测定的氯离子结果会大于理论浓度，由此会增加测定中硫酸汞的用量，但其对 COD 的测定无不利影响。

七、五日生化需氧量的测定

水质 五日生化需氧量（BOD_5）的测定 稀释与接种法

1. 方法原理

生化需氧量是指在规定的条件下，微生物分解水中的某些可氧化的物质，特别是分解有机物的生物化学过程消耗的溶解氧。通常情况下是指水样充满完全密闭的溶解氧瓶中，在（20±1）℃的暗处培养 5 d±4 h 或（2+5）d±4 h［先在 0～4℃的暗处培养 2 d，接着在（20±1）℃的暗处培养 5 d，即培养（2+5）d］，分别测定培养前后水样中溶解氧的质量浓度，由培养前后溶解氧的质量浓度之差，计算每升样品消耗的溶解氧量，以 BOD_5 形式表示。方法的检出限为 0.5 mg/L，方法的测定下限为 2 mg/L。非稀释法和非稀释接种法的测定上限为 6 mg/L，稀释与稀释接种法的测定上限为 6 000 mg/L。

若样品中的有机物含量较多，BOD_5 的质量浓度大于 6 mg/L，样品需适当稀释后测定。

2. 试剂

本标准所用试剂除非另有说明，否则分析时均使用符合国家标准的分析纯化学试剂。

2.1 实验用水：符合《分析实验室用水规格和试验方法》（GB/T 6682）规定的 3 级蒸馏水，且水中铜离子的质量浓度不大于 0.01 mg/L，不含有氯或氯胺等物质。

2.2 接种液：可购买接种微生物用的接种物质，接种液的配制和使用按说明书的要求操作。也可按以下方法获得接种液。

2.2.1 未受工业废水污染的生活污水：化学需氧量不大于 300 mg/L，总有机碳不大于 100 mg/L。

2.2.2 含有城镇污水的河水或湖水。

2.3 盐溶液。

2.3.1 磷酸盐缓冲溶液：将 8.5 g 磷酸二氢钾（KH_2PO_4）、21.8 g 磷酸氢二钾（K_2HPO_4）、33.4 g 七水合磷酸氢二钠（$Na_2HPO_4 \cdot 7H_2O$）和 1.7 g 氯化铵（NH_4Cl）溶于水中，稀释至 1 000 mL，此溶液在 0～4℃可稳定保存 6 个月。此溶液的 pH 为 7.2。

2.3.2 硫酸镁溶液：ρ（$MgSO_4$）= 11.0 g/L。将 22.5 g 七水合硫酸镁（$MgSO_4 \cdot 7H_2O$）溶于水中，稀释至 1 000 mL，此溶液在 0～4℃可稳定保存 6 个月，若发现任何沉淀或微生物生长应弃去。

2.3.3 氯化钙溶液：ρ（$CaCl_2$）= 27.6 g/L。将 27.6 g 无水氯化钙（$CaCl_2$）溶于水中，稀释至 1 000 mL，此溶液在 0～4℃可稳定保存 6 个月，若发现任何沉淀或微生物生长应弃去。

2.3.4 氯化铁溶液：ρ（$FeCl_3$）= 0.15 g/L。将 0.25 g 六水合氯化铁（$FeCl_3 \cdot 6H_2O$）溶于水中，稀释至 1 000 mL，此溶液在 0～4℃可稳定保存 6 个月，若发现任何沉淀或微生物

生长应弃去。

2.4 稀释水：在5～20L的玻璃瓶中加入一定量的水，控制水温在（20±1）℃，用曝气装置至少曝气1 h，使稀释水中的溶解氧达到8 mg/L以上。使用前每升水中加入上述四种盐溶液各1.0 mL，混匀，20℃保存。在曝气的过程中防止污染，特别是防止带入有机物、金属、氧化物或还原物。

稀释水中氧的质量浓度不能过饱和，氧气在稀释水中的溶解度可参考《水质 溶解氧的测定 电化学探头法》（HJ 506）中的附录A。稀释水使用前需开口放置1 h，且应在24 h内使用。剩余的稀释水应弃去。

2.5 接种稀释水：根据接种液的来源不同，每升稀释水中加入适量接种液，城市生活污水加1～10 mL，河水或湖水加10～100 mL，将接种稀释水存放在（20±1）℃的环境中，当天配制当天使用。接种的稀释水pH为7.2，BOD_5应小于1.5 mg/L。

2.6 盐酸溶液：$c(HCl)$=0.5 mol/L。将40 mL浓盐酸（HCl）溶于水中，稀释至1 000 mL。

2.7 氢氧化钠溶液：c（NaOH）=0.5 mol/L。将20 g氢氧化钠（NaOH）溶于水中，稀释至1 000 mL。

2.8 亚硫酸钠溶液：c（Na_2SO_3）=0.025 mol/L。将1.575 g亚硫酸钠（Na_2SO_3）溶于水中，稀释至1 000 mL。此溶液不稳定，需现用现配。

2.9 葡萄糖-谷氨酸标准溶液：将葡萄糖（$C_6H_{12}O_6$，优级纯）和谷氨酸（$HOOC\text{-}CH_2\text{-}CH_2\text{-}CHNH_2\text{-}COOH$，优级纯）在130℃干燥1 h，各称取150 mg溶于水中，在1 000 mL容量瓶中稀释至标线。此溶液的BOD_5为（210±20）mg/L，现用现配。该溶液也可少量冷冻保存，融化后立刻使用。

2.10 丙烯基硫脲硝化抑制剂：$\rho(C_4H_8N_2S)$=1.0 g/L。溶解0.20 g丙烯基硫脲（$C_4H_8N_2S$）于200 mL水中混合，4℃保存，此溶液可稳定保存14 d。丙烯基硫脲属于有毒化合物，操作时应避免接触皮肤和眼睛。

2.11 乙酸溶液：1+1。

2.12 碘化钾溶液：ρ（KI）=100 g/L。将10 g碘化钾（KI）溶于水中，稀释至100 mL。

2.13 淀粉溶液：ρ=5 g/L。将0.50 g淀粉溶于水中，稀释至100 mL。

3．仪器和设备

本标准除非另有说明，否则分析时均使用符合国家A级标准的玻璃量器。本标准使用的玻璃仪器必须为清洁、无毒性和可生化降解的物质。

3.1 滤膜：孔径为1.6 μm。

3.2 溶解氧瓶：带水封装置，容积为250～300 mL。采用电化学探头法测定试样中的溶解氧时，应注意使用的溶解氧瓶与所用的电极是否配套。

3.3 稀释容器：1 000～2 000 mL的量筒或容量瓶。

3.4 虹吸管：供分取水样或添加稀释水。虹吸管每次使用后用蒸馏水清洗干净并晾干，定期更换，避免微生物和藻类生长。

3.5 溶解氧测定仪。

注 1：可使用 BOD 测定专用溶解氧测定仪，可避免测定中多次虹吸造成的操作不便及可能引入的误差。

3.6 冷藏箱：0～4℃。

3.7 冰箱：有冷冻和冷藏功能。

3.8 带风扇的恒温培养箱：（20±1）℃。

3.9 曝气装置：多通道空气泵或其他曝气装置；曝气可能带来有机物、氧化剂和金属，导致空气污染，如有污染，空气应过滤清洗。

4. 前处理

样品接收时应注意样品瓶是否充满液体，有无气泡，并检查运输过程中温度控制记录。

4.1 pH 的调节。

若样品或稀释后样品 pH 不在 6～8 范围内，应用盐酸溶液或氢氧化钠溶液调节其 pH 至 6～8。

4.2 样品均质化（样品中）含有大量颗粒物、需要较大稀释倍数的样品或经冷冻保存的样品，测定前均需将样品搅拌均匀。

4.3 若样品中有大量藻类存在，BOD_5 的测定结果会偏高。当分析结果精度要求较高时，测定前应用滤孔为 1.6 μm 的滤膜过滤，检测报告中注明滤膜滤孔的大小。

4.4 若样品含盐量低，非稀释样品的电导率小于 125 μS/cm 时，需加入适量相同体积的四种盐溶液，使样品的电导率大于 125 μS/cm。每升样品中至少需加入各种盐的体积 V 按式（7-1）进行计算：

$$V=(\Delta K+12.8)/113.6 \tag{7-1}$$

式中：V——需加入各种盐的体积，mL；

ΔK——样品需要提高的电导率值，μS/cm。

5. 分析测试

5.1 非稀释法

非稀释法分为两种情况：非稀释法和非稀释接种法。

如样品中的有机物含量较少，BOD_5 的质量浓度不大于 6 mg/L，且样品中有足够的微生物，用非稀释法测定。若样品中的有机物含量较少，BOD_5 的质量浓度不大于 6 mg/L，但样品中无足够的微生物，采用非稀释接种法测定。

5.1.1 试样的准备

（1）待测试样。

测定前待测试样的温度达到（20±2）℃，若样品中溶解氧浓度低，需要用曝气装置曝气 15 min，充分振摇赶走样品中残留的空气泡；若样品中氧过饱和，将容器 2/3 体积充满样品，用力振荡赶出过饱和氧，然后根据试样中微生物含量情况确定测定方法。非稀释法可直接取样测定；非稀释接种法，每升试样中加入适量的接种液，待测定。若试样中含有硝化细菌，有可能发生硝化反应，需在每升试样中加入 2 mL 丙烯基硫脲硝化抑制剂。

（2）空白试样。

非稀释接种法，每升稀释水中加入与试样中相同量的接种液作为空白试样，需要时每升试样中加 2 mL 丙烯基硫脲硝化抑制剂。

5.1.2 试样的测定

（1）碘量法测定试样中的溶解氧：将试样充满两个溶解氧瓶中，使试样少量溢出，防止试样中的溶解氧质量浓度改变，使瓶中存在的气泡靠瓶壁排除。将一瓶盖上瓶盖，加上水封，在瓶盖外罩上一个密封罩（注 2：若无密封罩，可用封口膜或者锡箔纸包严瓶口），防止培养期间水封水蒸发干，在恒温培养箱中培养 5 d±4 h 或（2+5）d±4 h 后测定试样中溶解氧的质量浓度。另一瓶 15 min 后测定试样在培养前溶解氧的质量浓度。

溶解氧的测定按《水质 溶解氧的测定 碘量法》（GB/T 7489）进行操作。

（2）电化学探头法测定试样中的溶解氧：将试样充满一个溶解氧瓶中，使试样少量溢出，防止试样中的溶解氧质量浓度改变，使瓶中存在的气泡靠瓶壁排除。测定培养前试样中的溶解氧的质量浓度。盖上瓶盖，防止样品中残留气泡，加上水封，在瓶盖外罩上一个密封罩（注 3：若无密封罩，可用封口膜或者锡箔纸包严瓶口），防止培养期间水封水蒸发干。将试样瓶放入恒温培养箱中培养 5 d±4 h 或（2+5）d±4 h。测定培养后试样中溶解氧的质量浓度。

溶解氧的测定按 HJ 506 进行操作。

空白试样的测定方法同 5.1.2.1 和 5.1.2.2。

5.2 稀释与接种法

稀释与接种法分为两种情况：稀释法和稀释接种法。

若试样中的有机物含量较多，BOD_5 的质量浓度大于 6 mg/L，且样品中有足够的微生物，采用稀释法测定，受生活污水污染的地表水一般可以采用稀释法；若试样中的有机物含量较多，BOD_5 的质量浓度大于 6 mg/L，但试样中无足够的微生物，采用稀释接种法测定。一些含有难降解物质的工业废水污染的地表水，测定结果受稀释接种微生物的影响较大，如果进行联合监测或者比对监测，需要采用经相同驯化后的微生物或者商品化的微生物接种。

5.2.1 试样的准备

（1）待测试样。

待测试样的温度达到（20±2）℃，若试样中溶解氧浓度低，需要用曝气装置曝气 15 min，充分振摇赶走样品中残留的气泡；若样品中氧过饱和，将容器的 2/3 体积充满样品，用力振荡赶出过饱和氧，然后根据试样中微生物含量情况确定测定方法。稀释法测定，稀释倍数按表 7-1 和表 7-2 方法确定，然后用稀释水稀释。稀释接种法测定，用接种稀释水稀释样品。若样品中含有硝化细菌，有可能发生硝化反应，需在每升试样培养液中加入 2 mL 丙烯基硫脲硝化抑制剂。

稀释倍数的确定：样品稀释的程度应使消耗的溶解氧质量浓度不小于 2 mg/L，培养后样品中剩余溶解氧质量浓度不小于 2 mg/L，且试样中剩余的溶解氧的质量浓度为开始浓度的 1/3～2/3 为最佳。

稀释倍数可根据样品的总有机碳（TOC）、高锰酸盐指数（I_{Mn}）或化学需氧量（COD_{Cr}）的测定值，参考表 7-1 列出的 BOD_5 与总有机碳（TOC）、高锰酸盐指数（I_{Mn}）或化学需氧量（COD_{Cr}）的比值 R 估计 BOD_5 的期望值（R 与样品的类型有关），再根据表 7-2 确定稀释因子。当不能准确地选择稀释倍数时，一个样品做 2～3 个不同的稀释倍数。

表 7-1　典型的比值 R

水样的类型	总有机碳 R（BOD_5/TOC）	高锰酸盐指数 R（BOD_5/I_{Mn}）	化学需氧量 R（BOD_5/COD_{Cr}）
未处理的废水	1.2～2.8	1.2～1.5	0.35～0.65
生化处理的废水	0.3～1.0	0.5～1.2	0.20～0.35

由表 7-1 中选择适当的 R 值，按式（7-2）计算 BOD_5 的期望值：

$$\rho = R \cdot Y \tag{7-2}$$

式中：ρ——五日生化需氧量浓度的期望值，mg/L；

Y——总有机碳（TOC）、高锰酸盐指数（I_{Mn}）或化学需氧量（COD_{Cr}）的值，mg/L。

由估算出的 BOD_5 的期望值，按表 7-2 确定样品的稀释倍数。

表 7-2　BOD_5 测定的稀释倍数

BOD_5 的期望值/（mg/L）	稀释倍数	水样类型
6～12	2	河水，生物净化的城市污水
10～30	5	河水，生物净化的城市污水
20～60	10	生物净化的城市污水
40～120	20	澄清的城市污水
100～300	50	轻度污染的原城市污水
200～600	100	中度污染的原城市污水
400～1 200	200	重度污染的原城市污水

若试样中有微生物毒性物质，应配制几个不同稀释倍数的试样，选择与稀释倍数无关的结果，并取其平均值。试样测定结果与稀释倍数的关系确定如下：

当分析结果精度要求较高或存在微生物毒性物质时，一个试样要做两个以上不同的稀释倍数，每个试样每个稀释倍数做平行双样同时进行培养。测定培养过程中每瓶试样氧的消耗量，并画出氧消耗量对每一稀释倍数试样中原样品的体积曲线。

若此曲线呈线性，则此试样中不含有任何抑制微生物的物质，即样品的测定结果与稀释倍数无关；若曲线仅在低浓度范围内呈线性，取线性范围内稀释比的试样测定结果计算平均 BOD_5 值。

（2）空白试样。

稀释法测定，空白试样为稀释水，需要时每升稀释水中加入 2 mL 丙烯基硫脲硝化抑制剂。

稀释接种法测定，空白试样为接种稀释水，必要时每升接种稀释水中加入 2 mL 丙烯基硫脲硝化抑制剂。

5.2.2 试样的测定

试样和空白试样的测定方法同非稀释法中试样和空白试样的测定。

6. 结果计算

（1）非稀释法。

非稀释法按式（7-3）计算样品 BOD_5 的测定结果：

$$\rho = \rho_1 - \rho_2 \tag{7-3}$$

式中：ρ——五日生化需氧量质量浓度，mg/L；

ρ_1——水样在培养前的溶解氧质量浓度，mg/L；

ρ_2——水样在培养后的溶解氧质量浓度，mg/L。

（2）非稀释接种法。

非稀释接种法按式（7-4）计算样品 BOD_5 的测定结果：

$$\rho = (\rho_1 - \rho_2) - (\rho_3 - \rho_4) \tag{7-4}$$

式中：ρ_1——五日生化需氧量质量浓度，mg/L；

ρ_1——接种水样在培养前的溶解氧质量浓度，mg/L；

ρ_2——接种水样在培养后的溶解氧质量浓度，mg/L；

ρ_3——空白样在培养前的溶解氧质量浓度，mg/L；

ρ_4——空白样在培养后的溶解氧质量浓度，mg/L。

（3）稀释与接种法。

稀释法与稀释接种法按式（7-5）计算样品 BOD_5 的测定结果：

$$\rho = \frac{(\rho_1 - \rho_2) - (\rho_3 - \rho_4) \times f_1}{f_2} \tag{7-5}$$

式中：ρ——五日生化需氧量质量浓度，mg/L；

ρ_1——接种稀释水样在培养前的溶解氧质量浓度，mg/L；

ρ_2——接种稀释水样在培养后的溶解氧质量浓度，mg/L；

ρ_3——空白样在培养前的溶解氧质量浓度，mg/L；

ρ_4——空白样在培养后的溶解氧质量浓度，mg/L；

f_1——接种稀释水或稀释水在培养液中所占的比例；

f_2——原样品在培养液中所占的比例。

BOD_5 测定结果以氧的质量浓度（mg/L）报出。对稀释与接种法，如果有几个稀释倍数的结果满足要求，结果取这些稀释倍数结果的平均值。结果＜100mg/L，保留一位小数；

结果≥100 mg/L，保留三位有效数字。结果报告中应注明：样品是否经过过滤、冷冻或均质化处理。

7．质量保证与质量控制

7.1 空白试样

每一批样品（≤20 个）测定两个空白试样，稀释法空白试样的测定结果不能超过 0.5 mg/L，非稀释接种法和稀释接种法空白试样的测定结果不能超过 1.5 mg/L，否则应检查可能的污染来源。

7.2 接种液、稀释水质量的检查

每一批样品（≤20 个）要求做一个标准样品，样品的配制方法如下：取 20 mL 葡萄糖-谷氨酸标准溶液于稀释容器中，用接种稀释水稀释至 1 000 mL，测定 BOD_5，结果应在 180～230 mg/L，否则应检查接种液、稀释水的质量。

7.3 精密度控制

每一批样品（≤20 个）至少做一组平行样，计算相对偏差 RP。当 BOD_5＜3 mg/L 时，RP 值应≤±25%；当 BOD_5 为 3～100 mg/L 时，RP 值应≤±20%；当 BOD_5＞100 mg/L 时，RP 值应≤±15%。

计算公式见式（7-6）：

$$RP = \frac{\rho_1 - \rho_2}{\rho_1 + \rho_2} \times 100\% \tag{7-6}$$

式中：RP——相对百分偏差，%；

ρ_1——第一个样品 BOD_5 的质量浓度，mg/L；

ρ_2——第二个样品 BOD_5 的质量浓度，mg/L。

8．引用标准

《水质　五日生化需氧量（BOD_5）的测定　稀释与接种法》（HJ 505—2009）

编写人员：

阴　琨（中国环境监测总站）

许人骥（中国环境监测总站）

李　耕（福州市环境监测中心站）

陈小霞（福州市环境监测中心站）

八、氨氮的测定

水质　氨氮的测定　纳氏试剂分光光度法

1．方法原理

经预处理后的水样，加入纳氏试剂，以游离态的氨或铵离子等形式存在的氨氮与纳氏试剂反应生成黄棕色胶态化合物或淡红棕色络合物，络合物的吸光度与氨氮含量成正比，于波长 420 nm 处测量吸光度。当水样体积为 50 mL，使用 20 mm 比色皿时，本方法的检出限为 0.03 mg/L，测定上限为 2.0 mg/L（均以 N 计）。

2．试剂

除非另有说明，否则分析时所用试剂均使用符合国家标准的分析纯化学试剂，实验用水均为无氨水。

2.1 无氨水：实验室纯水器直接制备，或直接购买市售纯水，需检验确认满足实验空白要求。

2.2 轻质氧化镁（MgO）：不含碳酸盐，在 500 ℃下加热氧化镁 0.5 h，以除去碳酸盐。

2.3 盐酸：ρ（HCl）=1.18 g/mL。

2.4 纳氏试剂：可选择下列任意一种方法配制，亦可直接购买市售经检验符合要求的纳氏试剂。

2.4.1 二氯化汞-碘化钾-氢氧化钾（$HgCl_2$-KI-KOH）溶液

称取 15.0 g 氢氧化钾（KOH），溶于 50 mL 水中，冷却至室温。

取 5.0 g 碘化钾（KI），溶于 10 mL 水中，在搅拌下，将 2.50 g 二氯化汞（$HgCl_2$）粉末分多次加入碘化钾溶液中，直到溶液呈深黄色或出现淡红色沉淀溶解缓慢时，充分搅拌混合，并改为滴加二氯化汞饱和溶液，当出现少量朱红色沉淀不再溶解时，停止滴加。

在搅拌下，将冷却的氢氧化钾溶液缓慢地加入上述二氯化汞和碘化钾的混合液中，并稀释至 100 mL，于暗处静置 24 h，倾出上清液，贮于聚乙烯瓶内，用橡皮塞或聚乙烯盖子盖紧，存放暗处，有效期 30 d。

2.4.2 碘化汞-碘化钾-氢氧化钠（HgI_2-KI-NaOH）溶液

称取 16.0 g 氢氧化钠（NaOH），溶于 50 mL 水中，冷却至室温。

称取 7.0 g 碘化钾（KI）和 10.0 g 碘化汞（HgI_2），溶于水中，然后将此溶液在搅拌下，缓慢加入到上述 50 mL 氢氧化钠溶液中，用水稀释至 100 mL。贮于聚乙烯瓶内，用橡皮塞或聚乙烯盖子盖紧，于暗处存放，有效期 60 d。

注 1：纳氏试剂的配制过程对空白的吸光度有较大影响，配制过程中需注意几点，汞盐溶液要多搅拌，让其尽可能溶解后静置，底层不溶性残渣弃掉，静置期间要对容器密封，防止空气中氨的溶解而导致空白升高；氢氧化钠（钾）溶液一定要溶解至室温后再和汞盐溶液混合；混合时一定要缓缓将汞盐溶液和碱液混合，边加入边搅拌，保证生成的沉淀及时溶解。

注2：为了保证纳氏试剂有良好的显色能力，配制$HgCl_2$-KI-KOH溶液时务必控制$HgCl_2$的加入量，至微量HgI_2红色沉淀不再溶解时为止；配制100 mL纳氏试剂所需$HgCl_2$与KI的用量之比约为2.3∶5；在配制时为了加快反应速度、节省配制时间，可低温加热进行，防止HgI_2红色沉淀的提前出现。

注3：纳氏试剂在使用过程中应尽可能减少在空气中的暴露时间，要求密封保存，防止空气中氨的溶入导致空白升高。

注4：纳氏试剂可存放更长时间，但延长纳氏试剂的保存期，可能造成空白实验吸光度增大或斜率变小，经检验空白试验或斜率不满足要求时，应重新配制。

2.5 酒石酸钾钠溶液：ρ（$KNaC_4H_6O_6 \cdot 4H_2O$）=500 g/L。称取 50.0 g 酒石酸钾钠（$KNaC_4H_6O_6 \cdot 4H_2O$）溶于100 mL 水中，加热煮沸以驱除氨，充分冷却后稀释至100 mL。

注5：酒石酸钾钠试剂中铵盐含量较高时，仅加热煮沸或加纳氏试剂沉淀不能完全除去氨。此时采用加入少量氢氧化钠溶液，煮沸蒸发掉溶液体积的20%～30%，冷却后用无氨水稀释至原体积。

注6：溶液的保存要密封，防止被污染而导致空白升高。

2.6 硫酸锌溶液：ρ（$ZnSO_4 \cdot 7H_2O$）=100 g/L。称取 10.0 g 硫酸锌（$ZnSO_4 \cdot 7H_2O$）溶于水中，稀释至100 mL。

2.7 氢氧化钠溶液Ⅰ：ρ(NaOH)=250 g/L。称取25 g氢氧化钠溶于水中，稀释至100 mL。

2.8 氢氧化钠溶液Ⅱ：c(NaOH)=1 mol/L。称取4 g氢氧化钠溶于水中，稀释至100 mL。

2.9 盐酸溶液：c（HCl）=1 mol/L。取8.5 mL盐酸于100 mL容量瓶中，用水稀释至标线。

2.10 硼酸溶液：ρ（H_3BO_3）=20 g/L。称取20 g硼酸溶于水，稀释至1 000 mL。

2.11 溴百里酚蓝指示剂（bromthymol blue）：ρ=0.5 g/L。称取0.05 g溴百里酚蓝溶于50 mL水中，加入10 mL无水乙醇，用水稀释至100 mL。

2.12 氨氮标准贮备溶液：ρ（N）=1 000 mg/L。称取3.819 0 g氯化铵（NH_4Cl，优级纯，在100～105℃干燥2 h），溶于水中，移入1 000 mL容量瓶中，稀释至标线，可在2～5℃条件下保存30 d。

2.13 氨氮标准工作溶液：ρ（N）=10 mg/L。吸取5.00 mL氨氮标准贮备溶液于500 mL容量瓶中，稀释至刻度。临用前配制。

3. 仪器和设备

3.1 可见分光光度计：具20 mm比色皿。

3.2 具塞磨口玻璃比色管：50 mL。

3.3 一般实验室常用仪器和设备。

4. 前处理

对于一般水样，建议采用絮凝沉淀法预处理。

絮凝沉淀法：移取100 mL经充分摇动，混合均匀的样品，加入1 mL硫酸锌溶液(2.6)，并用氢氧化钠溶液Ⅰ调节pH到10.5，混匀使之沉淀，取上清液或用经水冲洗过的中速定性滤纸过滤后分析。

注 7：建议絮凝沉淀后样品必须经过滤纸过滤或离心分离，以免取样时会带入絮状物。因离心比滤纸过滤干扰小，推荐离心分离，样品絮凝沉淀后转入100 mL离心管进行离心处理（4 000 r/min，5 min），取上清液分析。

注 8：当水样中存在细小颗粒时，易使纳氏反应生成物沉淀，故应预先过滤除去。滤纸中含有一定量的可溶性铵盐，定量滤纸中含量高于定性滤纸，建议采用定性滤纸过滤，过滤前用无氨水少量多次淋洗（一般为100 mL）。也可在准备阶段，用无氨水浸泡滤纸30 min左右，临用时再用无氨水多次淋洗，这样可减少或避免滤纸引入的测量误差。

注 9：为了防止前处理后的溶液再次出现浑浊和氨氮在中性溶液中可能的逃逸损失，絮凝沉淀过滤后的水样应尽快分析。

对于特殊水样，如絮凝沉淀后仍明显浑浊或絮凝沉淀后无明显浑浊、但加入掩蔽剂和显色剂后变浑浊而导致无法比色，絮凝沉淀法不能去除全部干扰时，可采用预蒸馏法进行水样前处理。

预蒸馏法操作如下：将50 mL硼酸溶液移入接收瓶内，确保冷凝管出口在硼酸溶液液面之下。分取250 mL样品，移入烧瓶中，加几滴溴百里酚蓝指示剂，必要时，用氢氧化钠溶液Ⅱ或盐酸溶液调pH至6.0（指示剂呈黄色）～7.4（指示剂呈蓝色），加入0.25 g轻质氧化镁及数粒玻璃珠，立即连接氮球和冷凝管。加热蒸馏，使馏出液速率约为10 mL/min，待馏出液达200 mL时，停止蒸馏，加水定容至250 mL。

注 10：在蒸馏过程中，某些有机物很可能与氨同时馏出，对测定有干扰，其中有些物质（如甲醛）可以在酸性条件（pH＜1）下煮沸除去。

注 11：由于被蒸馏溶液中的氨氮从液相中逃逸主要发生在蒸馏中前期，尤其对于氨氮浓度较高的水样，氨气在水样未沸腾的前期已经从液相中大量逸出，为了保证吸收效率，开始加热一定不能过快，缓缓升温，否则易造成氨吸收不完全。

注 12：蒸馏器清洗：向蒸馏烧瓶中加入350 mL水，加数粒玻璃珠，装好仪器，蒸馏到至少收集100 mL水，将馏出液及瓶内残留液弃去。

5．分析测试

5.1 标准曲线的绘制

在8个50 mL比色管中，分别加入0 mL、0.50 mL、1.00 mL、2.00 mL、4.00 mL、6.00 mL、8.00 mL和10.00 mL 氨氮标准工作溶液，其所对应的氨氮含量分别为0 μg、5.0 μg、10.0 μg、20.0 μg、40.0 μg、60.0 μg、80.0 μg和100 μg，加水至标线，加入1.0 mL酒石酸钾钠溶液，摇匀。加入纳氏试剂1.5 mL（2.4.1）或1.0 mL（2.4.2）混匀。放置10 min（当采用商品化试剂时，根据显色情况可适当调整显色时间）后，在波长420 nm下，用20 mm比色皿，以水作参比，测量吸光度。由测得的吸光度，减去零浓度空白管的吸光度后，得到校正吸光度，绘制以氨氮含量（μg）对校正吸光度的标准曲线。

注 13：根据实际样品的浓度范围，标准曲线范围可适当调整，包含0 mg/L浓度点在内至少6个点。

注 14：标准曲线斜率为0.006 0～0.007 8，截距≤±0.005。

5.2 试样测定

取经预处理的水样50 mL（若水样中氨氮浓度超过2 mg/L，可适当少取水样体积），按与校准曲线相同的步骤测量吸光度。

注 15：采用蒸馏法-硼酸吸收液法测定结果有时存在严重偏低情况，可将吸收后的硼酸溶液用氢氧化钠溶液Ⅱ pH 调至 7～9（碱性不宜过大，否则待测氨氮可转化为氨气逸出）后再加入掩蔽剂、纳氏试剂测定，如果出现红色沉淀，说明水样的酸碱性没有调节好。

5.3 空白实验

以无氨水代替水样，测定实验室空白样品。

5.4 计算

水样中氨氮的质量浓度（以 N 计）按式（8-1）进行计算：

$$\rho = \frac{A_s - A_b - a}{b \times V} \tag{8-1}$$

式中：ρ——水样中氨氮的质量浓度，mg/L；

A_s——水样的吸光度；

A_b——空白试验的吸光度；

a——校准曲线的截距；

b——校准曲线的斜率；

V——所取水样的体积，mL。

当测定结果＜10.0 mg/L 时，保留至小数点后两位；当测定结果≥10.0 mg/L 时，保留三位有效数字。

6．质量保证和质量控制

6.1 实验室空白的吸光度应≤0.060 。

6.2 精密度控制：每批样品（≤20 个）应至少测定 10%的平行双样，样品数量＜10 个时，应测定一个平行双样，当样品含量≤1.0 mg/L 时，平行双样测定结果的相对偏差应≤20%；当样品含量为＞1.0 mg/L 时，平行双样测定结果的相对偏差应≤15%。

6.3 准确度控制：每批次样品（≤20 个）应至少测定一个有证标准样品或基体加标回收样品，有证标准样品的测定值应在允许的范围内。样品含量≤1.0 mg/L 时，加标回收率为 70%～130%；样品含量＞1.0 mg/L 时，加标回收率为 80%～120%。

7．引用标准

《水质 氨氮的测定 纳氏试剂分光光度法》（HJ 535—2009）

编写人员：

许秀艳（中国环境监测总站）

丁曦宁（江苏省环境监测中心）

王文雷（山东省环境监测中心站）

刘金芝（山东省环境监测中心站）

许艳芳（山东省环境监测中心站）

九、总磷的测定

水质 总磷的测定 钼酸铵分光光度法

1．方法原理

在中性条件下用过硫酸钾使试样消解，将所含磷全部氧化为正磷酸盐。在酸性介质中，正磷酸盐与钼酸铵反应，在锑盐存在下生成磷钼杂多酸后，立即被抗坏血酸还原，生成蓝色的络合物。

当样品体积为25 mL时，本方法的检出限为0.01 mg/L，测定下限为0.04 mg/L。

2．试剂

本标准所用试剂除另有说明外，均应使用符合国家标准的分析试剂和蒸馏水或同等纯度的水。

2.1 硫酸（H_2SO_4）：密度为1.84 g/mL。

2.2 硫酸（H_2SO_4）：1+1。

2.3 硫酸：c（1/2 H_2SO_4）≈1 mol/L。将27 mL硫酸（2.1）加入到973 mL水中。

2.4 过硫酸钾：50 g/L溶液。将5 g过硫酸钾（$K_2S_2O_8$）溶解于水，并稀释至100 mL。

2.5 抗坏血酸：100 g/L溶液。溶解10 g抗坏血酸（$C_6H_8O_6$）于水中，并稀释至100 mL。此溶液贮于棕色的试剂瓶中，在冷处可稳定几周。如出现变色或浑浊不可使用。

2.6 钼酸盐溶液。溶解13 g钼酸铵［$(NH_4)_6Mo_7O_{24}\cdot 4H_2O$］于100 mL水中，溶解0.35 g酒石酸锑钾[$KSbC_4H_4O_7\cdot 1/2H_2O$]于100 mL水中，在不断搅拌下把钼酸铵溶液徐徐加入300 mL硫酸（2.2）中，加酒石酸锑钾溶液并且混合均匀。此溶液贮存于棕色试剂瓶中，在冷处可保存两个月。

2.7 氢氧化钠（NaOH）：1mol/L。40 g氢氧化钠溶于水，并稀释至1L。

2.8 氢氧化钠（NaOH）：6mol/L。240 g氢氧化钠溶于水，并稀释至1L。

2.9 磷标准贮备溶液：称取0.219 7 g±0.001 g于110℃干燥2 h，在干燥器中放冷的磷酸二氢钾（KH_2PO_4），用水溶解后转移至1 000 mL容量瓶中，加入大约800 mL水、加5 mL硫酸（2.2）用水稀释至标线并混匀。1.00 mL此标准溶液含50.0 μg磷。本溶液在玻璃瓶中可贮存至少6个月。也可直接购买市售有证磷标准溶液。

2.10 磷标准使用溶液：将10.0 mL的磷标准贮备溶液（2.9）转移至250 mL容量瓶中，用水稀释至标线并混匀。每毫升此标准溶液含2.0 μg磷。使用当天配制。

2.11 浊度-色度补偿液：混合两个体积硫酸（2.2）和一个体积抗坏血酸溶液（2.5）。使用当天配制。

3．仪器和设备

3.1 高压蒸气消毒器或一般压力锅（1.1～1.4 kg/cm^2）。

3.2 50 mL 比色管。

3.3 分光光度计。

3.4 实验室其他常用设备。

注 1：所有玻璃器皿推荐使用稀盐酸或稀硝酸浸泡，也可用不含磷酸盐的洗涤剂清洗。

4．前处理

取 25 mL 样品于 50mL 比色管中（3.2）。取样时应仔细摇匀，以得到溶解部分和悬浮部分均具有代表性的试样。如样品中含磷浓度较高，试样体积可以减少。

5．分析测试

5.1 空白试样

按样品前处理的步骤进行空白试验，用水代替试样，并加入与测定时相同体积的试剂。

5.2 测定

5.2.1 消解

5.2.1.1 过硫酸钾消解：样品在消解前，应调节至中性后摇匀取样（注 2：特别是用硫酸保存水样时，样品消解前需用 NaOH 溶液（2.7 或 2.8）调 pH 至中性）。向试样中加入 4 mL 过硫酸钾（2.4），将比色管的盖子盖紧后，用一小块布和线将玻璃塞扎紧或用其他方法固定，放在大烧杯中置于高压蒸气消毒器（3.1）中加热，待压力达到 1.1 kg/cm^2，相应温度为 120℃时，保持 30 min 后停止加热。待压力表读数降至零后，取出放冷。

5.2.1.2 消解后，若试样有浊度干扰时，可采用中速定性滤纸或纤维滤膜将样品过滤于另一个 50mL 比色管中，用水冲洗比色管及滤纸，一并移入比色管中，加水至标线，供分析用。所用滤纸和滤膜在过滤前应用纯水多次洗涤除磷，空白试样进行同样的过滤操作，空白吸光度应控制在 0.007 以下。

5.2.2 发色

分别向各份消解液中加入 1 mL 抗坏血酸溶液（2.5）混匀，30 s 后加 2 mL 钼酸盐溶液（2.6）充分混匀。

注 3：当试样中含有浊度或色度时，需配制一个参比试样（取实际水样消解后用水稀释至标线）然后向试样中加入 3mL 浊度-色度补偿液（2.11），但不加抗坏血酸溶液和钼酸盐溶液。然后从试样的吸光度中扣除参比试样的吸光度。

5.2.3 分光光度测量

室温下放置 15 min 后，使用光程为 30 mm 比色皿，在 700 nm 波长下，以水做参比，测定吸光度。扣除空白试验的吸光度后，从工作曲线（5.2.4）上查得磷的含量。

注 4：室温低于 13℃时，可在 20～30℃水浴中显色 15min。比色皿用后应以稀硝酸浸泡片刻，以除去吸附的钼蓝有色物。显色 15min 时，需要尽快测定吸光度，放置越久，测定结果越低。

5.2.4 校准曲线的绘制

取 7 支比色管（3.2）分别加入 0.0 mL、0.50 mL、1.00 mL、3.00 mL、5.00 mL、10.00 mL、15.0 mL 磷酸盐标准溶液（2.10）。加水至 25 mL。然后按测定步骤（5.2.1、5.2.2 和 5.2.3）进行测定。以水做参比，测定吸光度。扣除空白试验的吸光度后，和对应的磷的含量绘制工作曲线。

5.3 结果计算与表示

总磷含量以 C（mg/L）表示，按式（9-1）计算：

$$C=\frac{m}{V} \tag{9-1}$$

式中：m——试样测得含磷量，μg；

V——测定用试样体积，mL。

当测定结果＜10.0 mg/L 时，保留至小数点后两位；当测定结果≥10.0 mg/L 时，保留三位有效数字。

6．质量保证和质量控制

6.1 空白试验：每批样品（≤20 个）至少测定一个实验室空白样品，空白样品测定值应低于方法检出限。

6.2 校准曲线：线性相关系数应达到 0.999 以上。

6.3 每批样品（≤20 个）应测定一个校准曲线中间点浓度的标准溶液，其测定结果与校准曲线该点浓度的相对误差应≤10%。否则，需重新绘制校准曲线。

6.4 精密度控制：每批样品（≤20 个）应至少测定 10%的平行双样，样品数量＜10 个时，应测定一个平行双样。当样品含量≤0.03 mg/L 时，平行双样测定结果的相对偏差应≤25%；当样品含量＞0.03 mg/L 时，平行双样测定结果的相对偏差应≤10%。

6.5 准确度控制：每批样品（≤20 个）至少测定一个有证标准样品或基体加标回收样品，有证标准样品的测定值应在允许的范围内。样品含量≤0.03 mg/L 时，加标回收率为 70%～130%；样品含量＞0.03 mg/L 时，加标回收率为 80%～120%。

7．注意事项

砷＞2 mg/L 干扰测定，用硫代硫酸钠去除；硫化物＞2 mg/L 干扰测定，通氮气去除；铬＞50 mg/L 干扰测定，用亚硫酸钠去除；亚硝酸盐＞1 mg/L 有干扰，用氧化消解或加氨磺酸均可以除去；铁浓度为 20 mg/L，使结果偏低 5%；铜浓度达 10 mg/L 不干扰；氟化物＜70 mg/L 也不干扰；水中大多数常见离子对显色的影响可以忽略。

8．引用标准

《水质　总磷的测定　钼酸铵分光光度法》（GB/T 11893—1989）

编写人员：

陈　烨（中国环境监测总站）

朱晓丹（浙江省环境监测中心）

胡笑妍（浙江省环境监测中心）

蒋立英（浙江省环境监测中心）

十、总氮的测定

水质 总氮的测定 碱性过硫酸钾消解紫外分光光度法

1. 方法原理

在 120～124℃下，碱性过硫酸钾溶液使样品中含氮化合物的氮转化为硝酸盐，采用紫外分光光度法于波长 220 nm 和 275 nm 处，分别测定吸光度 A_{220} 和 A_{275}，按式（10-1）计算校正吸光度 A，总氮（以 N 计）含量与校正吸光度 A 成正比。

$$A = A_{220} - 2A_{275} \tag{10-1}$$

当样品量为 10 mL 时，本方法的检出限为 0.05 mg/L，测定范围为 0.20～7.00 mg/L。

2. 试剂

除非另有说明，否则分析时均使用符合国家标准的分析纯试剂，实验用水为无氨水或新制备的去离子水。

2.1 无氨水：实验室纯水器直接制备，或直接购买市售纯水，需检验确定满足实验空白要求。

2.2 氢氧化钠（NaOH）：含氮量应小于 0.000 5%。

2.3 过硫酸钾（$K_2S_2O_8$）：含氮量应小于 0.000 5%。

2.4 硝酸钾（KNO_3）：基准试剂或优级纯。在 105～110℃下烘干 2 h，在干燥器中冷却至室温。

2.5 浓盐酸：ρ（HCl）=1.19 g/mL。

2.6 浓硫酸：ρ（H_2SO_4）=1.84 g/mL。

2.7 盐酸溶液：1+9。

2.8 硫酸溶液：1+35。

2.9 氢氧化钠溶液Ⅰ：ρ（NaOH）=200 g/L。称取 20.0 g 氢氧化钠溶于少量水中，稀释至 100 mL。

2.10 氢氧化钠溶液Ⅱ：ρ（NaOH）=20 g/L。量取 10.0 mL 氢氧化钠溶液Ⅰ，用水稀释至 100 mL。

2.11 碱性过硫酸钾溶液：称取 40.0 g 过硫酸钾溶于 600 mL 水中（可置于 50℃水浴中加热至全部溶解）；另称取 15.0 g 氢氧化钠溶于 300 mL 水中。待氢氧化钠溶液温度冷却至室温后，混合两种溶液定容至 1 000 mL，存放于聚乙烯瓶中，可保存 7 d。

注 1：在碱性过硫酸钾溶液配制过程中，温度过高会导致过硫酸钾分解失效，因此要控制水浴温度在 60℃以下，而且应待氢氧化钠溶液温度冷却至室温后，再将其与过硫酸钾溶液混合、定容。

2.12 硝酸钾标准贮备液：ρ（N）＝100 mg/L。称取 0.721 8 g 硝酸钾溶于适量水，移至 1 000 mL 容量瓶中，用水稀释至标线，混匀。加入 1～2 mL 三氯甲烷作为保护剂，在 0～10℃暗处保存，可稳定 180 d。也可直接购买市售有证标准溶液。

2.13 硝酸钾标准使用液：ρ（N）＝10.0 mg/L。量取 10.00 mL 硝酸钾标准贮备液至 100 mL 容量瓶中，用水稀释至标线，混匀，临用现配。

3. 仪器和设备

注 2：测定应在无氨的实验室环境中进行，避免环境交叉污染对测定结果产生影响；实验所用的器皿和高压蒸汽灭菌器等均应无氨污染。

3.1 紫外分光光度计：具 10 mm 石英比色皿。

3.2 高压蒸汽灭菌器：最高工作压力不低于 1.1～1.4 kg/cm^2；最高工作温度不低于 120～124℃。

注 3：使用高压蒸汽灭菌器时，应定期检定压力表，并检查橡胶密封圈密封情况，避免因漏气而减压。高压蒸汽灭菌器应每周清洗。

3.3 具塞磨口玻璃比色管：25 mL。

注 4：实验中所用的玻璃器皿应用盐酸溶液（2.7）或硫酸溶液（2.8）浸泡，用自来水冲洗后再用无氨水冲洗数次，洗净后立即使用。为降低比色管空白，可在比色管中加入 15mL 左右纯水消解 1～2 次。

3.4 一般实验室常用仪器和设备。

4. 前处理

取适量样品用氢氧化钠溶液Ⅱ（2.10）或（1+35）硫酸溶液（2.8）调节 pH 至 5～9，待测。

5. 分析测试

5.1 校准曲线的绘制

分别量取 0 mL、0.20 mL、0.50 mL、1.00 mL、3.00 mL 和 7.00 mL 硝酸钾标准使用液于 25 mL 具塞磨口玻璃比色管中，其对应的总氮（以 N 计）含量分别为 0 μg、2.00 μg、5.00 μg、10.0 μg、30.0 μg 和 70.0 μg。加水稀释至 10.00 mL，再加入 5.00 mL 碱性过硫酸钾溶液，塞紧管塞，用纱布和线绳扎紧管塞，以防弹出。将比色管置于高压蒸汽灭菌器中，加热至顶压阀吹气，关阀，继续加热至 120℃时开始计时，在 120～124℃保持 30 min。自然冷却、开阀放气，移去外盖，取出比色管冷却至室温，按住管塞将比色管中的液体颠倒混匀 2～3 次。

注 5：若比色管在消解过程中出现管口或管塞破裂，应重新取样分析。

每个比色管分别加入（1+9）盐酸溶液 1.0 mL，用水稀释至 25 mL 标线，盖好管塞混匀。使用 10 mm 石英比色皿，在紫外分光光度计上，以水作参比，分别于波长 220 nm 和 275 nm 处测定吸光度。零浓度的校正吸光度 A_b、其他标准系列的校正吸光度 A_s 及其差值 A_r 按式（10-2）～式（10-4）进行计算。以总氮（以 N 计）含量（μg）为横坐标，对应的 A_r 值为纵坐标，绘制校准曲线。

$$A_b = A_{b220} - 2A_{b275} \quad (10\text{-}2)$$

$$A_s = A_{s220} - 2A_{s275} \quad (10\text{-}3)$$

$$A_r = A_s - A_b \quad (10\text{-}4)$$

式中：A_b——零浓度（空白）溶液的校正吸光度；

A_{b220}——零浓度（空白）溶液于波长 220 nm 处的吸光度；

A_{b275}——零浓度（空白）溶液于波长 275 nm 处的吸光度；

A_s——标准溶液的校正吸光度；

A_{s220}——标准溶液于波长 220 nm 处的吸光度；

A_{s275}——标准溶液于波长 275 nm 处的吸光度；

A_r——标准溶液校正吸光度与零浓度（空白）溶液校正吸光度的差。

5.2 试样测定

量取 10.00 mL 试样于 25 mL 具塞磨口玻璃比色管中，按照上述步骤进行测定。

注 6：试样中的含氮量超过 70 μg 时，可减少取样量并加水稀释至 10.00 mL。

注 7：消解后的试样如浑浊影响比色，应采取离心（3 500～4 000 r/min，3～10 min）或静置取上清液分析（试样中如果细颗粒物较多，澄清时间过长尽量选择离心的方法）。

5.3 空白试验

用 10.00 mL 实验用水代替试样，按照样品测定步骤进行测定。

5.4 计算

参照式（10-2）～式（10-4）计算试样校正吸光度和空白试验校正吸光度差值 A_r，样品中总氮的质量浓度（以 N 计）按式（10-5）进行计算。

$$\rho = \frac{(A_r - a)}{bV} \times f \quad (10\text{-}5)$$

式中：ρ——样品中总氮的质量浓度，mg/L；

A_r——试样的校正吸光度与空白试验校正吸光度的差值；

a——校准曲线的截距；

b——校准曲线的斜率；

V——试样体积，mL；

f——稀释倍数。

当测定结果＜10.0 mg/L 时，保留至小数点后两位；当测定结果≥10.0 mg/L 时，保留三位有效数字。

6. 质量保证和质量控制

6.1 校准曲线的相关系数 r 应≥0.999 。

6.2 每批样品（≤20 个）至少测定一个实验室空白样品，空白样品的校正吸光度 A_b 应小于 0.030 。超过该值时应检查实验用水、试剂（主要是氢氧化钠和过硫酸钾）纯度、器皿和高压蒸汽灭菌器的污染状况。

6.3 每批样品（≤20 个）应测定一个校准曲线中间点浓度的标准溶液，其测定结果与校准曲线该点浓度的相对误差应≤10%。否则，需重新绘制校准曲线。

6.4 精密度控制：每批样品（≤20 个）至少测定 10%的平行双样，样品数量＜10 个时，应至少测定一个平行双样，当样品含量≤1.00 mg/L 时，平行双样测定结果的相对偏差应≤10%；当样品含量＞1.00 mg/L 时，平行双样测定结果的相对偏差应≤5%。测定结果以平行双样的平均值报出。

6.5 准确度控制：每批样品（≤20 个）至少测定一个有证标准样品或 10%的基体加标样品，有证标准样品的测定值应在允许的范围内。样品数量＜10 个时，应至少测定一个基体加标样品，加标回收率应在 90%～110%。

7. 引用标准

《水质 总氮的测定 碱性过硫酸钾消解紫外分光光度法》（HJ 636—2012）

编写人员：

许秀艳（中国环境监测总站）

朱晓丹（浙江省环境监测中心）

周冰冰（浙江省环境监测中心）

魏　君（浙江省环境监测中心）

十一、铜、铅、锌、镉的测定

（一）水质 铜、铅、锌、镉的测定 电感耦合等离子体质谱法

1. 方法原理

水样经预处理后，采用电感耦合等离子体质谱进行检测，根据元素的质谱图或特征离子进行定性，内标法定量。样品由载气带入雾化系统进行雾化后，以气溶胶形式进入等离子体的轴向通道，在高温和惰性气体中被充分蒸发、解离、原子化和电离，转化成的带电荷的正离子经离子采集系统进入质谱仪，质谱仪根据离子的质荷比即元素的质量数进行分离并定性、定量分析。在一定浓度范围内，元素质量数所对应的信号响应值与其浓度成正比。

方法的检出限和测定下限分别为铜0.08 μg/L和0.32 μg/L，锌0.7 μg/L和2.8 μg/L，铅0.09 μg/L和0.36 μg/L，镉0.05 μg/L和0.20 μg/L。

2. 试剂

分析时均使用符合国家标准的优级纯化学试剂。

2.1 实验用水：电阻率≥18 MΩ·cm，其余指标满足《分析实验室用水规格和试验方法》（GB/T 6682）中的一级标准。

2.2 硝酸：ρ（HNO_3）=1.42 g/mL。优级纯或优级纯以上，必要时经纯化处理。

2.3 盐酸：ρ（HCl）=1.19 g/mL。优级纯或优级纯以上，必要时经纯化处理。

2.4 硝酸溶液：1+99。

2.5 硝酸溶液：2+98。

2.6 硝酸溶液：1+1。

2.7 盐酸溶液：1+1。

2.8 标准溶液

2.8.1 单元素标准储备溶液：ρ=1.00 mg/mL。市售有证标准溶液，密封、避光、聚乙烯或聚丙烯瓶、4℃冷藏保存。

2.8.2 混合标准储备溶液：市售有证标准溶液，密封、避光、聚乙烯或聚丙烯瓶、4℃冷藏保存。

2.8.3 混合标准使用溶液：用硝酸溶液（2.5）稀释标准储备溶液（2.8.1或2.8.2），配制混合标准使用溶液，浓度为1mg/L。

2.9 内标标准储备溶液：ρ=100 μg/L。根据表11-1推荐的元素质量数和内标，可选用^{45}Sc、^{74}Ge、^{103}Rh、^{115}In、^{185}Re、^{209}Bi为内标元素，也可直接购买市售有证内标混合标准溶液。

表 11-1　推荐的元素质量数与内标

元素	质量数	内标
铜	63	Ge
	65	Ge
锌	66	Ge
镉	111	Rh
	114	In
铅	208	Re

2.10 内标标准使用溶液：用硝酸溶液（2.4）稀释内标储备液（2.9），配制浓度为 5～50 μg/L 的内标标准使用溶液。

2.11 质谱仪调谐溶液：选用含有 Li、Y、Be、Co、In、Tl 和 Bi 元素的调谐溶液。也可直购买有证标准溶液，用硝酸溶液（2.4）稀释至仪器所需浓度（推荐选用 10 μg/L）。

2.12 氩气：纯度不低于 99.99%。

3. 仪器和设备

3.1 电感耦合等离子体质谱仪及其相应的设备。仪器工作环境和对电源的要求需根据仪器说明书规定执行。仪器扫描范围为 5～250 u，分辨率为 10%峰高处所对应的峰宽应优于 1 u。

3.2 过滤装置，0.45 μm 孔径水系微孔滤膜。

4. 分析测试

4.1 校准曲线的绘制

在容量瓶中取一定体积的标准使用液（2.8.3），使用硝酸溶液（2.4）配制标准曲线系列，建议浓度为 0 μg/L、1.0 μg/L、5.0 μg/L、10 μg/L、50 μg/L、100 μg/L。

注 1：配制完成后，转移至聚乙烯或聚丙烯瓶中，盖紧封口胶带密封，4℃避光冷藏保存。

内标元素标准使用溶液（2.10）可直接加入工作溶液中，也可在样品雾化之前通过蠕动泵自动加入。

用 ICP-MS 测定标准溶液，以标准溶液浓度为横坐标，以样品信号与内标信号的比值为纵坐标建立校准曲线。用线性回归分析方法求得其斜率用于样品含量计算。

4.2 试样测定

每个试样测定前，先用硝酸溶液（2.5）冲洗系统直到信号降至最低，待分析信号稳定后开始测定。若样品中待测元素浓度超出校准曲线范围，需用硝酸溶液（2.4）稀释后重新测定，稀释倍数为 *f*。当试样溶液基体复杂，多原子离子干扰严重时，可通过表 11-2 所列的校正方程进行校正，也可根据各仪器厂家推荐的条件，通过碰撞/反应池模式技术进行校正。

表 11-2　ICP-MS 测定铜铅锌镉中用到的干扰校正方程

同位素	干扰校正方程
^{111}Cd	111M−1.073×108M−0.712×106M
^{114}Cd	114M−0.027×118M−1.63×108M
^{208}Pb	206M＋207M＋208M

4.3 空白试验

按照与试样相同的测定条件测定实验室空白试样和全程序空白试样。

4.4 计算与结果表示

样品中元素含量按照式（11-1）进行计算。

$$\rho=(\rho_1-\rho_2)\times f \qquad (11\text{-}1)$$

式中：ρ——样品中元素的浓度，μg/L 或 mg/L；

ρ_1——稀释后样品中元素的质量浓度，μg/L 或 mg/L；

ρ_2——稀释后实验室空白样品中元素的质量浓度，μg/L 或 mg/L；

f——稀释倍数。

测定结果小数点后最多不能超过方法检出限的小数位数，最多保留三位有效数字。

5. 质量保证和质量控制

5.1 标准曲线

每次分析样品均应绘制校准曲线，线性相关系数应达到 0.999 以上。

5.2 内标

在每次分析中必须监测内标的强度，试样中内标的响应值应介于校准曲线响应的 70%～130%。

5.3 空白

每批样品（≤20 个）至少做一个全程序空白及实验室空白，空白值应满足下列条件之一：（1）低于方法检出限；（2）低于标准限值的 10%；（3）低于每一批样品最低测定值的 10%。

5.4 连续校准

每分析 10 个样品，应分析一次校准曲线中间浓度点，其测定结果与实际浓度值相对偏差应≤10%，每批样品分析完毕后进行一次曲线最低点分析，测定结果与实际浓度值相对偏差应≤30%。

5.5 精密度控制

每批样品（≤20 个）应至少测定 10%的平行双样，样品数量＜10 时，应测定一个平行双样，两个平行样测定结果相对偏差应≤20%。

5.6 准确度控制

在每批样品中（≤20 个），应测定基体加标样品，回收率应在 70%～130%，也可使用有证标准样品代替基体加标样品，其测定值应在允许的范围内。

6. 引用标准

《水质 65 种元素的测定 电感耦合等离子体质谱法》（HJ 700—2014）

编写人员：

张霖琳（中国环境监测总站）

陈　纯（河南省环境监测中心）

路新燕（河南省环境监测中心）

（二）水质 铜、锌的测定 电感耦合等离子体发射光谱法

1. 方法原理

经过滤的水样注入电感耦合等离子体发射光谱仪后，目标元素在等离子体火炬中被气化、电离、激发并辐射出特征谱线，在一定浓度范围内，其特征谱线的强度与元素的浓度成正比。

表 11-3　分析方法检出限和测定下限　　单位：mg/L

元素	水平		垂直	
	检出限	测定下限	检出限	测定下限
铜 Cu	0.04	0.16	0.006	0.02
锌 Zn	0.009	0.04	0.004	0.02

2. 试剂

分析时均使用符合国家标准的优级纯化学试剂；实验用水为电阻率≥18MΩ·cm 的超纯水。

2.1 硝酸：ρ（HNO_3）=1.42g/mL。优级纯。

2.2 硝酸溶液：1+1。

2.3 硝酸溶液：1+99。

2.4 标准溶液

2.4.1 单元素标准贮备液：浓度为 1.0 mg/L，市售有证标准溶液，密封、避光、聚乙烯或聚丙烯瓶、4℃冷藏保存。

2.4.2 单元素标准使用液：由硝酸溶液（2.3）稀释单元素标准贮备液（2.4.1）得到。

2.4.3 混合标准溶液：市售有证混合标准溶液，密封、避光、聚乙烯或聚丙烯瓶、4℃冷藏保存。

2.5 水系微孔滤膜：0.45 μm 孔径。

3. 仪器和设备

3.1 电感耦合等离子体发射光谱仪：具背景校正发射光谱计算机控制系统。

3.2 一般实验室常用仪器设备。

4. 分析测试

4.1 仪器测试条件

不同型号的仪器最佳测试条件不同，根据仪器说明书要求优化测试条件。参考测量条件见表 11-4，元素推荐测定波长及元素间干扰见表 11-5。

表 11-4　仪器分析指标推荐参考测量条件

观察方式	水平、垂直或水平垂直交替使用
发射功率	1 150 W
载气流量	0.7 L/min
辅助气流量	1.0 L/min
冷却气流量	12.0 L/min

表 11-5　元素推荐测定波长及元素间干扰

测定元素	测定波长/nm	干扰元素
铜（Cu）	324.700	铁、铝、钛、钼
	327.396	—
锌（Zn）	202.548	钴、镁
	206.200	镍、镧、铋
	213.856	镍、铜、铁、钛

4.2 校准曲线的绘制

取一定量的单元素标准使用液（2.4.2）或混合标准溶液（2.4.3）制备校准曲线，推荐浓度点为 0 mg/L、0.05 mg/L、0.10 mg/L、0.50 mg/L、1.0 mg/L（注 1：可根据实际样品浓度选择合适的浓度点，标准曲线点数不少于 5 个）。由低浓度到高浓度依次进样，按照仪器最佳测试条件测量发射强度。以发射强度为纵坐标，目标元素系列质量浓度为横坐标，建立目标元素的校准曲线。

4.3 试样测定

在与建立校准曲线相同的条件下，测定可溶态元素的发射强度。由发射强度值在校准曲线上查得目标元素含量。样品测量过程中，若样品中待测元素浓度超出校准曲线范围，样品需稀释后重新测定。

4.4 空白样品测定

按照与试样测定的相同条件制备并测定空白试样（实验室超纯水）和全程序空白样品。

4.5 计算与结果表示

样品中元素含量按照式（11-2）进行计算：

$$\rho=(\rho_1-\rho_2)\times f \qquad (11\text{-}2)$$

式中：ρ——样品中目标元素的质量浓度，mg/L；

ρ_1——试样中目标元素的质量浓度，mg/L；

ρ_2——空白试样中目标元素的质量浓度，mg/L；

f——稀释倍数。

测定结果小数点后最多不能超过方法检出限的小数位数，最多保留三位有效数字。

5．质量保证和质量控制

5.1 校准有效性检查

每次样品分析均须绘制校准曲线，校准曲线的相关系数应≥0.995 。

每分析 10 个样品需用一个校准曲线的中间点浓度校准溶液进行校准核查，其测定结果与最近一次校准曲线该点浓度的相对偏差应≤10%，否则应重新绘制校准曲线。

每半年至少应该做一次仪器谱线的校对以及元素间干扰校正系数的测定。

5.2 空白试验

每批样品（≤20 个）至少测定两个实验室空白，空白值应低于方法测定下限。否则应检查实验用水质量、试剂纯度、器皿洁净度及仪器性能等。

5.3 全程序空白

每批样品（≤20 个）至少测定一个全程序空白，空白值应低于方法测定下限。否则应查明原因，重新分析直至合格才能测定样品。

5.4 精密度控制

每批样品（≤20 个）至少测定 10%的平行双样，样品数量＜10 个时，应至少测定一个平行双样，两次平行测定结果的相对偏差应≤25%。

5.5 准确度控制

每批样品（≤20 个）应至少测定 10%的加标样品，样品数量＜10 个时，应至少测定一个加标样品，加标回收率应在 70%～120%。

必要时，每批样品（≤20 个）至少分析一个有证标准物质或实验室自行配制的质控样，有证标准物质测定结果应在允许范围内。

6．引用标准

《水质 32 种元素的测定 电感耦合等离子体发射光谱法》（HJ 776—2015）

编写人员：

薛荔栋（中国环境监测总站）

陈　纯（河南省环境监测中心）

路新燕（河南省环境监测中心）

（三）水质 锌的测定 火焰原子吸收分光光度法

1. 方法原理

将前处理后的样品直接吸入火焰，在火焰中形成的原子对特征电磁辐射产生吸收，将测得的样品吸光度和标准溶液的吸光度进行比较，确定样品中被测元素的浓度。本方法测定锌的检出限为 0.05 mg/L，测定范围为 0.20～1.00 mg/L。

2. 试剂

分析时均使用符合国家标准的优级纯试剂，实验用水为电阻率≥18.2 MΩ·cm 的超纯水。

2.1 硝酸：ρ（HNO_3）=1.42 g/mL，优级纯。

2.2 硝酸溶液：1+99。

2.3 硝酸溶液：5+95。

2.4 硝酸溶液：1+1。

2.5 标准溶液

2.5.1 单元素标准储备溶液：ρ=1.00 mg/mL。市售有证标准溶液，密封、避光、聚乙烯或聚丙烯瓶、4℃冷藏保存。

2.5.2 单元素中间标准溶液：用硝酸溶液（2.2）稀释元素标准储备溶液（2.5.1）将元素配制成标准使用溶液，浓度为 1.0 mg/L。

2.6 燃料：乙炔，用钢瓶或由乙炔发生器供给，纯度不低于 99.6%。

2.7 氧化剂：空气，一般由空气压缩机供给，进入燃烧器以前应经过适当过滤，以除去其中的水、油和其他杂质。

3. 仪器和设备

3.1 原子吸收分光光度计及相应的辅助设备，配有乙炔-空气燃烧器，光源可选用连续光源或空心阴极灯或无极放电灯，仪器操作参数可参考厂家的说明进行选择。

注 1：实验用的玻璃或塑料器皿用洗涤剂洗净后，在硝酸溶液（2.4）中浸泡，使用前先用去离子水清洗，再用超纯水冲洗干净。

3.2 过滤装置，0.45 μm 孔径水系微孔滤膜。

4. 分析测试

4.1 校准曲线的绘制

用硝酸溶液（2.2）稀释中间标准溶液（2.5.2）配制工作标准溶液，推荐浓度分别为 0.05 mg/L、0.10 mg/L、0.30 mg/L、0.50 mg/L、1.00 mg/L，其浓度范围应涵盖样品中被测元素的浓度。

4.2 试样测定

选择波长213.8nm调节乙炔-空气火焰，吸入硝酸溶液（2.3），将仪器调零。吸入空白、工作标准溶液和样品，记录吸光度。根据扣除空白吸光度后的样品吸光度，在校准曲线上查出样品中的金属浓度。

4.3 空白试验

用硝酸溶液（2.2）作为实验室空白，按照与试样相同的测定条件测定。

4.4 计算

样品中元素含量按照式（11-3）进行计算：

$$\rho=(\rho_1-\rho_2)\times f \qquad (11\text{-}3)$$

式中：ρ——样品中元素的浓度，mg/L；

ρ_1——稀释后样品中元素的质量浓度，mg/L；

ρ_2——稀释后实验室空白样品中元素的质量浓度，mg/L；

f——稀释倍数。

当测定结果＜10.0 mg/L时，保留至小数点后两位；当测定结果≥10.0 mg/L时，保留三位有效数字。

5. 质量保证和质量控制

5.1 校准有效性检查

每次样品分析均须绘制校准曲线，校准曲线的相关系数应大于或等于0.999。每分析10个样品需用一个校准曲线的中间点浓度校准溶液进行校准核查，其测定结果与最近一次校准曲线该点浓度的相对偏差应≤10%，否则应重新绘制校准曲线。每半年至少应该做一次仪器谱线的校对以及元素间干扰校正系数的测定。

5.2 空白

每批样品（≤20个）至少测定一个全程序空白及实验室空白，空白值应满足下列条件之一：（1）低于方法检出限；（2）低于标准限值的10%；（3）低于每一批样品最低测定值的10%。

5.3 平行样

每批样品（≤20个）应至少测定10%的平行双样，样品数量＜10个时，应测定一个平行双样，两个平行样测定结果相对偏差应≤20%。

5.4 连续校准

每分析10个样品，应分析一次校准曲线中间浓度点，其测定结果与实际浓度值相对偏差应≤10%，每批样品（≤20个）分析完毕后进行一次曲线最低点分析，测定结果与实际浓度值相对偏差应≤30%。

5.5 准确度控制

每批样品（≤20个）应至少测定10%的加标样品，样品数量＜10个时，应至少测定一个加标样品，加标回收率应在80%～120%。必要时，每批样品（≤20个）至少分析一个有证标准物质或实验室自行配制的质控样，有证标准物质测定结果应在允许范围内。

6. 引用标准

《水质 铜、锌、铅、镉的测定 原子吸收分光光度法》（GB/T 7475—1987）

编写人员：

张霖琳（中国环境监测总站）

陈　纯（河南省环境监测中心）

路新燕（河南省环境监测中心）

（四）水质 铜、铅、镉的测定 石墨炉原子吸收分光光度法

1. 方法原理

试样经过滤或消解后注入石墨炉中，预先设定的干燥、灰化、原子化等升温程序使共存基体成分蒸发除去，同时在原子化阶段的高温下铜、铅、镉化合物离解为基态原子蒸汽，经过并对锐线光源（空心阴极灯）或连续光源发射的特征谱线产生选择性吸收。在选择的最佳测定条件下，通过背景扣除，测定水质样品中铜、铅、镉的吸光度。

铜的检出限为 0.001 mg/L，测定下限为 0.004 mg/L；铅的检出限为 0.002 mg/L，测定下限为 0.008 mg/L；镉的检出限为 0.000 1 mg/L，测定下限为 0.000 4 mg/L。

2. 干扰

2.1 铜

2.1.1 在石墨炉中原子化，会受到共存元素的化学干扰。若在石墨炉产生背景量吸收时，盐浓度高可用氘灯或塞曼扣背景装置予以校正。

2.1.2 0.1%～5.0%的磷酸、硝酸对测定结果基本无影响；同浓度范围的盐酸、高氯酸略有正干扰；硫酸有负干扰。

2.1.3 实验设定浓度范围内 K、Na、Ca、Mg、Cd、Zn 对铜的测定基本无影响；1 000 mg/L 的 Ca、100 mg/L 的 Mg 略有负干扰。

2.2 铅

在石墨炉中原子化，会受到共存元素的化学干扰。若在石墨炉产生背景量吸收时，盐浓度高可用氘灯或塞曼扣背景装置予以校正，也可采用邻近的非特征吸收线校正法或通过稀释降低样品中的基体浓度。

2.3 镉

2.3.1 在石墨炉中原子化，会受到共存元素的化学干扰。若在石墨炉产生背景量吸收时，盐浓度高可用氘灯或塞曼扣背景装置予以校正。

2.3.2 地下水和地表水中的共存离子和化合物，在常见浓度下不干扰测定。当钙的浓度高于 1 000 mg/L 时，抑制镉的吸收，浓度为 2 000 mg/L 时，信号抑制达 19%。0.1%～5.0%的磷酸、硝酸对测定结果基本无影响；同浓度范围的盐酸、高氯酸略有正干扰；硫酸有负干扰。

2.3.3 实验设定浓度范围内 K、Na、Ca、Mg、Cd、Zn 对镉的测定基本无影响；1 000 mg/L 的 Ca、100 mg/L 的 Mg 略有负干扰；100 mg/L 的 Cu 有正干扰。

3. 试剂

除非另有说明，否则分析时均使用符合国家标准的分析纯试剂，实验用水为新制备的去离子水或蒸馏水。

3.1 硝酸：ρ（HNO_3）=1.42 g/mL，优级纯。

3.2 磷酸二氢铵（$NH_4H_2PO_4$）：优级纯。

3.3 硝酸溶液：1+1，体积比，用硝酸（3.1）配制。

3.4 硝酸溶液：0.2%，用硝酸（3.1）配制。

3.5 单元素标准贮备液：ρ=1 000 mg/L。称取光谱纯金属元素 1 g，精确到 0.000 1 g，溶于 10 mL（1+1）硝酸（3.3）中，加热驱除二氧化氮，用水定容至 1 000 mL，摇均。或购买市售标准物质。

3.6 单元素标准工作溶液：ρ=1 000 μg/L。移取标准贮备液 10.0 mL（3.5）于 100 mL 容量瓶中，用 0.2%硝酸溶液（3.4）稀释至标线，摇匀。此溶液中的单元素浓度为 100.0 mg/L。再移取上述溶液 10.0 mL 于 100 mL 容量瓶中，用 0.2%硝酸溶液（3.4）稀释至标线，摇匀。此溶液中单元素的浓度为 10.0 mg/L。再移取上述溶液 10.0 mL 于 100 mL 容量瓶中，用 0.2%硝酸溶液（3.4）稀释至标线，摇匀。贮存于聚乙烯瓶中，4℃至少可保存一个月。

3.7 磷酸二氢铵溶液：ρ=20 g/L。称取 2 g 磷酸二氢铵（3.2），用水溶解并定容至 100 mL。

3.8 水系微孔滤膜：0.45 μm 孔径。

4. 仪器和设备

4.1 石墨炉原子吸收分光光度计：有背景校正装置。在有效检定周期内使用。

4.2 光源：铜、铅、镉空心阴极灯或具有 324.7 nm、283.3 nm、228.8 nm 特征谱线的连续光源。

4.3 氩气：纯度不低于 99.99%。

5. 分析测试

5.1 仪器参数

依据仪器操作说明书调节仪器至最佳工作状态，参考测量条件见表 11-6。

表 11-6　参考测量条件

元素	铜	铅	镉
波长/nm	324.7	283.3	228.8
氩气流量/（L/min）	1.2	1.2	1.2
光谱通带/nm	0.4	0.8	0.4
灯电流/mA	2.0	4.0	2.0
基体改进剂	无	磷酸二氢铵	磷酸二氢铵
干燥	90℃/10 s	90℃/20 s	90℃/10 s
干燥	120℃/20 s	105℃/20 s	120℃/20 s
干燥	—	110℃/10 s	—
灰化	700℃/10 s	1 000℃/10	1 000℃/10 s
原子化	2 000℃/4 s	1 800℃/4 s	1 850℃/4 s
除残	2 200/4 s	2 400/7 s	2 000/4 s

5.2 标准曲线的建立

用 0.2%硝酸溶液（3.4）稀释各元素标准储备溶液，配制标准溶液，各点元素的浓度见表 11-7，或根据不同仪器的灵敏度自行设定，将标准溶液和磷酸氢二铵溶液（3.7）以 10∶1 的体积比注入石墨炉中，按照仪器最佳工作条件，浓度由低到高顺次测定标准溶液吸光度。用减去空白的吸光度与相应的元素含量分别绘制铜、铅、镉的校准曲线。

表 11-7　各元素标准曲线浓度推荐表　　单位：μg/L

元素	浓度值
铜	0、10.00、30.00、50.00、70.00、90.00、100.00
铅	0、2.500 、5.000 、10.00、20.00、30.00、50.00
镉	0、0.500 、1.000 、1.500 、2.000 、2.500 、3.000

5.3 试样的测定

按照与标准曲线相同步骤测量试样的吸光度。

5.4 空白试验

用水代替试料做空白试验。在测定样品的同时，采用相同的步骤和试剂用量，测定空白，每批样品至少测定两个以上的空白，测定结果偏差不大于 50%。

5.5 结果计算与表示

5.5.1 结果计算

水样中待测元素的浓度ρ（mg/L），按照式（11-4）进行计算。

$$\rho = \frac{(C_1 - C_0) \times f}{1000} \tag{11-4}$$

式中：ρ——水样中待测元素的浓度，mg/L；

C_1——曲线上查得的试样中待测元素的浓度，μg/L；

C_0——空白中待测元素的浓度，μg/L；

f——样品的稀释倍数，为定容体积与取样体积之比。

5.5.2 结果表示

测定结果小数点后最多不能超过方法检出限的小数位数，最多保留三位有效数字。

6．质量保证和质量控制

6.1 空白实验的要求

做实验方法的全程序空白，以证明所有玻璃器皿和试剂的干扰都在控制之下，全程序空白样品的浓度测定值不能大于方法检出限。

6.2 连续校准

每分析 10 个样品，应分析一次校准曲线中间浓度点，其测定结果与实际浓度值相对偏差应≤10%，每批样品（≤20 个）分析完毕后进行一次曲线最低点分析，测定结果与实际浓度值相对偏差应≤30%。

6.3 精密度控制

每批样品（≤20 个）要有 10%的试样进行平行双样测定。其相对标准偏差≤20%。

6.4 准确度控制

实验室至少应对 10%的样品进行基体加标回收率的测定，加标物的形态应该和待测物的形态相同，加标后的样品与待测样品同步处理。加标回收率为 80%～120%。

7. 废物处理

本实验产生的废液应妥善保管，不得随意丢弃，集中收集送往有资质的单位处置。

8. 注意事项

8.1 实验所用的玻璃器皿需先用洗涤剂洗净，再用 1+1 硝酸溶液浸泡 24h（不得使用重铬酸钾洗液），使用前再依次用自来水、蒸馏水洗净以备用。

8.2 容量瓶和移液管使用前要进行校准，所有带刻度的玻璃器皿要用 A 级或一等。

8.3 通过验证工作曲线帮助检查石墨管的寿命和性能，若标准溶液或国家有证标准物质的信号有重大变化，应考虑更换石墨管。

9. 引用标准

《铜、铅和镉的测定 石墨炉原子吸收分光光度法》《水和废水监测分析方法（第四版）》

编写人员：

朱红霞（中国环境监测总站）

东　明（辽宁省环境监测实验中心）

附录 A
（规范性附录）
基体干扰检查方法

此方法适用于有一定浓度的样品。取两份相同水样，其中一份稀释 5 倍（1+4），稀释样品的测定值（不得小于检出限的 10 倍）乘以稀释倍数与未稀释样品测定值作比较，相对偏差在±10%范围内视为无干扰。否则，表明有化学或物理干扰存在，可采取稀释或标准加入法消除。

当样品浓度低于上述要求，可用标准加入法曲线斜率与标准曲线斜率作比较，相对偏差在±5%范围内视为无干扰。否则，表明有基体干扰存在。

附录B
（规范性附录）
标准加入法

B.1 校准曲线的绘制

分别量取4份等量的待测试样，配制总体积相同的4份溶液。第1份不加标准溶液，第2、第3、第4份分别按比例加入不同浓度的标准溶液，4份溶液的浓度分别为C_x、C_x+C_0、C_x+2C_0、C_x+3C_0；加入标准溶液C_0的浓度应约等于0.5倍量的试样浓度，即$C_0\approx0.5C_x$。用空白溶液调零，在相同测定条件下依次测定4份溶液的吸光度。以吸光度为纵坐标，加入标准溶液的浓度为横坐标，绘制校准曲线，曲线反向延伸与浓度轴的交点即为待测试样的浓度。待测试样浓度与对应吸光度的关系见附图11-B.1。

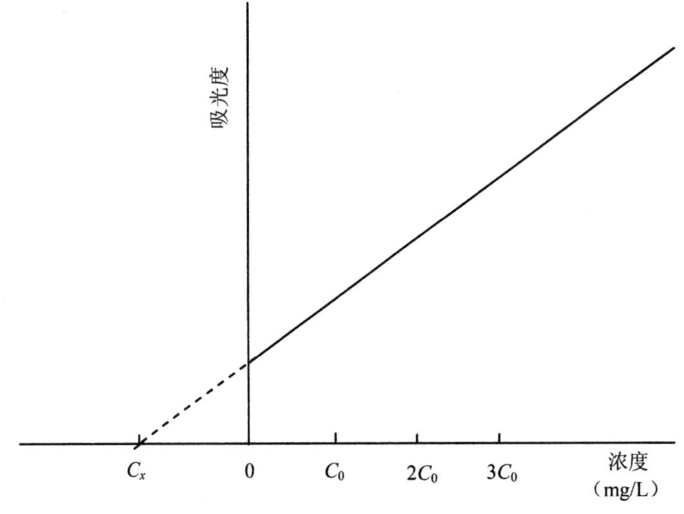

附图11-B.1　待测试样浓度与对应吸光度的关系图

B.2 注意事项

B.2.1 本方法只适用于待测样品浓度与吸光度呈线性的区域。

B.2.2 加入标准溶液后所引起的体积误差不应超过0.5%。

B.2.3 本方法只能消除基体效应带来的影响，不能消除背景吸收的影响。

B.2.4 干扰效应须不随待测元素与基体的浓度比值的变化而变化。加入的标准与待测元素在所选的测量条件下应有相同的分析响应。

附录 C

（资料性附录）

标准加入法的适用性判断

测定待测试样的吸光度为 A，从校准曲线上查得浓度为 x。再向待测试样中加入标准溶液，加标浓度为 s，测定其吸光度为 B，从校准曲线上查得浓度为 y。按照式（C.1）计算待测试样的含量 c：

$$c = \frac{s}{y-x} \times x \qquad \text{(C.1)}$$

当不存在基体效应时，$s/(y-x)$ 应为 1，即 $c=x$，此时可用标准溶液校准曲线法。当存在基体效应时，$s/(y-x)$ 在 0.5～1.5，可用标准加入法，$s/(y-x)$ 超出此范围时，标准加入法不适用，必须预先分离基体后才能进行测定。

十二、砷、硒、汞的测定

（一）水质 砷、硒、汞的测定 原子荧光法（砷、硒、汞总量样品）

1．方法原理

经预处理后的试液进入原子荧光仪，在酸性条件的硼氢化钾（或硼氢化钠）还原作用下，生成砷化氢、硒化氢气体和汞原子，氢化物在氩氢火焰中形成基态原子，其基态原子和汞原子受元素（汞、砷、硒）灯发射光的激发产生原子荧光，原子荧光强度与试液中待测元素含量在一定范围内成正比。

本方法汞的检出限为 0.04 μg/L，测定下限为 0.16 μg/L；砷的检出限为 0.3μg/L，测定下限为 1.2 μg/L；硒的检出限为 0.4 μg/L，测定下限为 1.6 μg/L。

2．干扰和消除

2.1 酸性介质中能与硼氢化钾反应生成氢化物的元素会相互影响产生干扰，加入硫脲+抗血酸溶液可以基本消除干扰。

2.2 高于一定浓度的铜等过渡金属元素可能对测定有干扰，加入硫脲+抗血酸溶液，可以消除绝大部分的干扰。在本方法的实验条件下，样品中含 100 mg/L 以下的 Cu^{2+}、50 mg/L 以下的 Fe^{3+}、1 mg/L 以下的 Co^{2+}、10 mg/L 以下的 Pb^{2+}（对硒是 5 mg/L）和 150 mg/L 以下的 Mn^{2+}（对硒是 2 mg/L）不影响测定。

2.3 常见阴离子不干扰测定。

2.4 物理干扰消除。选用双层结构石英管原子化器，内外两层均通氩气，外面形成保护层隔绝空气，使待测元素的基态原子不与空气中的氧和氮碰撞，降低荧光淬灭对测定的影响。

3．试剂

除非另有说明，否则分析时均使用符合国家标准的分析纯化学试剂，实验用水为新制备的去离子水或蒸馏水。

3.1 盐酸：ρ（HCl）=1.19 g/mL，优级纯。

3.2 硝酸：ρ（HNO_3）=1.42 g/mL，优级纯。

3.3 高氯酸：ρ（$HClO_4$）=1.68 g/mL，优级纯。

3.4 氢氧化钠（NaOH），优级纯。

3.5 硼氢化钾（KBH_4），优级纯。

3.6 硫脲（CH_4N_2S）。

3.7 抗坏血酸（$C_6H_8O_6$），优级纯。

3.8 重铬酸钾（$K_2Cr_2O_7$），优级纯。

3.9 氯化汞（$HgCl_2$），优级纯。

3.10 三氧化二砷（As_2O_3），优级纯。

3.11 硒粉，高纯（质量分数 99.99%以上）。

3.12 盐酸溶液：1+1。

3.13 盐酸溶液：5+95。

3.14 硝酸溶液：1+1。

3.15 盐酸-硝酸溶液：分别量取 300 mL 盐酸（3.1）和 100 mL 硝酸（3.2），加入 400 mL 水中，混匀。

3.16 硝酸-高氯酸混合酸：用等体积硝酸（3.2）和高氯酸（3.3）混合配制。临用时现配。

3.17 硼氢化钾溶液 A：称取 0.5 g 氢氧化钠（3.4）溶于 100 mL 水中，加入 1.0 g 硼氢化钾（3.5），混匀。此溶液用于汞的测定，临用时现配，存于塑料瓶中。

3.18 硼氢化钾溶液 B：称取 0.5 g 氢氧化钠（3.4）溶于 100 mL 水中，加入 2.0 g 硼氢化钾（3.5），混匀。此溶液用于砷、硒的测定，临用时现配，存于塑料瓶中。

3.19 硫脲-抗坏血酸溶液：称取硫脲（3.6）和抗坏血酸（3.7）各 5.0 g，用 100 mL 水溶解，混匀，测定当日配制。

3.20 汞标准溶液。

3.20.1 汞标准固定液：称取 0.5 g 重铬酸钾（3.8）溶于 950 mL 水中，加入 50 mL 硝酸（3.2），混匀。

3.20.2 汞标准贮备液：ρ（Hg）=100 mg/L。购买市售有证标准物质，或称取 0.135 4 g 于硅胶干燥器中放置过夜的氯化汞（3.9），用少量汞标准固定液溶解后移入 1 000 mL 容量瓶中，用汞标准固定液稀释至标线，混匀。贮存于玻璃瓶中。4℃下可存放两年。

3.20.3 汞标准中间液：ρ（Hg）=1.00 mg/L。移取 5.00 mL 汞标准贮备液于 500 mL 容量瓶中，加入 50 mL 盐酸（3.12），用汞标准固定液稀释至标线，混匀。贮存于玻璃瓶中。4℃下可存放 100 d。

3.20.4 汞标准使用液：ρ（Hg）=10.0 μg/L。移取 5.00 mL 汞标准中间液于 500 mL 容量瓶中，加入 50 mL 盐酸（3.12），用水稀释至标线，混匀。贮存于玻璃瓶中。临用现配。

3.21 砷标准溶液。

3.21.1 砷标准贮备液：ρ（As）=100 mg/L。购买市售有证标准物质，或称取 0.132 0 g 于 105℃干燥 2 h 的优级纯三氧化二砷溶解于 5 mL 1 mol/L 氢氧化钠溶液中，用 1 mol/L 盐酸溶液中和至酚酞红色褪去，移入 1 000 mL 容量瓶中，用水稀释至标线，混匀。贮存于玻璃瓶中。4℃下可存放两年。

3.21.2 砷标准中间液：ρ（As）=1.00 mg/L。移取 5.00 mL 砷标准贮备液于 500 mL 容量瓶中，加入 100 mL 盐酸（3.12），用水稀释至标线，混匀。4℃下可存放 1 年。

3.21.3 砷标准使用液：ρ（As）=100 μg/L。移取 10.00 mL 砷标准中间液于 100 mL 容量瓶中，加入 20 mL 盐酸（3.12），用水稀释至标线，混匀。4℃下可存放 30 d。

3.22 硒标准溶液。

3.22.1 硒标准贮备液：ρ（Se）=100 mg/L。购买市售有证标准物质，或称取 0.100 0 g 高纯硒粉于 100 mL 烧杯中，加 20 mL 硝酸（3.2），低温加热溶解后冷却至室温，移入 1 000 mL 容量瓶中，用水稀释至标线，混匀。贮存于玻璃瓶中。4℃下可存放两年。

3.22.2 硒标准中间液：ρ（Se）=1.00 mg/L。移取 5.00 mL 硒标准贮备液于 500 mL 容量瓶中，加入 150 mL 盐酸（3.12），用水稀释至标线，混匀。4℃下可存放 100 d。

3.22.3 硒标准使用液：ρ（Se）=100 μg/L。移取 10.00 mL 硒标准中间液于 100 mL 容量瓶中，加入 30 mL 盐酸（3.12），用水稀释至标线，混匀。临用现配。

3.23 氩气：纯度≥99.999 %。

4．仪器和设备

4.1 原子荧光光谱仪：仪器性能指标应符合 GB/T 21191 原子荧光光谱仪的规定。

4.2 元素灯（汞、砷、硒）。

4.3 可调温电热板。

4.4 恒温水浴装置：温控精度±1℃。

4.5 分析天平：精度为 0.000 1 g。

4.6 实验室常用器皿：符合国家标准的 A 级玻璃量器和玻璃器皿。

5．前处理

5.1 汞的前处理：样品混匀后立即量取 5.0 mL 于 10 mL 比色管中，加入 1 mL 盐酸-硝酸溶液（3.15），加塞混匀，置于沸水浴中加热消解 1 h，期间轻轻摇晃 1～2 次并开盖放气。冷却至室温，用水定容至刻度，混匀，当天检测。

5.2 砷、硒的前处理：样品混匀后立即量取 50.0 mL 于 150 mL 锥形瓶中，加入 5 mL 硝酸-高氯酸混合酸（3.16），于电热板上加热至刚冒白烟，取下冷却至室温。再加入 5 mL 盐酸溶液（3.12），加热至黄褐色烟冒尽，冷却后移入 50 mL 容量瓶中，锥形瓶需用去离子水少量多次将样品全部冲洗至容量瓶，加水稀释定容，混匀，当天检测。

6．分析测试

6.1 标准曲线

6.1.1 标准曲线的配制

汞：分别移取 0 mL、1.00 mL、2.00 mL、5.00 mL、7.00 mL、10.00 mL 汞标准使用液于 100 mL 容量瓶中，分别加入 10.0 mL 盐酸-硝酸溶液（3.15），用水稀释至标线，混匀。

砷：分别移取 0 mL、0.50 mL、1.00 mL、2.00 mL、3.00 mL、5.00 mL 砷标准使用液于 50 mL 容量瓶中，分别加入 10 mL 盐酸溶液（3.12）、10mL 硫脲-抗坏血酸溶液（3.19），室温放置 30 min（室温低于 15℃时，置于 30℃水浴中保温 30 min）用水稀释定容，混匀。

硒：分别移取 0 mL、0.50 mL、1.00 mL、2.00 mL、3.00 mL、5.00 mL 硒标准使用液于 50 mL 容量瓶中，分别加入 10 mL 盐酸溶液（3.12），用水稀释定容，混匀。

6.1.2 标准曲线的绘制

汞：采用自行确定的最佳测量条件，以盐酸溶液（3.13）为载流，硼氢化钾溶液 A 为还原剂，按浓度由低到高的顺序依次测定汞标准系列的原子荧光强度，以原子荧光强度为纵坐标，汞质量浓度为横坐标，绘制校准曲线。

砷、硒：采用自行确定的最佳测量条件，以盐酸溶液（3.13）为载流，硼氢化钾溶液 B 为还原剂，浓度由低到高依次测定各元素标准系列的原子荧光强度，以原子荧光强度为纵坐标，相应元素的质量浓度为横坐标，绘制校准曲线。

6.2 分析步骤

6.2.1 仪器条件

依据仪器使用说明书调节仪器至最佳工作状态。参考条件参见表 12-1。

表 12-1　参考测量条件

元素	负高压/V	灯电流/mA	原子化器预热温度/℃	载气流量/（mL/min）	屏蔽气流量/（mL/min）	积分方式
Hg	240～280	15～30	200	400	900～1 000	峰面积
As	260～300	40～60	200	400	900～1 000	峰面积
Se	260～300	80～100	200	400	900～1 000	峰面积

6.2.2 试样测定

汞：按照与绘制校准曲线相同的条件测定试样的原子荧光强度。超过校准曲线高浓度点的样品，对其消解液稀释后再行测定，稀释倍数为 *f*。

砷：取 5.0 mL 消解后试样于 10 mL 比色管中，加入 2 mL 盐酸溶液（3.12）、2 mL 硫脲-抗坏血酸溶液（3.19），室温放置 30 min（室温低于 15℃时，置于 30℃水浴中保温 30 min），用水稀释定容，混匀，按照与绘制校准曲线相同的条件进行测定。超过校准曲线高浓度点的样品，对其消解液稀释后再行测定，稀释倍数为 *f*。

硒：取 5.0 mL 消解试样于 10mL 比色管中，加入 2 mL 盐酸溶液（3.12），用水稀释定容，混匀，按照与绘制校准曲线相同的条件进行测定。超过校准曲线高浓度点的样品，对其消解液稀释后再行测定，稀释倍数为 *f*。

6.3 空白实验

以去离子水或蒸馏水代替水样，经采样、运输、保存及样品前处理和分析测试步骤（6.2）进行测定，作为全程序空白。

以去离子水或蒸馏水，经过样品前处理（5.1 或 5.2）和分析测试步骤（6.2）进行测定，作为实验室空白。

6.4 计算

6.4.1 结果计算

样品中待测元素的质量浓度ρ 按式（12-1）进行计算：

$$\rho = \frac{\rho_1 \times f \times V_1}{V} \qquad (12\text{-}1)$$

式中：ρ——样品中待测元素的质量浓度，μg/L；

ρ_1——由校准曲线上查得的试样中待测元素的质量浓度，μg/L；

f——试样稀释倍数（样品若有稀释）；

V_1——分取后测定试样的定容体积，mL；

V——分取试样的体积，mL。

6.4.2 结果表示

当汞的测定结果＜10.0 μg/L 时，保留小数点后两位；当测定结果≥10.0 μg/L 时，保留三位有效数字。

当砷、硒的测定结果＜100 μg/L 时，保留小数点后一位；当测定结果≥100 μg/L 时，保留三位有效数字。

7. 质量保证和质量控制

7.1 当每批样品（≤20 个）时，要测定两个实验室空白样品，每测定 20 个样品要增加测定实验室空白样品一个。

7.2 每批样品（≤20 个）至少采集一个全程序空白样品，全程序空白样品的测试结果应小于方法检出限。

7.3 每次样品分析应绘制校准曲线。校准曲线的相关系数应≥0.995 。

7.4 每测完 20 个样品进行一次校准曲线零点和中间点浓度的核查，测试结果的相对偏差应不大于 20%。

7.5 每批样品（≤20 个）至少测定 10%的平行双样，样品数量＜10 个时，至少测定一个平行双样。测试结果的相对偏差应不大于 20%。

7.6 每批样品（≤20 个）至少测定 10%的加标样，样品数量＜10 个时，至少测定一个基体加标样。加标回收率控制在 70%～130%。

7.7 每批样品（≤20 个）至少做一个有证标准样品，结果应在允许范围内。

8. 注意事项

8.1 待机超过 2 h，再次开始测试之前要重做校准曲线零点和中间点浓度的核查，测试结果的相对偏差应≤20%。

8.2 当测试样品浓度值超出曲线上限，应该进行清洗程序，重测校准曲线零点和中间点浓度，测试结果的相对偏差应≤20%。

8.3 实验室工作温度应保持恒定，波动范围在 5℃以内。

8.4 硼氢化钾是强还原剂，极易与空气中的氧气和二氧化碳反应，在中性和酸性溶液中易分解产生氢气，所以配制硼氢化钾还原剂时，要将硼氢化钾固体溶解在氢氧化钠溶液中，并临用现配。

8.5 实验室所用玻璃器皿需用硝酸溶液（3.14）浸泡 24 h，或用热硝酸荡洗。清洗时依次用自来水、去离子水清洗。

9．引用标准

《水质 汞、砷、硒、铋和锑的测定 原子荧光法》（HJ 694—2014）

编写人员：

吕天峰（中国环境监测总站）

王俊伟（四川省环境监测总站）

刘　宏（四川省环境监测总站）

靳皓琛（四川省环境监测总站）

（二）水质 总汞的测定 冷原子吸收法

1．方法原理

在加热条件下，用高锰酸钾和过硫酸钾在硫酸-硝酸介质中消解样品。消解后的样品中所含汞全部转化为二价汞，用盐酸羟胺将过剩的氧化剂还原，再用氯化亚锡将二价汞还原成金属汞。在室温下通入空气或氮气，将金属汞气化，载入冷原子吸收汞分析仪，于 253.7 nm 波长处测定响应值，汞的含量与响应值成正比。

本方法规定了测定地表水中总汞的冷原子吸收分光光度法。

采用高锰酸钾-过硫酸钾消解法，当取样量为 200 mL 时，检出限为 0.01 μg/L，测定下限为 0.04 μg/L。

2．干扰和消除

采用高锰酸钾-过硫酸钾消解法消解样品，在 0.5 mol/L 的盐酸介质中，样品中离子超过下列质量浓度时，即 Cu^{2+}500 mg/L、Ni^{2+} 500 mg/L、Ag^{+} 1 mg/L、Bi^{3+} 0.5 mg/L、Sb^{3+} 0.5 mg/L、Se^{4+} 0.05 mg/L、As^{5+} 0.5 mg/L、I^{-}0.1 mg/L，对测定产生干扰。可通过实验用水适当稀释样品来消除这些离子的干扰。

3．试剂

除非另有说明，否则分析时均使用符合国家标准的分析纯化学试剂，实验用水为二次重蒸水或去离子水或经纯化的无汞水。

3.1 重铬酸钾ρ（$K_2Cr_2O_7$），优级纯。

3.2 浓硫酸：ρ（H_2SO_4）=1.84 g/mL，优级纯。

3.3 浓盐酸：ρ（HCl）=1.19 g/mL，优级纯。

3.4 浓硝酸：ρ（HNO_3）=1.42 g/mL，优级纯。

3.5 硝酸溶液：1+1。量取 100 mL 浓硝酸（3.4），缓慢倒入 100 mL 去离子水中。

3.6 高锰酸钾溶液：ρ（$KMnO_4$）= 50 g/L。称取 50 g 高锰酸钾（优级纯，必要时重结晶精制）溶于少量去离子水中。然后用去离子水定容至 1 000 mL。

3.7 过硫酸钾溶液：ρ（$K_2S_2O_8$）=50 g/L。称取 50 g 过硫酸钾溶于少量去离子水中，然后用去离子水定容至 1 000 mL。

3.8 盐酸羟胺溶液：ρ（$NH_2OH\cdot HCl$）=200 g/L。称取 200 g 盐酸羟胺溶于适量去离子水中，然后用去离子水定容至 1 000 mL。该溶液常含有汞，应提纯。当汞含量较低时，采用巯基棉纤维管除汞法；当汞含量较高时，先按萃取除汞法除掉大量汞，按巯基棉纤维管除汞法除尽汞。

3.8.1 巯基棉纤维管除汞法：在内径 6～8 mm、长约 100 mm、一端拉细的玻璃管或 500 mL 分液漏斗放液管中，填充 0.1～0.2 g 巯基棉纤维，将待净化试剂以 10 mL/min 的速度流过 1～2 次即可除尽汞。

3.8.2 萃取除汞法：量取 250 mL 盐酸羟胺溶液（3.8）倒入 500 mL 分液漏斗中，每次加入 0.1 g/L 双硫腙（$C_{13}H_{12}N_4S$）的四氯化碳（CCl_4）溶液 15 mL，反复进行萃取，直至含双硫腙的四氯化碳溶液保持绿色不变为止。然后用四氯化碳萃取，以除去多余的双硫腙。

3.9 氯化亚锡溶液：ρ（$SnCl_2$）=200 g/L。称取 20g 氯化亚锡（$SnCl_2{\cdot}2H_2O$）于干燥的烧杯中，加入 20 mL 浓盐酸（3.3），微微加热。待完全溶解后，冷却，再用去离子水稀释至 100 mL。若含有汞，可通入氮气或空气去除。

3.10 重铬酸钾溶液：ρ（$K_2Cr_2O_7$）=0.5 g/L。称取 0.5 g 重铬酸钾（3.1）溶于 950 mL 去离子水中，再加入 50 mL 浓硝酸（3.4）。

3.11 汞标准贮备液：ρ（Hg）=100 mg/L。称取置于硅胶干燥器中充分干燥的 0.135 4 g 氯化汞（$HgCl_2$），溶于重铬酸钾溶液（3.10）后，转移至 1 000 mL 容量瓶中，再用重铬酸钾溶液（3.10）稀释至标线，混匀。也可购买有证标准溶液。

3.12 汞标准中间液：ρ（Hg）=10.0 mg/L。量取 10.00 mL 汞标准贮备液（3.11）至 100 mL 容量瓶中。用重铬酸钾溶液（3.10）稀释至标线，混匀。

3.13 汞标准使用液Ⅰ：ρ（Hg）= 0.1 mg/L。量取 10.00 mL 汞标准中间液（3.12）至 1 000 mL 容量瓶中。用重铬酸钾溶液（3.10）稀释至标线，混匀。室温阴凉处放置，可稳定 100 d 左右。

3.14 汞标准使用液Ⅱ：ρ（Hg）=10 μg/L。量取 10.00 mL 汞标准使用液Ⅰ（3.13）至 100 mL 容量瓶中。用重铬酸钾溶液（3.10）稀释至标线，混匀。临用现配。

3.15 稀释液：称取 0.2 g 重铬酸钾（3.1）溶于 900 mL 去离子水中，再加入 27.8 mL 浓硫酸（3.2），用去离子水稀释至 1 000 mL。

3.16 仪器洗液：称取 10 g 重铬酸钾（3.1）溶于 9 L 去离子水中，加入 1 000 mL 浓硝酸（3.4）。

4．仪器和设备

4.1 冷原子吸收汞分析仪，具空心阴极灯或无极放电灯。

4.2 反应装置：总容积为 500 mL，具有磨口，带莲蓬形多孔吹气头的玻璃翻泡瓶或与仪器相匹配的反应装置。

4.3 可调温电热板：温控精度±1℃。

4.4 恒温水浴锅：温控范围为室温～100℃。

4.5 一般实验室常用仪器和设备。

5．前处理

高锰酸钾-过硫酸钾消解法（近沸保温法）。

5.1 样品摇匀后，量取 200 mL 样品移入 500 mL 锥形瓶中。若样品中汞含量较高，可减少取样量并稀释至 200 mL。

5.2 依次加入 5 mL 浓硫酸（3.2）、5 mL 硝酸溶液（3.4）和 4 mL 高锰酸钾溶液（3.6），摇匀。若 15 min 内不能保持紫色，则需补加适量高锰酸钾溶液（3.6），以使颜色保持紫色，但高锰酸钾溶液总量不超过 30 mL。然后，加入 4 mL 过硫酸钾溶液（3.7）。

5.3 在锥形瓶上插入漏斗，置于沸水浴中在近沸状态保温 1 h，取下冷却。

5.4 测定前，边摇边滴加盐酸羟胺溶液（3.8），直至刚好使过剩的高锰酸钾及器壁上的二氧化锰全部褪色为止，待测。

6. 分析测试

6.1 标准曲线的绘制

6.1.1 分别量取 0 mL、0.50 mL、1.00 mL、2.00 mL、3.00 mL、4.00 mL 和 5.00 mL 汞标准使用液Ⅱ（3.14）于 200 mL 容量瓶中，用稀释液（3.15）定容至标线，总汞质量浓度分别为 0 μg/L、0.025 μg/L、0.050 μg/L、0.100 μg/L、0.150 μg/L、0.200 μg/L 和 0.250 μg/L。

6.1.2 将上述标准系列依次移至 500 mL 反应装置中，加入 5 mL 氯化亚锡溶液（3.9），迅速插入吹气头，由低质量浓度到高质量浓度测定响应值。以零质量浓度校正响应值为纵坐标，对应的总汞质量浓度（μg/L）为横坐标，绘制校准曲线。

6.2 试样测定

将待测试样转移至 500 mL 反应装置中，按照 6.1.2 测定。

6.3 空白实验

以去离子水或蒸馏水代替水样，进行实验室空白的测定。

6.4 计算

6.4.1 结果计算

样品中待测元素的质量浓度ρ（μg/L）按式（12-2）进行计算：

$$\rho=\frac{(\rho_1-\rho_0)\times V_0}{V}\times\frac{V_1+V_2}{V_1} \qquad (12\text{-}2)$$

式中：ρ——样品中总汞的质量浓度，μg/L；

ρ_0——根据校准曲线计算出空白试样中总汞的质量浓度，μg/L；

ρ_1——根据校准曲线计算出试样中总汞的质量浓度，μg/L；

V_0——标准系列的定容体积，mL；

V_1——采样体积，mL；

V_2——采样时向水样中加入浓盐酸的体积，mL；

V——制备试样时分取样品的体积，mL。

6.4.2 结果表示

当测定结果＜10.0 μg/L 时，保留到小数点后两位；当测定结果≥10.0 μg/L 时，保留三位有效数字。

7. 质量保证和质量控制

7.1 每批样品（≤20 个）应至少做一个空白试验，测定结果应小于 2.2 倍方法检出限，否则应检查试剂纯度，必要时更换试剂或重新提纯。

7.2 每次样品分析应绘制校准曲线。校准曲线的相关系数应≥0.999 。

7.3 每批样品（≤20 个）至少测定 10%的平行双样，样品数量＜10 个时，至少测定一个平行双样。当样品总汞含量≤1 μg/L 时，测定结果的最大允许相对偏差为 30%；当样品总汞含量在 1～5 μg/L 时，测定结果的最大允许相对偏差为 20%；当样品总汞含量＞5 μg/L 时，测定结果的最大允许相对偏差为 15%。

7.4 每批样品（≤20 个）至少测定 10%的加标样，样品数量＜10 个时，至少测定一个加标样。当样品总汞含量≤1μg/L 时，加标回收率应在 85%～115%；当样品总汞含量＞1μg/L 时，加标回收率应在 90%～110%。

7.5 每批样品（≤20 个）至少测定一个有证标准物质，结果应在允许范围内。

8. 注意事项

8.1 试验所用试剂（尤其是高锰酸钾）中的汞含量对空白试验测定值影响较大。因此，试验中应选择汞含量尽可能低的试剂。

8.2 在样品还原前，所有试剂和试样的温度应保持一致（＜25℃）。环境温度低于 10℃时，灵敏度会明显降低。

8.3 汞的测定易受到环境中的汞污染，在汞的测定过程中应加强对环境中汞的控制，保持清洁、加强通风。

8.4 汞的吸附或解吸反应易在反应容器和玻璃器皿内壁上发生，故每次测定前应使用仪器洗液将反应容器和玻璃器皿浸泡过夜后，再用去离子水冲洗干净。

8.5 每测定一个样品后，取出吹气头，弃去废液，用去离子水清洗反应装置两次，再用稀释液清洗一次，以氧化可能残留的二价锡。

8.6 水蒸气对汞的测定有影响，会导致测定时响应值降低，应注意保持连接管路和汞吸收池干燥。可通过红外灯加热的方式去除汞吸收池中的水蒸气。

8.7 吹气头与底部距离越近越好。采用抽气（或吹气）鼓泡法时，气相与液相体积比应为 1∶1～5∶1，以 2∶1～3∶1 最佳；当采用闭气振摇操作时，气相与液相体积比应为 3∶1～8∶1。

8.8 当采用闭气振摇操作时，试样加入氯化亚锡后，先在闭气条件下用手或振荡器充分振荡 30～60 s，待完全达到气液平衡后才将汞蒸气抽入（或吹入）吸收池。

8.9 反应装置的连接管宜采用硼硅玻璃、高密度聚乙烯、聚四氟乙烯、聚砜等材质，不宜采用硅胶管。

9. 引用标准

《水质 总汞的测定 冷原子吸收分光光度法》（HJ 597—2011）

编写人员：

王俊伟（四川省环境监测总站）

刘　宏（四川省环境监测总站）

靳皓琛（四川省环境监测总站）

（三）水质 砷、硒的测定 电感耦合等离子体质谱法

（砷、硒总量样品）

1．方法原理及适用范围

水样经预处理后，采用电感耦合等离子体质谱仪进行检测，根据元素的质谱图或特征离子进行定性，内标法定量。样品由载气带入雾化系统进行雾化后，以气溶胶形式进入等离子体的轴向通道，在高温和惰性气体中被充分蒸发、解离、原子化和电离，转化成的带电荷的正离子经离子采集系统进入质谱仪，质谱仪根据离子的质荷比（即元素的质量数）进行分离并定性、定量分析。在一定浓度范围内，元素质量数所对应的信号响应值与其浓度成正比。

本方法主要用于地表水的测定。方法的检出限和测定下限分别为砷 0.2 μg/L 和 0.8 μg/L，硒 0.4 μg/L 和 1.6 μg/L。

2．试剂

本标准所用试剂除非另有说明，否则分析时均使用符合国家标准的优级纯化学试剂。

2.1 实验用水：电阻率≥18 MΩ·cm，其余指标满足《分析实验室用水规格和试验方法》（GB/T 6682）中的一级标准。

2.2 硝酸：ρ（HNO_3）=1.42 g/mL，优级纯或优级纯以上，必要时经纯化处理。

2.3 盐酸：ρ（HCl）=1.19 g/mL，优级纯或优级纯以上，必要时经纯化处理。

2.4 硝酸溶液：1+99。

2.5 硝酸溶液：2+98。

2.6 硝酸溶液：1+1。

2.7 盐酸溶液：1+1。

2.8 标准溶液。

2.8.1 单元素标准储备溶液：ρ=1.00 mg/mL。可用砷、硒的光谱纯（纯度大于 99.99%）配制成质量浓度为 1.00 mg/mL 的标准储备溶液，也可直接购买有证砷、硒的标准溶液。砷、硒标准储备溶液保存介质为 5%硝酸，标准储备溶液配制后在密封的聚乙烯或聚丙烯瓶中保存。

2.8.2 混合标准储备溶液：可购买有证混合标准溶液，也可根据元素间相互干扰的情况、标准溶液的性质以及待测元素的含量，由单标混合而成。砷、硒标准储备混合溶液保存介质为 5%硝酸，标准储备溶液配制后在密封的聚乙烯或聚丙烯瓶中保存。

2.8.3 混合标准使用溶液：可购买有证混合标准溶液，也可用 2%硝酸稀释元素标准储备溶液，将元素配制成混合标准使用溶液，浓度为 1 mg/L。

2.9 内标 Ge 标准储备溶液：ρ=100 μg/L。砷、硒推荐的元素质量数和内标如表 12-2 所示，内标一般直接购买有证标准溶液，用 1%硝酸溶液稀释至 100 μg/L。

表 12-2　推荐的元素质量数与内标

元素	质量数	内标
砷	75	Ge
硒	77	Ge
	82	Ge

2.10 内标标准使用溶液：用 1%硝酸溶液稀释内标储备液（2.9），配制内标标准使用溶液。由于不同仪器采用不同内径蠕动泵管在线加入内标，致使内标进入样品中的浓度不同，故配制内标使用液浓度时应考虑使内标元素在样品溶液中的浓度为 5～50 μg/L。

2.11 质谱仪调谐溶液：ρ=10 μg/L。选用含有 Li、Y、Be、Co、In、Tl 和 Bi 元素的标准溶液作为质谱仪的调谐溶液。可直接购买有证标准溶液，用 1%硝酸溶液稀释至 10 μg/L。

2.12 氩气：纯度不低于 99.99%。

3. 仪器和设备

3.1 电感耦合等离子体质谱仪及其相应设备。

3.2 温控电热板。

3.3 微波消解仪。

3.4 一般实验室常用仪器和设备。

4. 前处理

4.1 电热板消解法

将样品摇匀后，立即准确量取 100 mL 样品于 250 mL 聚四氟乙烯烧杯（或玻璃烧杯）中（视水样实际情况，取样量可适当减少，注意稀释倍数的计算），加入 2 mL（1+1）硝酸和 1 mL（1+1）盐酸溶液于上述烧杯中，置于电热板上加热消解，注意消解时保证溶液不沸腾，以有水蒸气持续冒出为准，至样品蒸发至 20 mL 左右，盖上表面皿以减少过量蒸发，保持轻微持续回流 30 min。待样品冷却后，转移至容量瓶中，用去离子水定容，摇匀，待测。若消解液中有些不溶物可静置过夜或离心（若离心或静置过夜后仍有悬浮物，则可过滤去除，但应避免过滤过程中可能的污染）。

4.2 微波消解法

将样品摇匀后，立即准确量取 45.0 mL 样品于消解罐中，加入 4 mL 浓硝酸和 1 mL 浓盐酸（可根据微波消解罐的体积等体积减少取样量和加入的酸量），不同仪器的最佳测定条件不同，可根据仪器使用说明书自行选择，推荐升温时间 10 min，在 170℃温度下保持微波消解 10 min。消解完毕，冷却至室温，将消解液转移至 100 mL 容量瓶（若取样量减少，可定容至 50 mL 容量瓶）中，用去离子水定容至刻度，摇匀，待测。也可适当浓缩，定容至 50 mL 容量瓶中。

5. 分析测试

5.1 仪器调试

5.1.1 仪器参考条件

不同型号的仪器其最佳工作条件不同，标准模式、碰撞/反应池模式根据仪器说明书规定执行。

5.1.2 仪器调谐

点燃等离子体，仪器预热稳定 30 min 后，首先用调谐液（2.11）对仪器灵敏度、氧化物和双电荷进行调谐。在仪器灵敏度、氧化物、双电荷满足要求的条件下，调谐液中所含元素信号强度的相对标准偏差≤5%。然后在涵盖待测元素的质量范围内进行质量校正和分辨率校验，如质量校正结果与真实值差别超过±0.1 u 或调谐元素信号的分辨率在 10%峰高所对应的峰宽超过 0.6～0.8 u 的范围，应根据仪器使用说明书的要求对质谱进行校正。

5.2 校准曲线的绘制

在容量瓶中取一定体积的标准使用液（2.8.3），使用 1%硝酸溶液配制系列标准曲线，建议浓度为 0 μg/L、1.0 μg/L、5.0 μg/L、10.0 μg/L、20.0 μg/L、50.0 μg/L、100 μg/L。内标元素标准使用溶液（2.10）可直接加入工作溶液中，也可在样品雾化之前通过蠕动泵自动加入。

用 ICP-MS 测定标准溶液，以标准溶液浓度为横坐标，以样品信号与内标信号的比值为纵坐标建立校准曲线。用线性回归分析方法求得其斜率用于样品含量计算。

当整个处理和分析过程可能存在多原子离子干扰时，可参考表 12-3 所列的校正方程进行校正。也可根据各仪器厂家推荐的条件，通过碰撞/反应池模式进行校正。

表 12-3　ICP-MS 测定砷硒中用到的干扰校正方程

同位素	干扰校正方程	主要干扰因子
^{75}As	75M−3.127×（77M−0.815×82M）	^{75}ArCl
^{82}Se	82M−1.009×83M	^{81}BrH

5.3 试样测定

每个试样测定前，先用 1%硝酸溶液冲洗系统直到信号降至最低，待分析信号稳定后开始测定。若样品中待测元素浓度超出校准曲线范围，需用 1%硝酸溶液稀释后重新测定，稀释倍数为 f。

5.4 空白试验

以实验用水代替样品，按照与试样相同的测定条件，经过试样制备（4.2）和分析测试步骤（5）测定实验室空白样品。

以实验用水代替水样，经采样、运输、样品及样品前处理（4）和分析测试步骤（5）测定全程序空白样品。

5.5 计算

样品中元素含量按照式（12-3）进行计算。

$$\rho=(\rho_1-\rho_2)\times f \tag{12-3}$$

式中：ρ——样品中元素的浓度，μg/L；

ρ_1——稀释后样品中元素的质量浓度，μg/L；

ρ_2——稀释后实验室空白样品中元素的质量浓度，μg/L；

f——稀释倍数。

测定结果＜100 μg/L 时，保留至小数点后一位；当测定结果≥100 μg/L 时，保留三位有效数字。

6. 质量保证和质量控制

6.1 标准曲线：每次分析样品均应绘制校准曲线，线性相关系数应≥0.999 。

6.2 内标：在每次分析中必须监测内标的强度，试样中内标的响应值应介于校准曲线响应的 70%～130%，否则说明仪器发生漂移或有干扰产生，应查找原因后重新分析。

6.3 空白：每批样品（≤20 个）至少测定一个全程序空白样品及两个实验室空白样品。空白样品测定值应符合下列的情况之一才能被认为是可接受的：（1）低于方法检出限。（2）低于标准限值的 10%。（3）低于每一批样品最低测定值的 10%。否则应查找原因，重新分析直至合格之后才能分析样品。

6.4 实验室控制样品：在每批样品中（≤20 个），应在试剂空白中加入每种分析物质，其加标回收率应为 80%～120%，也可使用有证标准样品代替加标，其测定值应在允许范围内。

6.5 基体加标和基体重复加标：每批样品（≤20 个）应至少测定一个基体加标样品和一个基体重复加标样品，加标回收率应为 70%～130%；两个基体重复加标样品测定值偏差在 20%以内，若不在范围内，应考虑基体干扰，可采用稀释样品或增大内标浓度的方法消除干扰。

6.6 平行样：每批样品（≤20 个）应至少测定 10%的平行双样，样品数量＜10 个时，应测定一个平行双样，两个平行样测定结果相对偏差应≤20%。

6.7 连续校准：每分析 10 个样品，应分析一次校准曲线中间浓度点，其测定结果与实际浓度值相对偏差应≤10%，每批样品分析完毕后进行一次曲线最低点分析，测定结果与实际浓度值相对偏差应≤30%。

7. 注意事项

7.1 实验所用器皿使用前，必须用 20%硝酸溶液浸泡至少 12 h，最好配备专用酸缸，用去离子水冲洗干净后方可使用。

7.2 在连续分析差异较大的样品或标准样品时，样品中待测元素易沉积并滞留在真空界面、喷雾腔和雾化器上产生记忆干扰，可通过延长样品间的洗涤时间来避免这类干扰发生。

7.3 丰度较大的同位素会产生拖尾峰，影响相邻质量峰的测定。可调整质谱仪的分辨率以减少这种干扰。

7.4 待测样品和标准曲线的酸度要尽可能保持一致。

8. 引用标准

《水质　65 种元素的测定 电感耦合等离子体质谱法》（HJ 700—2014）

编写人员：

王俊伟（四川省环境监测总站）

刘　宏（四川省环境监测总站）

靳皓琛（四川省环境监测总站）

十三、氟化物的测定

（一）水质　氟化物（以F^-计）的测定 离子色谱法

1. 方法原理

水样中的氟离子经阴离子色谱柱交换分离，抑制型电导检测器检测，根据保留时间定性，峰高或峰面积定量。

方法检出限为 0.006 mg/L。

2. 试剂

除非另有说明，否则分析时均使用符合国家标准的分析纯试剂。实验用水为电阻率≥18 MΩ·cm（25℃），并经过 0.45 μm 微孔滤膜过滤的去离子水。

2.1 氟化钠（NaF）：优级纯，使用前应于 105℃±5℃干燥恒重后，置于干燥器中保存。

2.2 碳酸钠（Na_2CO_3）：使用前应于 105℃±5℃干燥恒重后，置于干燥器中保存。

2.3 碳酸氢钠（$NaHCO_3$）：使用前应置于干燥器中平衡 24 h。

2.4 氢氧化钠（NaOH）：优级纯。

2.5 氟离子标准贮备液：ρ（F^-）=1 000 mg/L。准确称取 2.210 0 g 氟化钠（2.1）溶于适量水中，全量移入 1 000 mL 容量瓶，用水稀释定容至标线，混匀。转移至聚乙烯瓶中，于 4℃以下冷藏、避光和密封条件下保存，可保存 6 个月。亦可购买市售有证标准溶液。

2.6 氟离子标准使用液：ρ（F^-）=10 mg/L。移取 10.0 mL 氟离子标准贮备液（2.5）于 1 000 mL 容量瓶中，用水稀释定容至标线，混匀。配制成含有 10 mg/L 的氟离子标准使用液。亦可购买市售有证标准溶液。

2.7 淋洗液：根据仪器型号及色谱柱说明书使用条件进行配制。以下给出的淋洗液条件供参考。

2.7.1 碳酸盐淋洗液Ⅰ：c（Na_2CO_3）=6.0 mmol/L，c（$NaHCO_3$）=5.0 mmol/L。准确称取 1.272 0 g 碳酸钠（2.2）和 0.840 0 g 碳酸氢钠（2.3），分别溶于适量水中，全量转入 2 000 mL 容量瓶，用水稀释定容至标线，混匀。

2.7.2 碳酸盐淋洗液Ⅱ：c（Na_2CO_3）=3.2 mmol/L，c（$NaHCO_3$）=1.0 mmol/L。准确称取 0.678 4 g 碳酸钠（2.2）和 0.168 0 g 碳酸氢钠（2.3），分别溶于适量水中，全量转入 2 000 mL 容量瓶，用水稀释定容至标线，混匀。

2.7.3 氢氧根淋洗液

2.7.3.1 氢氧化钾淋洗液：由淋洗液自动电解发生器在线生成。

2.7.3.2 氢氧化钠淋洗液：c（NaOH）=100 mmol/L。称取 100.0 g 氢氧化钠（2.4），加入 100 mL 水，搅拌至完全溶解，于聚乙烯瓶中静置 24 h，制得氢氧化钠贮备液，于 4℃以下冷藏、避光和密封条件下保存，可保存 3 个月。

移取5.20 mL上述氢氧化钠贮备液于1 000 mL容量瓶中，用水稀释定容至标线，混匀后立即转移至淋洗液瓶中。可加氮气保护，以减缓碱性淋洗液吸收空气中的CO_2而失效。

3. 仪器和设备

3.1 离子色谱仪：由离子色谱仪、操作软件及所需附件组成的分析系统。

3.1.1 色谱柱：阴离子分离柱（聚二乙烯基苯/乙基乙烯苯/聚乙烯醇基质，具有烷基季铵或烷醇季铵功能团、亲水性、高容量色谱柱）和阴离子保护柱。

3.1.2 阴离子抑制器。

3.1.3 电导检测器。

3.2 抽气过滤装置：配有孔径≤0.45 μm醋酸纤维或聚乙烯滤膜。

3.3 一次性水系微孔滤膜针筒过滤器：孔径0.45 μm。

3.4 一次性注射器：1～10 mL。

3.5 预处理柱：聚苯乙烯-二乙烯基苯为基质的RP柱或硅胶为基质键合C_{18}柱（去除疏水性化合物）；H型强酸性阳离子交换柱或Na型强酸性阳离子交换柱（去除重金属和过渡金属离子）等类型。

注 1：所用的预处理柱应能有效去除样品基质中的疏水性化合物、重金属或过渡金属离子，同时对测定的阴离子不发生吸附。若水样经过预处理柱，需做加标回收实验进行验证。

3.6 一般实验室常用仪器和设备。

4. 前处理

4.1 试样的制备

对于不含疏水性化合物、重金属或过渡金属离子等干扰物质的清洁水样，经抽气过滤装置（3.2）过滤后，可直接进样；也可用带有水系微孔滤膜针筒过滤器（3.3）的一次性注射器（3.4）进样。对含干扰物质的复杂水质样品，须用相应的预处理柱（3.5）进行有效去除后再进样。

注 2：样品经0.45 μm微孔滤膜过滤，除去样品中颗粒物，防止系统堵塞。在系统开机排气泡过程后不要有气泡残留，否则会影响分离效果。

4.2 空白试样的制备

以实验用水代替样品，按照与试样的制备相同步骤制备实验室空白试样。

5. 分析测试

5.1 离子色谱分析参考条件

根据仪器使用说明书优化测量条件或参数，可按照实际样品的基体及组成优化淋洗液浓度。以下给出的离子色谱分析条件供参考。

5.1.1 参考条件1

阴离子分离柱（3.1.1），碳酸盐淋洗液Ⅰ（2.7.1），淋洗液流速为1.0 mL/min，抑制型电导检测器，连续自循环再生抑制器；或者碳酸盐淋洗液Ⅱ（2.7.2），淋洗液流速：

0.7 mL/min，抑制型电导检测器，连续自循环再生抑制器，CO_2 抑制器。进样量：25 µl。

5.1.2 参考条件 2

阴离子分离柱（3.1.1）。氢氧根淋洗液（2.7.3），淋洗液流速为 1.2 mL/min，抑制型电导检测器，连续自循环再生抑制器。进样量：25 µl。

注 3：不被色谱柱保留或弱保留的阴离子干扰氟离子的测定。若这种共淋洗现象显著，可改用弱淋洗液（0.005 mol/L$Na_2B_4O_7$）进行洗脱或改变梯度洗脱程序或更换其他型号的色谱柱。

5.2 标准曲线的绘制

分别准确移取 0 mL、1.00 mL、2.00 mL、5.00 mL、10.00 mL、20.0 mL 氟离子标准使用液（2.6）置于一组 100 mL 容量瓶中，用水稀释定容至标线，混匀。配制成 6 个不同浓度的标准系列，标准系列质量浓度应分别为 0 mg/L、0.10 mg/L、0.20 mg/L、0.50 mg/L、1.00 mg/L、2.00 mg/L。可根据被测样品的浓度确定合适的标准系列浓度范围。按其浓度由低到高的顺序依次注入离子色谱仪，记录峰面积（或峰高）。以氟离子的质量浓度为横坐标，峰面积（或峰高）为纵坐标，绘制标准曲线。

5.3 试样的测定

按照与绘制标准曲线相同的色谱条件（5.1）和步骤（5.2），将试样注入离子色谱仪测定阴离子浓度，以保留时间定性，仪器响应值定量。

注 4：①若测定结果超出标准曲线范围，应将样品用实验用水稀释处理后重新测定；可预先稀释 50～100 倍后试进样，再根据所得结果选择适当的稀释倍数重新进样分析，同时记录样品稀释倍数（f）。②当水负峰干扰氟离子的测定时，可于 100 mL 水样中加入 1 mL 淋洗贮备液来消除水负峰的干扰。③保留时间相近的两种离子，因浓度差太大而影响低浓度氟离子的测定时，可用加标的方法测定低浓度氟离子。

5.4 空白试验

按照与试样的测定（5.3）相同的色谱条件和步骤，将空白试样注入离子色谱仪测定阴离子浓度，以保留时间定性，仪器响应值定量。

5.5 结果计算

样品中氟化物（以 F^- 计）的质量浓度（ρ，mg/L），按照式（13-1）进行计算：

$$\rho = \frac{h - h_0 - a}{b} \times f \qquad (13\text{-}1)$$

式中：ρ——样品中氟离子的质量浓度，mg/L；

h——样品中氟离子的峰面积（或峰高）；

h_0——实验室空白试样中氟离子的峰面积（或峰高）；

a——回归方程的截距；

b——回归方程的斜率；

f——样品的稀释倍数。

5.6 结果表示

当测定结果＜1.00 mg/L 时，保留至小数点后三位；当测定结果≥1.00 mg/L 时，保留三位有效数字。

6. 质量保证和质量控制

6.1 空白试验

每批次（≤20 个）样品应至少测定两个实验室空白试样，空白试样测定结果应低于方法检出限。否则应查明原因，重新分析直至合格之后才能测定样品。

6.2 相关性检验

标准曲线的相关系数应≥0.995，否则应重新绘制标准曲线。

6.3 连续校准

每批次（≤20 个）样品，应分析一个标准曲线中间点浓度的标准溶液，其测定结果与标准曲线该点浓度之间的相对误差应≤10%。否则，应重新绘制标准曲线。

6.4 精密度控制

每批次（≤20 个）样品，应至少测定 10%的平行双样，样品数量＜10 个时，应至少测定一个平行双样。平行双样测定结果的相对偏差应≤10%。

6.5 准确度控制

每批次（≤20 个）样品，应至少测定一个基体加标回收样品或者有证标准样品。加标回收率应控制在 80%～120%，有证标准样品的测定值应在允许范围内。

7. 引用标准

《水质 无机阴离子的测定（F^-、Cl^-、NO_2^-、Br^-、NO_3^-、PO_4^{3-}、SO_3^{2-}、SO_4^{2-}） 离子色谱法》（HJ 84—2016）

编写人员：

陈　烨（中国环境监测总站）

左苗苗（重庆市生态环境监测中心）

吴庆梅（重庆市生态环境监测中心）

叶　翠（重庆市生态环境监测中心）

（二）水质　氟化物（以 F^- 计）的测定　离子选择电极法

1．方法原理

当氟电极与含氟的试液接触时，电池的电动势（*E*）随溶液中氟离子活度变化而改变（遵守 Nernst 方程）。当溶液的总离子强度为定值且足够时服从式（13-2）：

$$E = E_0 - \frac{2.303\mathrm{RT}}{F}\lg C_{\mathrm{F}^-} \tag{13-2}$$

E 与 $\lg C_{F^-}$ 成直线关系，2.303 RT/F 为该直线的斜率，亦为电极的斜率。

工作电池可表示如下：

Ag｜AgCl，Cl^-（0.3 mol/L），F^-（0.001 mol/L）｜LaF_3｜｜ 试液｜｜外参比电极。

方法的最低检出限为 0.05 mg/L。

2．试剂

本标准所有试剂除另有说明外，均为分析纯试剂。所用水为去离子水或无氟蒸馏水。

2.1 总离子强度调节缓冲溶液（TISAB）

2.1.1 0.2 mol/L 柠檬酸钠、2mol/L 硝酸钠（TISAB Ⅰ）：称取 58.8 g 二水合柠檬酸钠和 85 g 硝酸钠，加水溶解，用盐酸调节 pH 至 5～6，转入 1 000 mL 容量瓶中，稀释至标线，摇匀。

2.1.2 总离子强度调节缓冲溶液（TISABⅡ）：量取约 500 mL 水于 1L 烧杯内，加入 57 mL 冰乙酸、58 g 氯化钠和 4.0 g 环己二胺四乙酸（CDTA，cyclohexlane dinitrilo tetraacetic acid），或者 l,2 环己二胺四乙酸（1,2-diamino cyclohexane tetraacetic acid），搅拌溶解。置烧杯于冷水浴中，在不断搅拌下慢慢地加入 6 mol/L NaOH（约 125mL）使 pH 达到 5.0～5.5，转入 1 000 mL 容量瓶中，稀释至标线，摇匀。

注 1：总离子强度调节缓冲溶液的配方可不局限于 2.1.1 和 2.1.2，其他满足分析要求的市售或配制的总离子强度调节缓冲溶液也可使用。

2.2 氟化物标准贮备液：称取 0.221 0 g 基准氟化钠（NaF）（预先于 105～110℃干燥 2 h，或者于 500～650℃干燥约 40 min，干燥器内冷却，转入 1 000 mL 容量瓶中，稀释至标线，摇匀。贮存在聚乙烯瓶中，此溶液每毫升含氟 100 μg。亦可购买市售有证标准溶液。

2.3 氟化物标准溶液：用无分度吸管吸取氟化钠标准贮备液（2.2）10.00 mL，注入 100 mL 容量瓶中，稀释至标线，摇匀。此溶液每毫升含氟（F^-）10.0 μg。亦可购买市售有证标准溶液。

3．仪器和设备

3.1 氟离子选择电极。

3.2 饱和甘汞电极或氯化银电极。

3.3 离子活度计、毫伏计或 pH 计：精确到 0.1 mV。

3.4 磁力搅拌器：具备覆盖聚乙烯或者聚四氟乙烯等的搅拌棒。

3.5 聚乙烯杯：100 mL；150 mL。

3.6 其他常用实验室设备。

4．分析测试

4.1 仪器的准备，按测定仪器及电极的使用说明书进行。

4.2 在测定前应使样品达到室温，并使样品和标准溶液的温度相同（温差≤±1℃）。

4.3 样品测定

准确吸取适量样品，置于 50 mL 容量瓶中，加入 10 mL 总离子强度调节缓冲溶液（2.1），用水稀释至标线，摇匀，将其注入 100 mL 聚乙烯杯中，放入一支塑料搅拌棒，插入电极，连续搅拌溶液，待电位稳定后，在继续搅拌时读取电位值 E_x。在每一次测量之前，都要用水充分冲洗电极，并用滤纸吸干。根据测得的毫伏数，由校准曲线上查找氟化物的含量。

4.4 空白试验

用水代替样品，按 4.3 的条件和步骤进行空白试验。

4.5 校准曲线的绘制

分别准确移取 1.00 mL、3.00 mL、5.00 mL、10.00 mL、20.0 mL 氟化物标准溶液（2.3），置于 50 mL 容量瓶中，加入 10 mL 总离子强度调节缓冲溶液（2.1），用水稀释至标线，摇匀，分别注入 100 mL 聚乙烯杯中，各放入一支塑料搅拌棒，按浓度由低到高的顺序，依次插入电极，连续搅拌溶液，待电位稳定后，在继续搅拌时读取电位值 E_x 和对应的 $\lg C_{F^-}$ 以绘制标准曲线。在每一次测量之前，都要用水冲洗电极，并用滤纸吸干。

4.6 电极的存放

电极用后应用水充分冲洗干净，并用滤纸吸去水分，放在空气中，或者放在稀的氟化物标准溶液中，如果短时间不再使用，应洗净，吸去水分，套上保护电极敏感部位的保护帽，电极使用前应充分冲洗，并去掉水分。

5．结果计算与表示

根据测定所得的电位值，从校准曲线上查得相应的 $\lg C_{F^-}$ 值，再换算为相应的浓度，结果以 mg/L 表示。

当测定结果＜10.0 mg/L 时，保留至小数点后两位；当测定结果≥10.0 mg/L 时，保留三位有效数字。

6．质量保证和质量控制

6.1 在分析样品之前，都需清洗电极至空白电位值再进行测定。

6.2 精密度控制

每批次（≤20 个）样品，应至少测定 10%的平行双样，样品数量＜10 个时，应至少测定一个平行双样。平行双样测定结果的相对偏差应≤10%。

6.3 准确度控制

每批次（≤20 个）样品，应至少测定一个基体加标回收样品或者有证标准样品。加标回收率应控制在 80%～120%，有证标准样品的测定值应在允许范围内。

7. 注意事项

7.1 温度影响电极的电位和电离平衡，须使试液和标准溶液的温度相同，并注意调节仪器的温度补偿装置使之与溶液的温度一致。每日要测定电极的实际斜率。根据 Nernst 方程式，温度在 20～25℃，氟离子浓度每改变 10 倍，电极电位变化 58 mV±1 mV。

7.2 不得用手指触摸电极的表面，为了保护电极，样品中氟的测定浓度最好不要大于 40 mg/L。

7.3 插入电极前不要搅拌溶液，以免在电极表面附着气泡，影响测定的准确度。

7.4 搅拌速度应适中，稳定，不要形成涡流，测定过程中应连续搅拌。

7.5 如果电极的膜表面被有机物等沾污，必须先清洗干净后才能使用。清洗可用甲醇、丙酮等有机试剂，亦可用洗涤剂。例如，可先将电极浸入温热的稀洗涤剂（1 份洗涤剂加 9 份水），保持 3～5 min。必要时，可再放入另一份稀洗涤剂中。然后用水冲洗，再在 1+1 的盐酸中浸泡 30 s，最后用水冲洗干净，用滤纸吸去水分。

8. 引用标准

《水质 氟化物的测定 离子选择电极法》（GB/T 7484—1987）

编写人员：

陈　烨（中国环境监测总站）

乌云图雅（重庆市生态环境监测中心）

李　莉（重庆市生态环境监测中心）

卢　益（重庆市生态环境监测中心）

十四、六价铬的测定

水质 六价铬的测定 二苯碳酰二肼分光光度法

1. 方法原理

在酸性溶液中，六价铬与二苯碳酰二肼反应生成紫红色化合物，其最大吸收波长为540 nm，于540 nm处进行分光光度测定。

含铁量大于1mg/L水样，显色后呈黄色。六价钼和汞也和显色剂反应，生成有色化合物，但在本方法的显色酸度下反应不灵敏，钼和汞的浓度达 200 mg/L 不干扰测定。钒有干扰，其含量高于4 mg/L即干扰显色，但钒与显色剂发生反应10 min后可自行褪色。氧化性及还原性物质，如ClO^-、Fe^{2+}、SO_3^{2-}、$S_2O_3^{2-}$等，以及有色或浑浊水样，对测定均有干扰，须进行预处理。

当取样体积为50 mL，使用30 mm比色皿时，本方法的最小检出量为0.2 μg六价铬，最低检出浓度为0.004 mg/L，测定上限浓度为0.2 mg/L。

2. 试剂

测定过程中，除非另有说明，否则均使用符合国家标准或专业标准的分析纯试剂和蒸馏水或同等纯度的水，所有试剂应不含铬。

2.1 丙酮。

2.2 硫酸溶液：1+1。

2.3 磷酸溶液：1+1。

2.4 氢氧化钠溶液（4 g/L）：称取氢氧化钠（NaOH）1 g，溶于新煮沸放冷的水中，并稀释至250 mL。

2.5 氢氧化锌共沉淀剂。

2.5.1 硫酸锌溶液（80 g/L）：取硫酸锌（$ZnSO_4·7H_2O$）8 g，溶于100 mL水中。

2.5.2 氢氧化钠溶液（20 g/L）：称取2.4 g氢氧化钠，溶于新煮沸放冷的120 mL水中。用时将2.5.1和2.5.2两溶液混合。

2.6 高锰酸钾溶液（40 g/L）：称取高锰酸钾 4 g，在加热和搅拌下溶于水，稀释至100 mL。

2.7 铬标准贮备液：称取于110℃干燥2 h的重铬酸钾（$K_2Cr_2O_7$，优级纯）0.282 9 g，用水溶解后，移入 1 000 mL 容量瓶中，用水稀释至标线，摇匀。此溶液每毫升含六价铬0.100 mg。也可直接购买市售有证标准溶液。

2.8 铬标准溶液（I）：吸取5.00 mL铬标准贮备液，置于500 mL容量瓶中，用水稀释至标线，摇匀。此溶液每毫升含六价铬1.00 μg。使用时当天配制。

2.9 尿素溶液（200 g/L）：将尿素［$(NH_2)_2CO_3$］20 g溶于水并稀释至100 mL。

2.10 亚硝酸钠溶液（20 g/L）：将2 g亚硝酸钠溶于水并稀释至100 mL。

2.11 显色剂（Ⅰ）：称取二苯碳酰二肼（$C_{13}H_{14}N_4O$）0.2 g，溶于50 mL丙酮中，加水稀释至100 mL，摇匀。贮于棕色瓶置冰箱中保存。色变深后不能使用。

3．仪器和设备

3.1 分光光度计：具30 mm比色皿。

3.2 具塞磨口玻璃比色管：50 mL。

3.3 一般实验室常用仪器和设备。

注 1：所有玻璃器皿内壁须光洁，以免吸附铬离子。不得用重铬酸钾洗液洗涤。可用硝酸、硫酸混合液或合成洗涤剂洗涤，洗涤后要冲洗干净。一般用（1+3）硝酸溶液浸泡后，先用自来水冲洗，再用蒸馏水洗干净。

4．前处理

4.1 样品中不含悬浮物、低色度的清洁地表水可直接测定。

4.2 色度校正：如样品有色但不太深时，则另取一份样品，以2 mL丙酮代替显色剂，其他步骤同4.3。试样测得的吸光度扣除此色度校正吸光度后再进行计算。

4.3 锌盐沉淀分离法：对浑浊、色度较深的样品可用此法预处理。

取适量样品（含六价铬少于100 μg）于150 mL烧杯中，加水至50 mL。滴加4 g/L氢氧化钠溶液，调节溶液pH为7～8。在不断搅拌下，滴加氢氧化锌共沉淀剂至溶液pH为8～9。将此溶液转移至100 mL容量瓶中，用水稀释至标线。用慢速滤纸过滤，弃去10～20 mL初滤液，取其中50.0 mL滤液供测定。

注 2：当样品经锌盐沉淀分离法前处理后仍含有机物干扰测定时。可用酸性高锰酸钾氧化法破坏有机物后再测定。即取50.0 mL滤液于150 mL锥形瓶中，加入几粒玻璃珠，加入0.5 mL（1+1）硫酸溶液，0.5 mL（1+1）磷酸溶液，摇匀。加入2滴40 g/L高锰酸钾溶液，如紫红色消褪，则应添加高锰酸钾溶液保持紫红色。加热煮沸至溶液体积约剩 20 mL，取下稍冷，用定量中速滤纸过滤，用水洗涤数次，合并滤液和洗液至50 mL比色管中。加入1 mL尿素溶液，摇匀。用滴管滴加亚硝酸钠溶液，每加一滴充分摇匀，至高锰酸钾的紫红色刚好褪去。稍停片刻，待溶液内气泡逸尽，用水稀释至标线，供测定用。

4.4 二价铁、亚硫酸盐、硫代硫酸盐等还原性物质的消除：取适量样品（含六价铬少于50 μg）于50 mL比色管中，用水稀释至标线，加入4 mL显色剂（Ⅱ），混匀，放置5 min后，加入1 mL（1+1）硫酸溶液，摇匀。5～10 min后，于540 nm波长处，用10 mm或30 mm光程的比色皿，以水做参比，测定吸光度。扣除空白试验测得的吸光度后，从校准曲线查得六价铬含量。用相同方法做校准曲线。

4.5 次氯酸盐等氧化性物质的消除：取适量样品（含六价铬少于50 μg）于50 mL比色管中，用水稀释至标线，加入0.5 mL（1+1）硫酸溶液，0.5 mL（1+1）磷酸溶液，1 mL尿素溶液，摇匀，逐滴加入1 mL亚硝酸钠溶液，边加边摇，以除去由过量的亚硝酸钠与尿素反应生成的气泡，待气泡除尽后，以下步骤同试样测定（免去加硫酸溶液和磷酸溶液）。

5．分析测试

5.1 标准曲线的绘制

向9个50 mL比色管中分别加入0 mL、0.20 mL、0.50 mL、1.00 mL，2.00 mL、4.00 mL、6.00 mL、8.00 mL和10.00 mL铬标准溶液（2.8或2.9）（如经锌盐沉淀分离法前处理，则应加倍加入标准溶液），用水稀释至标线。然后按照和样品同样的预处理和测定步骤操作。

用测得的吸光度减去空白试验的吸光度后，绘制以六价铬含量对吸光度的曲线。

5.2 试样测定

取适量（含六价铬少于50 μg）无色透明水样或经预处理的水样，置于50 mL比色管中，用水稀释至标线，加入0.5 mL（1+1）硫酸溶液，0.5 mL（1+1）磷酸溶液，摇匀。加入2 mL显色剂（Ⅰ），立即摇匀，5～10 min后，于540 nm波长处，用30 mm的比色皿，以水作参比，测定吸光度，扣除空白试验测得的吸光度后，从校准曲线上查得六价铬含量。

注3：如经锌盐沉淀分离、高锰酸钾氧化法处理的样品，可直接加入显色剂测定。

5.3 空白试验

用50 mL水代替试样，按同试样完全相同的处理步骤进行空白试验。

5.4 计算

样品中六价铬浓度C（mg/L）按式（14-1）进行计算：

$$C=\frac{m}{V} \tag{14-1}$$

式中：m——由校准曲线查得的试份含六价铬量，μg；

V——试份的体积，mL。

当测定结果小于1.00 mg/L时，保留至小数点后三位；当测定结果大于或等于1.00 mg/L时，保留三位有效数字。

6．质量保证和质量控制

6.1 空白试验

每批次（≤20个）样品应至少测定两个实验室空白样品，实验室空白样品的吸光度应不超过0.010（30 mm比色皿）。否则应检查实验用水质量、试剂纯度、器皿洁净度等，查明原因，重新分析直至合格之后才能测定样品。

6.2 精密度控制

每批次（≤20个）样品，应至少测定10%的平行双样，样品数量＜10个时，应至少测定一个平行双样。当样品含量≤0.01 mg/L时，平行双样测定结果的相对偏差应≤15%；当样品含量为0.01～1.0 mg/L时，平行双样测定结果的相对偏差应≤10%；当样品含量＞1.0 mg/L时，平行双样测定结果的相对偏差应≤5%。

6.3 准确度控制

每批次（≤20个）样品，应至少测定一个有证标准样品或基体加标回收样品，有证标准样品的测定值应在允许范围内。样品含量≤0.01 mg/L时，加标回收率为85%～115%；

样品含量＞0.01 mg/L时，加标回收率为90%～110%。

7．引用标准

《水质 六价铬的测定 二苯碳酰二肼分光光度法》（GB/T 7467—1987）

编写人员：
袁　懋（中国环境监测总站）
徐海明（武汉市环境监测中心）
张智源（武汉市环境监测中心）

十五、氰化物的测定

水质　氰化物的测定　异烟酸—吡唑啉酮分光光度法

1．方法原理

1.1 异烟酸—吡唑啉酮分光光度法

在中性条件下，样品中的氰化物与氯胺T反应生成氯化氰，再与异烟酸作用，经水解后生成戊烯二醛，最后与吡唑啉酮缩合生成蓝色染料，在波长638 nm处测量吸光度。当样品量为200 mL时，该方法的检出限为0.004 mg/L，测定下限为0.016 mg/L。

1.2 异烟酸—巴比妥酸分光光度法

在弱酸性条件下，样品中的氰化物与氯胺T作用生成氯化氰，然后与异烟酸反应，经水解而成戊烯二醛，最后再与巴比妥酸作用生成紫蓝色化合物，在波长600 nm处测量吸光度。当样品量为200 mL时，该法的检出限为0.001 mg/L，测定下限为0.004 mg/L。

2．试剂

本方法所用试剂除非另有说明，否则分析时均使用符合国家标准的分析纯化学试剂。实验用水为新制备的不含氰化物和活性氯的蒸馏水或去离子水。

2.1 氢氧化钠溶液Ⅰ：ρ（NaOH）＝10 g/L。称取 10 g 氢氧化钠溶于水中，稀释至1 000 mL，摇匀，贮于聚乙烯容器中。

2.2 硝酸锌溶液：$\rho\,[Zn(NO_3)_2\cdot 6H_2O]$＝100 g/L。称取10.0 g硝酸锌溶于水中，稀释至100 mL，摇匀。

2.3 酒石酸溶液：ρ（$C_4H_6O_6$）＝150 g/L。称取15.0 g酒石酸溶于水中，稀释至100 mL，摇匀。

2.4 甲基橙指示剂：ρ（$C_{14}H_{14}N_2NaO_5S$）＝0.5 g/L。称取0.05 g甲基橙指示剂溶于水中，稀释至100 mL，摇匀。变色范围pH为3.2～4.4。

2.5 氯胺T溶液：ρ（$C_7H_7ClNNaO_2S\cdot 3H_2O$）=10 g/L。称取1.0 g氯胺T溶于水，稀释定容至100 mL，摇匀，贮于棕色瓶中，用时现配。

注1：氯胺T发生结块不易溶解，可致显色无法进行，必要时需用碘量法测定有效氯浓度。氯胺T固体试剂应注意保管条件以免迅速分解失效，勿受潮，最好冷藏。

2.6 磷酸盐缓冲溶液（pH=7）：称取34.0 g无水磷酸二氢钾（KH_2PO_4）和35.5 g无水磷酸氢二钠（Na_2HPO_4）溶于水，稀释至1 000 mL，摇匀。

2.7 异烟酸—吡唑啉酮显色剂。

2.7.1 氢氧化钠溶液Ⅱ：ρ（NaOH）＝20 g/L。称取20.0 g氢氧化钠溶于水中，稀释至1 000 mL，摇匀，贮于聚乙烯容器中。

2.7.2 异烟酸溶液：称取1.5 g 异烟酸（$C_6H_5NO_2$，iso-nicotinic acid）溶于 25 mL 氢

氧化钠溶液Ⅱ（2.7.1）中，加水稀释定容至100 mL。

2.7.3 吡唑啉酮溶液：称取0.25 g吡唑啉酮（3-甲基-1-苯基-5-吡唑啉酮，$C_{10}H_{10}ON_2$）溶于20 mL *N,N*-二甲基甲酰胺[$HCON(CH_3)_2$]中。

2.7.4 异烟酸—吡唑啉酮溶液：将吡唑啉酮溶液（2.7.3）和异烟酸溶液（2.7.2）以1∶5混合，用时现配。

注2：异烟酸配成溶液后如呈现明显淡黄色，使空白值增高，可过滤。为降低试剂空白值，实验中以选用无色的*N,N*-二甲基甲酰胺为宜。

2.8 磷酸二氢钾溶液（pH=4）：称取136.1 g无水磷酸二氢钾（KH_2PO_4）溶于水中，加入2.00 mL冰乙酸（$C_2H_4O_2$），用水稀释至1 000 mL，摇匀。

2.9 异烟酸—巴比妥酸显色剂

2.9.1 氢氧化钠溶液Ⅲ：ρ（NaOH）＝15 g/L。称取15.0 g氢氧化钠溶于水中，稀释至1 000 mL，摇匀，贮于聚乙烯容器中。

2.9.2 称取2.50 g异烟酸（$C_6H_5NO_2$，iso-nicotinic acid）和1.25 g巴比妥酸（$C_4H_4N_2O_3$，barbituric acid）溶于100 mL氢氧化钠溶液Ⅲ（2.9.1）中，摇匀，用时现配。

2.10 氢氧化钠溶液Ⅳ：ρ（NaOH）＝1 g/L。称取1.0 g氢氧化钠溶于水中，稀释至1 000 mL，摇匀，贮于聚乙烯容器中。

2.11 氰化钾标准溶液：ρ（CN^-）＝50 μg/mL。可购买市售有证标准物质。

2.12 氰化钾标准使用溶液：ρ（CN^-）＝1.00 μg/mL。吸取10.00 mL氰化钾标准溶液（2.10）于500 mL棕色容量瓶中，用氢氧化钠溶液Ⅳ（2.10）稀释至标线，摇匀，用时现配。

3. 仪器和设备

3.1 分光光度计。

3.2 恒温水浴装置，控温精度±1℃。

3.3 25 mL具塞比色管。

3.4 一般实验室常用仪器。

4. 前处理

4.1 参照图15-1，将蒸馏装置连接。往接收瓶内加入10 mL氢氧化钠溶液Ⅰ（2.1），作为吸收液。

4.2 样品摇匀后，用量筒量取200 mL样品移入蒸馏瓶中，加数粒玻璃珠。将10 mL硝酸锌溶液（2.2）加入蒸馏瓶内，加入7～8滴甲基橙指示剂（2.4）。再迅速加入5 mL酒石酸溶液（2.3），立即盖好瓶塞，使瓶内溶液保持红色。

4.3 馏出液导管上端接冷凝管的出口，下端插入接收瓶的吸收液中，检查连接部位，使其严密。蒸馏时，馏出液导管下端要插入吸收液液面下，使吸收完全。

4.4 打开冷凝水，打开可调电炉，由低挡逐渐升高，馏出液以2～4 mL/min的速度进行加热蒸馏。

注 3：如在试样制备过程中，蒸馏或吸收装置发生漏气现象，氰化氢挥发，将使氰化物分析产生误差且污染实验室环境，对人体产生伤害，所以在蒸馏过程中一定要时刻检查蒸馏装置的严密性并使吸收完全。

注 4：蒸馏时需使用功率满足实验要求的电炉或电热套，如使用 600 W 或 800 W 的可调电炉。

4.5 接收瓶内试样体积接近 100 mL 时，停止蒸馏，用少量水冲洗馏出液导管，取出接收瓶，用水稀释至标线，此碱性试样“A”待测。

4.6 空白实验

用实验用水代替样品，按步骤 4.2 至步骤 4.5 操作，得到空白试样“B”待测。

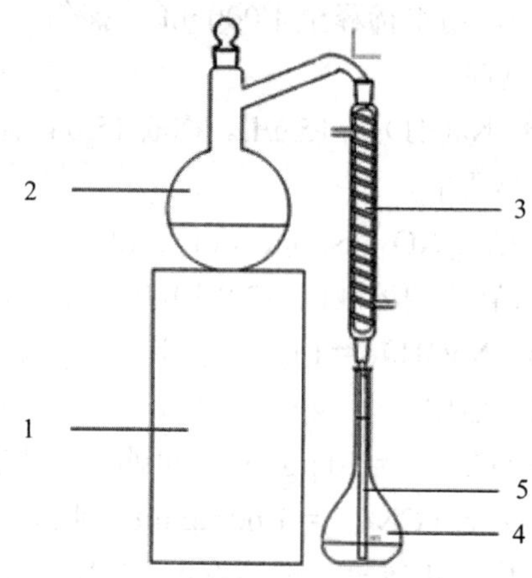

1—可调电炉；2—蒸馏瓶；3—冷凝管；4—接收瓶；5—馏出液导管

图 15-1　全玻璃蒸馏器

5. 分析测试

5.1 校准曲线的绘制

5.1.1 异烟酸—吡唑啉酮分光光度法

取 6 支具塞比色管（3.3），分别加入氰化钾标准使用溶液（2.11）0 mL、0.10 mL、0.50 mL、1.50 mL、5.00 mL 和 10.00 mL，再加入氢氧化钠溶液（2.10）至 10 mL。向各管中加入 5.0 mL 磷酸盐缓冲溶液（2.6），混匀，迅速加入 0.20 mL 氯胺 T（2.5）溶液，立即盖塞子，混匀，放置 3～5 min。向各管中加入 5.0 mL 异烟酸—吡唑啉酮显色剂（2.7），加水稀释至标线，摇匀，于 25～35℃的水浴装置（3.2）中放置 40 min，立即比色。分光光度计（3.1）在 638 nm 波长下，用 10 mm 比色皿，以水作参比测定吸光度，以氰化物的含量为横坐标，扣除试剂空白的吸光度为纵坐标，以最小二乘法绘制校准曲线。

注 5：当氰化物以 HCN 存在时易挥发，因此，加入缓冲溶液后，每一步骤操作都要迅速，并随时盖紧塞子。

5.1.2 异烟酸—巴比妥酸分光光度法

取 6 支具塞比色管（3.3），分别加入氰化钾标准使用溶液（2.11）0 mL、0.10 mL、

0.50 mL、1.50 mL、5.00 mL 和 10.00 mL，再加入氢氧化钠溶液（2.10）至 10 mL。向各管中加入 5.0 mL 磷酸二氢钾溶液（2.8），混匀，迅速加入 0.30 mL 氯胺 T（2.5）溶液，立即盖塞子，混匀，放置 1～2 min。向各管中加入 6.0 mL 异烟酸—巴比妥酸显色剂（2.9），加水稀释至标线，摇匀，于 25℃显色 15 min（15℃显色 25 min；30℃显色 10 min）。分光光度计（3.1）在 600 nm 波长下，用 10 mm 比色皿，以水作参比测定吸光度，以氰化物的含量为横坐标，扣除试剂空白的吸光度为纵坐标，以最小二乘法绘制校准曲线。

5.2 试样的测定

吸取 10.0 mL 试样“A”于具塞比色管中，按校准曲线的绘制步骤 5.1.1 或步骤 5.1.2 进行操作。从校准曲线上计算出相应的氰化物的含量。

5.3 空白试验

另取 10.00 mL 空白试验试样“B”于具塞比色管中，按校准曲线的绘制步骤 5.1.1 或步骤 5.1.2 进行操作。

5.4 计算

氰化物质量浓度以氰离子（CN^-）计，按式（15-1）进行计算：

$$\rho = \frac{A - A_0 - a}{b} \times \frac{V_1}{V_2 \times V} \tag{15-1}$$

式中：ρ——氰化物的质量浓度，mg/L；

A——试样的吸光度；

A_0——试剂空白的吸光度；

a——校准曲线截距；

b——校准曲线斜率；

V——预蒸馏的取样体积，mL；

V_1——馏出液（试样“A”）的总体积，mL；

V_2——测定时所取试料（比色时，所取试样“A”）的体积，mL。

当测定结果小于 1.00 mg/L 时，保留至小数点后三位；当测定结果大于或等于 1.00 mg/L 时，保留三位有效数字。

6．质量保证和质量控制

6.1 空白试验的氰化物含量应小于方法检出限。

6.2 校准曲线回归方程的相关系数 $\gamma \geq 0.999$；每批样品（≤20 个）应带一个中间校核点，其测定值与校准曲线相应点浓度的相对偏差应不超过 5%。

6.3 精密度控制：每批样品（≤20 个）应至少测定 10%的平行双样，样品数量＜10 个时，应测定一个平行双样。当样品含量≤0.05 mg/L 时，平行双样测定结果的相对偏差应≤20%；当样品含量为 0.05～0.5 mg/L 时，平行双样测定结果的相对偏差应≤15%；当样品含量＞0.5 mg/L 时，平行双样测定结果的相对偏差应≤10%。当采用异烟酸—巴比妥酸分光光度法测定样品结果低于测定下限时，平行双样测定结果的相对偏差最高允许值可放宽至 50%。

6.4 准确度控制：每批样品（≤20 个）至少测定一个有证标准样品或基体加标回收样品，有证标准样品的测定值应在允许范围内。样品含量≤0.05 mg/L 时，加标回收率为 85%～115%；样品含量＞0.05 mg/L 时，加标回收率为 90%～110%。

7．引用标准

《水质　氰化物的测定　容量法和分光光度法》（HJ 484—2009）

编写人员：

袁　懋（中国环境监测总站）

潘　虹（上海市环境监测中心）

谢　争（上海市环境监测中心）

孙　燕（常州市环境监测中心）

十六、挥发酚的测定

水质 挥发酚的测定　4-氨基安替比林萃取分光光度法

1. 方法原理

用蒸馏法使挥发性酚类化合物蒸馏出来，并与干扰物质和固定剂分离。由于酚类化合物的挥发速度随馏出液体积而变化，因此，馏出液体积必须与试样体积相等。被蒸馏出的酚类化合物，于 pH（10.0±0.2）介质中，在铁氰化钾存在下，与 4-氨基安替比林反应生成橙红色的安替比林染料，用三氯甲烷萃取后，在 460 nm 波长下测定吸光度。使用光程为 30 mm 的比色皿时，检出限为 0.000 3 mg/L，测定下限为 0.001 mg/L，测定上限为 0.04 mg/L。

2. 试剂

本标准所用试剂除非另有说明，否则分析时均使用符合国家标准的分析纯化学试剂；实验用水为新制备的蒸馏水或去离子水。

2.1 无酚水：无酚水可按照 2.1.1 或 2.1.2 进行制备。无酚水应贮于玻璃瓶中，取用时，应避免与橡胶制品（橡皮塞或乳胶管等）接触。

2.1.1 每升水中加入 0.2 g 经 200℃活化 30 min 的活性炭粉末，充分振摇后，放置过夜，用双层中速滤纸过滤。

2.1.2 加氢氧化钠使水呈强碱性，并加入高锰酸钾至溶液呈紫红色，移入全玻璃蒸馏器中加热蒸馏，取馏出液备用。

2.2 碘化钾（KI）。

2.3 三氯甲烷（$CHCl_3$）。

2.4 精制苯酚：取苯酚（C_6H_5OH）于具有空气冷凝管的蒸馏瓶中，加热蒸馏，收集 182～184℃的馏出部分，馏出部分冷却后应为无色晶体，贮于棕色瓶中，于冷暗处密闭保存。

2.5 氨水：ρ（$NH_3 \cdot H_2O$）= 0.90 g/mL。

2.6 盐酸：ρ（HCl）= 1.19 g/mL。

2.7 磷酸溶液：1+9。

2.8 4-氨基安替比林溶液：称取 2 g 4-氨基安替比林溶于水中，溶解后移入 100 mL 容量瓶中，用水稀释至标线，提纯（附录 B 方法）后收集滤液后置冰箱中冷藏，可保存 7 d。

注 1：4-氨基安替比林的提纯。配制成 2%的 4-氨基安替比林溶液后应观察其颜色，正常的溶液颜色应为淡黄色，若颜色变深，则应对 4-氨基安替比林溶液进行提纯，去除掉其中的杂色物质。标准方法上的提纯方法：将硅镁型吸附剂倒入 4-氨基安替比林溶液中搅拌再过滤。若该方法不能满足实验要求（即不能将溶液颜色变淡），则可以考虑将硅镁型吸附剂放入滤纸内，将 4-氨基安替比林溶液倒入其中进行过滤，若溶液颜色太深，需要增加过滤次数。

2.9 溴酸钾-溴化钾溶液：c（$1/6KBrO_3$）=0.1 mol/L。称取 2.784 g 溴酸钾溶于水，加入 10 g 溴化钾，溶解后移入 1 000 mL 容量瓶中，用水稀释至标线。

2.10 硫代硫酸钠溶液：c（$Na_2S_2O_3$）≈0.012 5 mol/L。称取 3.1 g 硫代硫酸钠，溶于煮沸放冷的水中，加入 0.2 g 碳酸钠，溶解后移入 1 000 mL 容量瓶中，用水稀释至标线。临用前，按照《水质 溶解氧的测定 碘量法》（GB 7489）标定。

2.11 淀粉溶液：ρ=0.01 g/mL。称取 1 g 可溶性淀粉，用少量水调成糊状，加沸水至 10 mL，冷却后，移入试剂瓶中，置冰箱内冷藏保存。

2.12 铁氰化钾溶液：ρ（$K_3[Fe(CN)_6]$）=80 g/L。称取 8 g 铁氰化钾溶于水，溶解后移入 100 mL 容量瓶中，用水稀释至标线。置冰箱内冷藏，可保存一周。

2.13 酚标准贮备液：ρ（C_6H_5OH）≈1.00 g/L。称取 1.00 g 精制苯酚（2.4），溶解于水（2.1），移入 1 000 mL 容量瓶中，用水（2.1）稀释至标线并进行标定（附录 A 方法）。置冰箱内冷藏，可稳定保存一个月。也可直接购买市售有证标准物质。

2.14 酚标准中间液：ρ（C_6H_5OH）=10.0 mg/L。取适量酚标准贮备液（2.13）用水（2.1）稀释至 100 mL 容量瓶中，使用时当天配制。

2.15 酚标准使用液：ρ（C_6H_5OH）=1.00 mg/L。量取 10.00 mL 酚标准中间液（2.14）于 100 mL 容量瓶中，用水（2.1）稀释至标线，配制后 2 h 内使用。也可直接购买市售有证标准溶液直接进行配制。

2.16 甲基橙指示液：ρ（甲基橙）=0.5 g/L。称取 0.1 g 甲基橙溶于水，溶解后移入 200 mL 容量瓶中，用水稀释至标线。

2.17 缓冲溶液：pH=10.7。称取 20 g 氯化铵（NH_4Cl）溶于 100 mL 氨水（2.5）中，密塞，置冰箱中保存。为避免氨的挥发所引起 pH 的改变，应注意在低温下保存，且取用后立即加塞盖严，并根据使用情况适量配制。

3. 仪器和设备

3.1 分光光度计：具 460 nm 波长，并配有光程为 30 mm 的比色皿。

3.2 一般实验室常用仪器。

4. 前处理

取 250 mL 经充分摇动，混合均匀的样品移入 500 mL 全玻璃蒸馏器中，加 25 mL 水（2.1），加数粒玻璃珠以防暴沸，再加数滴甲基橙指示液（2.16），若试样未显橙红色，则需继续补加磷酸溶液（2.7）。连接冷凝器，加热蒸馏，收集馏出液 250 mL 至接收器中。蒸馏过程中，若发现甲基橙红色褪去，应在蒸馏结束后，放冷，再加 1 滴甲基橙指示液（2.16）。若发现蒸馏后残液不呈酸性，则应重新取样，增加磷酸溶液（2.7）加入量，进行蒸馏。

注 2：使用的蒸馏设备不宜与测定工业废水或生活污水的蒸馏设备混用。每次试验前后，应清洗整个蒸馏设备。

注 3：不得用橡胶塞、橡胶管连接蒸馏瓶及冷凝器，以防止对测定产生干扰；应严格控制预蒸馏过程中的 pH 至 4 左右，当 pH＞4 时对测定结果有影响；样品蒸馏后，须尽快萃取并显色，防止被氧化。

注 4：蒸馏速率对挥发酚回收率会有一定的影响，建议采用中火蒸馏（馏出液馏出速度小于 7 mL/min），会提高挥发酚的回收率。

5．分析测试

5.1 标准曲线的绘制

于一组 8 个分液漏斗中，分别加入 100 mL 水（2.1），依次加入 0 mL、0.25 mL、0.50 mL、1.00 mL、3.00 mL、5.00 mL、7.00 mL 和 10.00 mL 酚标准使用液（2.15），再分别加水（2.1）至 250 mL。加 2.0 mL 缓冲溶液（2.17），混匀，pH 为 10.0±0.2，加 1.5 mL 4-氨基安替比林溶液（2.8），混匀，再加 1.5 mL 铁氰化钾溶液（2.12），充分混匀后，密塞，放置 10 min。在上述显色分液漏斗中准确加入 10.0 mL 三氯甲烷（2.3），密塞，剧烈振摇 2 min，倒置放气，静置分层。用干脱脂棉或滤纸拭干分液漏斗颈管内壁，于颈管内塞一小团干脱脂棉或滤纸，将三氯甲烷层通过干脱脂棉团或滤纸，弃去初滤出的数滴萃取液后，将余下三氯甲烷直接放入光程为 30 mm 的比色皿中。于 460 nm 波长，以三氯甲烷（2.3）为参比，测定三氯甲烷层的吸光度值。

注 5：严格按照顺序加入显色试剂，并保证显色时间，否则易造成吸光度偏差，结果不稳定和不准确。

注 6：4-氨基安替比林试剂的纯度、浓度对测定灵敏度及结果的准确性影响很大。固体 4-氨基安替比林易潮解、氧化变质，从而使试剂空白值明显增高，严重影响分析结果的准确度以及方法检出限。因此，应置于干燥器中密封避光保存。

注 7：三氯甲烷萃取液一般在 3 h 内比较稳定，如放置时间过长，则吸光度会出现较大的误差，所以比色应及时进行。

注 8：关于 10 mL 三氯甲烷不够用的问题：为了降低检出限，本方法采用 3 mm 比色皿。由于萃取用 10 mL 三氯甲烷，只能填满 30 mm 比色皿的 1/2～2/3，对于部分分光光度计来说，可能会存在不够用的情况。因此，本方法在分析过程中，不用预先放出少量三氯甲烷来润洗滤纸（或脱脂棉）以及分液漏斗下管壁，直接将 10 mL 三氯甲烷放入 30 mm 比色皿中（此法经过验证，完全可以达到实验要求），满足实验要求。

注 9：在振荡分液漏斗的过程中，要尽量采用手工振荡，手工振荡力度较大，三氯甲烷和溶液混合较为充分，萃取效率高，会满足检出限的要求。

注 10：制作曲线及检出限测定的过程中，所有的分液漏斗尽量保证萃取力量和萃取次数一致，这样可以减少操作过程中带来的误差，提高结果的精密度，可以得到较小的检出限。

5.2 试样测定

将前处理过程中收集的馏出液 250 mL 移入分液漏斗中，按与校准曲线相同的步骤进行测定。

5.3 空白实验

用无酚水代替试样进行蒸馏后，按照步骤 5.1～步骤 5.2 测定其吸光度值。空白应与试样同时测定，实验室空白的吸光度应小于 0.08。

5.4 计算

试样中挥发酚的质量浓度（以苯酚计）按式（16-1）进行计算：

$$\rho = \frac{A_s - A_b - a}{b \times V} \tag{16-1}$$

式中：ρ——水样中挥发酚的质量浓度，mg/L；

A_s——试样的吸光度值；

A_b——空白试验的吸光度值；

a——校准曲线的截距值；

b——校准曲线的斜率；

V——试样的体积，mL。

当计算结果＜0.100 mg/L 时，保留到小数点后四位；当计算结果≥0.100 mg/L 时，保留三位有效数字。

6. 质量保证和质量控制

6.1 每批样品（≤20 个）应带一个中间校核点，中间校核点测定值和校准曲线相应点浓度的相对误差不超过 10%。

6.2 平行样

每批样品（≤20 个）应至少测定 10%的平行双样，样品数量＜10 个时，应测定一个平行双样。当样品含量≤0.05 mg/L 时，平行双样测定结果的相对偏差应≤25%；当样品含量为 0.05～1.0 mg/L 时，平行双样测定结果的相对偏差应≤15%；当样品含量＞1.0 mg/L 时，平行双样测定结果的相对偏差应≤10%。

6.3 准确度控制

每批样品（≤20 个）至少测定一个有证标准样品，有证标准样品的测定值应在允许范围内。

7. 引用标准

《水质 挥发酚的测定 4-氨基安替比林分光光度法》（HJ 503—2009）

编写人员：

薛荔栋（中国环境监测总站）

张吉喆（大连市环境监测中心）

肖　文（广东省环境监测中心）

附录A
（规范性附录）
酚标准贮备液的标定

吸取10.0 mL酚标准贮备液（2.13）于250 mL碘量瓶中，加水（2.1）稀释至100 mL，加10.0 mL 0.1 mol/L溴酸钾-溴化钾溶液（2.9），立即加入5 mL浓盐酸（2.6），密塞，摇匀，于暗处放置15 min，加入1 g碘化钾（2.2），密塞，摇匀，放置暗处5 min，用硫代硫酸钠溶液（2.10）滴定至暗黄色，加入1 mL淀粉溶液（2.11），继续滴定至蓝色刚好褪去，记录用量。

同时以水（2.1）代替酚标准贮备液做空白实验，记录硫代硫酸钠溶液（2.10）用量。

酚标准贮备液浓度按下式计算：

$$\rho=\frac{\left(V_1-V_2\right)\times C\times 15.68}{V}$$

式中：ρ——酚标准贮备液浓度，mg/L；

V_1——空白实验中硫代硫酸钠溶液的用量，mL；

V_2——滴定酚标准贮备液时硫代硫酸钠溶液的用量，mL；

C——硫代硫酸钠溶液摩尔浓度，mol/L；

V——试样体积，mL；

15.68——苯酚（$1/6C_6H_5OH$）摩尔质量，g/mol。

附录 B
（资料性附录）
4-氨基安替比林的提纯

4-氨基安替比林的质量直接影响空白试验的吸光度值和测定结果的精密度，必要时，可按下述步骤进行提纯。

将 100 mL 配制好的 4-氨基安替比林溶液（2.8）置于干燥烧杯中，加入 10 g 硅镁型吸附剂（弗罗里硅土，60～100 目，600℃烘制 4 h），用玻璃棒充分搅拌，静置片刻，将溶液在中速定量滤纸上过滤，收集滤液，置于棕色试剂瓶内，于 4℃下保存。

也可使用其他方法提纯 4-氨基安替比林溶液，采用上述方法或其他方法，应对提纯效果进行验证，使方法的检出限、精密度和准确度符合要求。

十七、石油类的测定

水质 石油类的测定 红外分光光度法

1. 方法原理

用四氯化碳萃取样品中的油类物质，然后将萃取液用硅酸镁吸附，除去动植物油类等极性物质后，测定石油类。石油类的含量由波数分别为 2 930 cm^{-1}（CH_2基团中 C—H 键的伸缩振动）、2 960 cm^{-1}（CH_3基团中的 C—H 键的伸缩振动）和 3 030 cm^{-1}（芳香环中 C—H 键的伸缩振动）谱带处的吸光度 A_{2930}、A_{2960}、A_{3030}进行计算。

当样品体积为 1 000 mL，萃取液体积为 25 mL，使用 4 cm 比色皿时，石油类方法检出限为 0.01 mg/L，测定下限为 0.04 mg/L。

2. 试剂

除非另有说明，否则分析时均使用符合国家标准的分析纯化学试剂，实验用水为蒸馏水或同等纯度的水。

2.1 盐酸（HCl）：ρ=1.19 g/mL，优级纯。

2.2 正十六烷：光谱纯。

2.3 异辛烷：光谱纯。

2.4 苯：光谱纯。

2.5 四氯化碳：在 2 800～3 100 cm^{-1} 扫描，不应出现锐峰，各波长吸光度值应不超过 0.12（以 4 cm 比色皿、空气池作参比）。

2.6 无水硫酸钠：在 550℃下加热 4 h，冷却后装入磨口玻璃瓶中，置于干燥器内贮存。

2.7 硅酸镁：60～100 目。取硅酸镁于瓷蒸发皿中，置于马弗炉内 550℃下加热 4 h，在炉内冷却至约 200℃后，移入干燥器中冷却至室温，于磨口玻璃瓶内保存。使用时，称取适量的硅酸镁于磨口玻璃瓶中，根据硅酸镁的重量，按 6%（*m/m*）比例加入适量的蒸馏水，密塞并充分振荡数分钟，放置约 12 h 后使用。

2.8 吸附柱：内径 10 mm、长约 200 mm 的玻璃层析柱。出口处填塞少量用四氯化碳浸泡并晾干后的玻璃棉，将已处理好的硅酸镁缓缓倒入玻璃层析柱中，边倒边轻轻敲打，填充高度为 80 mm。

2.9 石油类标准贮备液：ρ=1 000 mg/L，可直接购买市售有证标准溶液。

3. 仪器和设备

3.1 红外分光光度计：能在 3 400～2 400 cm^{-1} 进行扫描，并配有 4 cm 带盖石英比色皿。

3.2 旋转振荡器：振荡频数可达 300 次/min。

3.3 分液漏斗：2 000 mL，聚四氟乙烯旋塞。

3.4 玻璃砂芯漏斗：40 mL，G-1 型。

3.5 锥形瓶：100 mL，具塞磨口。

3.6 具塞比色管：25 mL。

3.7 量筒：1 000 mL、2 000 mL。

3.8 一般实验室常用器皿和设备。

4. 前处理

4.1 试样的制备

4.1.1 萃取

将样品全部转移至 2 000 mL 分液漏斗中，量取 25.0 mL 四氯化碳（2.5）洗涤样品瓶后，全部转移至分液漏斗中。振荡 3 min，并经常开启旋塞排气，静置分层后，将下层有机相转移至已加入 3 g 无水硫酸钠（2.6）的具塞磨口锥形瓶中，摇动数次。如果无水硫酸钠全部结晶成块，需要补加无水硫酸钠，静置。将上层水相全部转移至 2 000 mL 量筒中，测量样品体积并记录。

注 1：①加入四氯化碳萃取剂后振摇，可以选择手动振摇，也可以选择用分液漏斗振荡器振摇，还可以选择射流萃取，但要保证四氯化碳与水样充分接触，依照不同振摇方式可以适当延长或缩短萃取时间。②手动振摇可以选用每秒钟上下振一次的速率，重复振荡 6 min；分液漏斗振荡器振荡可以设置 200 r/min 的速度，按照标准连续振荡 3 min；射流萃取可以根据不同萃取仪的气流速率调整萃取时间，但不应少于 20 次循环。每种振荡结束后静置分层时间为 15 min。③有机相的脱水也可以选择普通 50 mL 玻璃三角漏斗，在三角底部填少量用四氯化碳浸泡并晾干后的玻璃棉，将无水硫酸钠倒入漏斗总体积的 1/3 处，再将滤液缓慢倒入漏斗中。

4.1.2 吸附

4.1.2.1 振荡吸附法

向萃取液中加入 3 g 硅酸镁（2.7），置于旋转振荡器上，以 180～200 r/min 的速度连续振荡 20 min，静置沉淀后，上清液经玻璃砂芯漏斗或底部填少量用四氯化碳浸泡并晾干后的玻璃棉的三角漏斗过滤至具塞磨口比色管中，用于测定石油类。

4.1.2.2 吸附柱法

取适量的萃取液通过硅酸镁吸附柱（2.8），弃去前约 5 mL 的滤出液，余下部分接入具塞比色管用于测定石油类。

4.2 空白试样的制备

取实验用水代替样品，按照试样的制备步骤（4.1）制备空白试样。

注 2：测定前要保证分析用的分液漏斗、容量瓶、砂芯漏斗、比色管等清洗干净。上述使用的玻璃器皿常规清洗后，用吸光度符合要求的四氯化碳（2.5）荡洗 2～3 次即可。

5. 分析测试

5.1 校正系数检验

一般市售测油仪均有内置的校正系数，可用标准溶液对仪器校正系数进行检验，具体步骤如下：

分别量取 5.00 mL 和 10.00 mL 的石油类标准贮备液（2.9）于 100 mL 容量瓶中，用四氯化碳（2.5）定容，摇匀，石油类标准溶液的浓度分别为 50 mg/L 和 100 mg/L。分别量取 2.00 mL、5.00 mL 和 20.00 mL 质量浓度为 100 mg/L 的石油类标准溶液于 100 mL 容量瓶中，用四氯化碳（2.5）定容，摇匀，石油类标准溶液的质量浓度分别为 2 mg/L、5 mg/L 和 20 mg/L。

用四氯化碳（2.5）做参比溶液，使用 4 cm 比色皿，于 2 930 cm^{-1}、2 960 cm^{-1} 和 3 030 cm^{-1} 处分别测量 2 mg/L、5 mg/L、20 mg/L、50 mg/L 和 100 mg/L 石油类标准溶液的吸光度 A_{2930}、A_{2960}、A_{3030}，按照式（17-1）计算测定浓度。如果测定值与标准值的相对误差在±10%以内，则校正系数可采用，否则重新测定校正系数，并检验直到符合为止。

$$\rho = X \cdot A_{2930} + Y \cdot A_{2960} + Z\left(A_{3030} - A_{2930}/F\right) \qquad (17\text{-}1)$$

式中：ρ——四氯化碳中石油类的质量浓度，mg/L；

A_{2930}、A_{2960}、A_{3030}——各对应波数下测得的吸光度；

X、Y、Z、F——校正系数。

注 3：①若校正系数检验不合格，需联系仪器工程师或按照 HJ 637 中 8.1.1 步骤重新测定校正系数并检验，直至符合条件为止。②为保证统一性，石油类标准贮备液需选用市售石油类标准物质。③可用有证标准样品检测代替校正系数检验，如检测值在标准样品的保证值范围内，可省略此步骤。

5.2 样品测定

将经硅酸镁吸附后的萃取液转移至 4 cm 比色皿中，以四氯化碳（2.5）作参比溶液，于 2 930 cm^{-1}、2 960 cm^{-1}、3 030 cm^{-1} 处测量其吸光度 $A_{1.293\,0}$、$A_{1.296\,0}$、$A_{1.303\,0}$，计算石油类的浓度。

注 4：当样品有石油类检出时，一定要查看样品红外谱图，如无特征吸收，可确定为未检出。

5.3 空白试验

以空白试样代替试样，按照与测定（5.2）相同步骤进行测定。

注 5：所有使用的玻璃容器必须在使用前保证洁净，常规步骤清洗完毕后还需要用四氯化碳荡洗后备用。

6. 结果计算与表示

6.1 结果计算

样品中石油类的浓度ρ（mg/L），按式（17-2）进行计算。

$$\rho = \frac{\rho_1 \times V_0 \times D}{V_w} \qquad (17\text{-}2)$$

式中：ρ——样品中石油类的质量浓度，mg/L；

ρ_1——萃取液中石油类的质量浓度，mg/L；

V_0——萃取溶剂的体积，mL；

D——萃取液稀释倍数；

V_w——样品体积，mL。

6.2 结果表示

当测定结果＜10.0 mg/L 时，保留至小数点后两位；当测定结果≥10.0 mg/L 时，保留三位有效数字。

7．质量保证和质量控制

7.1 每批样品（≤20 个）分析前，应先做方法空白试验，空白值应低于检出限。

7.2 精密度控制：6 家实验室分别对石油类浓度为 0.05 mg/L、0.50 mg/L 和 2.00 mg/L 的统一样品进行测定，实验室间相对标准偏差分别为 4.6%、3.3%和 1.6%；重复性限为 0.01 mg/L、0.09 mg/L 和 0.19 mg/L；再现性限为 0.02 mg/L、0.10 mg/L 和 0.21 mg/L。

7.3 准确度控制：每批样品（≤20 个）至少测定一个有证标准样品，有证标准样品的测定值应在允许范围内。

8．引用标准

《水质 石油类和动植物油类的测定 红外分光光度法》（HJ 637—2012）

编写人员：

朱红霞（中国环境监测总站）

方　伟（上海市环境监测中心）

潘　虹（上海市环境监测中心）

谢　争（上海市环境监测中心）

巢文军（常州市环境监测中心）

十八、阴离子表面活性剂的测定

水质 阴离子表面活性剂的测定 亚甲蓝分光光度法

1．方法原理

阳离子染料亚甲蓝与阴离子表面活性剂（包括直链烷基苯磺酸钠、烷基磺酸钠和脂肪醇硫酸钠）作用，生成蓝色的离子对化合物，这类能与亚甲蓝作用的物质统称亚甲蓝活性物质（MBAS）。生成的显色物可被三氯甲烷萃取，其色度与浓度成正比，并可用分光光度计在波长652 nm处测量三氯甲烷相的吸光度。

本方法的选择性较差，除上述三种物质外，有机硫酸盐、磺酸盐、羧酸盐、酚类以及无机硫氰酸盐、硝酸盐和氯化物等，均对本法产生不同程度的正干扰，通过水溶液反洗可部分去除（有机硫酸盐、磺酸盐除外）。经水溶液反洗仍未能除去的非表面活性物质引起的正干扰，可用气提萃取法将阴离子表面活性剂从水相转移到有机相而消除。一般存在于未经处理或一级处理的污水中的硫化物，能与亚甲蓝生成无色的还原物而消耗亚甲蓝试剂，遇此情况可将试样调至碱性，滴加适量的过氧化氢（30%），避免其干扰。季铵盐类等阳离子化合物和蛋白质能与表面活性剂作用，生成稳定的络合物而不与亚甲蓝反应，因此造成负干扰。这些阳离子类物质在适当条件下可采用阳离子交换树脂去除。在样品中存在的并可被三氯甲烷萃取的有色物质，也会产生一定程度的干扰。

本方法适用于测定地表水中溶解态的低浓度亚甲蓝活性物质，即阴离子表面活性物质。在实验条件下，主要被测物是直链烷基苯磺酸钠（LAS）、烷基磺酸钠和脂肪醇硫酸钠。但实际样品中可能含有能与亚甲蓝起显色反应并被三氯甲烷萃取的物质而对测定结果产生一定的干扰。

当采用10 mm比色皿，试样为100 mL时，本方法的最低检出浓度为0.05 mg/L LAS；检测上限为2.0 mg/L LAS。

2．试剂

测定过程中，除非另有说明，否则均使用符合国家标准或专业标准的分析纯试剂和蒸馏水或同等纯度的水。

2.1 氢氧化钠溶液：1 mol/L。

2.2 硫酸溶液：0.5 mol/L。

2.3 三氯甲烷（$CHCl_3$）

2.4 直链烷基苯磺酸钠标准贮备溶液：称取0.100 g标准物LAS（平均分子量344.4，准确至0.001 g），溶于50 mL水中，转移到100 mL容量瓶中，稀释至标线，混匀，每毫升含1.00 mg LAS。保存于4℃冰箱中。每周配制一次。或直接使用购买的直链烷基苯磺酸钠标准溶液。

2.5 直链烷基苯磺酸钠标准溶液：准确吸取 10.00 mL 直链烷基苯磺酸钠标准贮备液，用水稀释至 1 000 mL，每毫升含 10.0 μg LAS。当天配制。

2.6 亚甲蓝溶液：称取 50 g 一水合磷酸二氢钠（$NaH_2PO_4 \cdot H_2O$）溶于 300 mL 水中，转移至 1 000 mL 容量瓶中，缓慢加入 6.8 mL 浓硫酸，摇匀。另称取 30 mg 亚甲蓝（指示剂级），用 50 mL 水溶解后也移入容量瓶中，用水稀释至标线，摇匀。此溶液贮存于棕色试剂瓶中。

2.7 洗涤液：称取 50 g 一水合磷酸二氢钠置于烧杯内，溶于 300 mL 水中转移到 1 000 mL 容量瓶中，缓慢加入 6.8 mL 浓硫酸，用水稀释至 1 000 mL。

2.8 酚酞指示剂溶液：将 1.0 g 酚酞溶于 50 mL 乙醇，然后边搅拌边加入 50 mL 水，滤去沉淀物。

2.9 玻璃棉或脱脂棉：在索氏抽提器中，用三氯甲烷提取 4 h 后，取出干燥，保存在清洁的具塞玻璃瓶中备用。

3. 仪器和设备

3.1 分光光度计：能在 652 nm 进行测量，配有 10 mm 比色皿。

3.2 250 mL 分液漏斗（最好用聚四氟乙烯 PTFE 活塞）。

注 1：分液漏斗的活塞不得用油脂润滑，可在使用前用三氯甲烷润湿。

3.3 索氏抽提器（150 mL 平底烧瓶，ϕ35×160 mm 抽出筒，蛇形冷凝管）。

注 2：实验室用玻璃器皿不能用各类洗涤剂清洗。使用前先用水彻底清洗，然后用（1+9）盐酸-乙醇洗涤，最后用水冲洗干净。

4. 前处理

本方法目的是测定水样中溶解态的阴离子表面活性剂。在测定前应将水样预先经中速定性滤纸过滤以除去悬浮物。

5. 分析测试

5.1 校准曲线的绘制

取一组分液漏斗 10 个，分别加入 100 mL、99 mL、97 mL、95 mL、93 mL、91 mL、89 mL、87 mL、85 mL、80 mL 水，然后分别移入 0 mL、1.00 mL、3.00 mL、5.00 mL、7.00 mL、9.00 mL、11.00 mL、13.00 mL、15.00 mL、20.00 mL 直链烷基苯磺酸钠标准溶液，摇匀。按“水样测定”步骤操作，以测得的吸光度扣除空白试验值（零浓度标准溶液的吸光度）后，与相应的 LAS 量（μg）绘制校准曲线。

注 3：①浓度点可根据实际情况适当增减，但不得少于 5 个点（零浓度除外）。②绘制校准曲线和水样的测定，应使用同一批三氯甲烷、亚甲蓝溶液和洗涤液。

5.2 试样测定

5.2.1 将待测水样 100 mL 移入分液漏斗中，以酚酞为指示剂，逐滴加入 1 mol/L 氢氧化钠溶液至水溶液呈桃红色，再滴加 0.5 mol/L 硫酸到桃红色刚好消失。

5.2.2 加入 25 mL 亚甲蓝溶液，摇匀后再加入 10 mL 三氯甲烷，激烈振摇 30 s，注意放气。过分地振摇会发生乳化现象，必要时，可加入少量异丙醇（小于 10 mL）以破乳（标准系列亦应加入相同体积的异丙醇）。再慢慢旋转分液漏斗，使滞留在内壁上的三氯甲烷液珠降落，静置分层。

5.2.3 将三氯甲烷层放入预先盛有 50 mL 洗涤液的第二个分液漏斗中，用数滴三氯甲烷淋洗第一个分液漏斗的放液管，重复萃取 3 次，每次用 10 mL 三氯甲烷。合并所有三氯甲烷至第二个分液漏斗中，激烈摇动 30 s，静置分层。将三氯甲烷层通过玻璃棉或脱脂棉，放入 50 mL 容量瓶中。再用三氯甲烷萃取洗涤液两次（每次用量 5 mL），此三氯甲烷层也并入容量瓶中，加三氯甲烷到标线。

5.2.4 每一批样品要做一次空白试验及一种校准溶液的完全萃取。

5.2.5 每次测定前，振荡容量瓶内的三氯甲烷萃取液，并以此液洗三次比色皿，然后将比色皿充满。

在 652 nm 处，以三氯甲烷为参比，测定样品、标准系列和空白试验的吸光度。测定时应使用相同光程的比色皿。

以样品的吸光度减去空白试验的吸光度后，从校准曲线上查得 LAS 的含量。

5.3 空白试验

按“水样测定”步骤进行空白试验，仅用 100 mL 水代替试样。在试验条件下，以 10 mm 光程比色皿，空白试验的吸光度不应超过 0.02。否则应仔细检查器皿和试剂是否有污染。

5.4 结果计算与表示

5.4.1 结果计算

本方法用亚甲蓝活性物质报告结果。以 LAS 计（平均分子量为 344.4）。

$$c=\frac{m}{V} \tag{18-1}$$

式中：c——水样中亚甲蓝活性物质的浓度，mg/L；

m——从校准曲线上读取的 LAS 量，μg；

V——水样体积，mL。

5.4.2 结果表示

当测定结果＜10.0 mg/L 时，保留至小数点后两位；当测定结果≥10.0 mg/L 时，保留三位有效数字。

6. 质量保证和质量控制

6.1 空白试验的吸光度不应超过 0.02，本方法的空白吸光度有时会超过 0.02，且波动性也较大。此时可多做几个空白试验，取均值扣除。

6.2 精密度控制：每批样品（≤20 个）应至少测定 10%的平行双样，样品数量＜10 个时，应测定一个平行双样，平行双样测定结果的相对偏差应≤20%。

6.3 准确度控制：每批样品（≤20 个），应至少测定一个有证标准样品或基体加标回收样品，有证标准样品测定值应在允许范围内。样品含量≤0.5 mg/L 时，加标回收率为

80%～120%；样品含量＞0.5 mg/L 时，加标回收率为 85%～110%。

7．引用标准

《水质 阴离子表面活性剂的测定 亚甲蓝分光光度法》（GB/T 7494—1987）

编写人员：

袁　懋（中国环境监测总站）

肖　文（广东省环境监测中心）

十九、硫化物的测定

水质　硫化物的测定　亚甲基蓝分光光度法

1．方法原理

样品经酸化，硫化物转化成硫化氢，用氮气将硫化氢吹出，转移到盛有乙酸锌-乙酸钠溶液的吸收显色管中，与*N,N*-二甲基对苯二胺作用和硫酸铁铵反应生成蓝色的络合物亚甲蓝，在665 nm波长处测定，颜色深度与水中硫离子浓度成正比。

当样品量为100 mL、使用光程为1 cm比色皿时，方法的检出限为0.005 mg/L（S^{2-}），测定上限为0.700 mg/L。

2．试剂

除非另有说明，否则分析时所用试剂均使用符合国家标准的分析纯化学试剂和去离子除氧水。

2.1 去离子除氧水：将蒸馏水通过离子交换柱制得去离子水，通入氮气至饱和，以除去水中溶解氧。制得的去离子除氧水应立即盖严，并存放于玻璃瓶内。也可用纯水机新制备的纯水代替。

2.2 硫酸：ρ（H_2SO_4）=1.84 g/mL。

2.3 磷酸：ρ（H_3PO_4）=1.69 g/mL。

2.4 硫酸铁铵溶液：取25 g硫酸铁铵（$FeNH_4(SO_4)_2\cdot12H_2O$）溶解于含有5 mL浓硫酸的水中，用水稀释至250 mL，摇匀。溶液如出现不溶物或浑浊，应过滤后使用。

2.5 *N,N*-二甲基对苯二胺溶液（对氨基二甲基苯胺溶液）：称取2 g对氨基二甲基苯胺盐酸盐（Dimethyl P-phenylene Diamine或P-aminodimetyl-aniline）溶于200 mL水中，缓缓加入200 mL浓硫酸，冷却后，用水稀释至1 000 mL，摇匀。此溶液室温下储存于密闭的棕色瓶中，可稳定3个月。

2.6 硫酸溶液：1+5。

2.7 磷酸溶液：1+1。

2.8 重铬酸钾标准溶液：*c*（1/6 $K_2Cr_2O_7$）=0.100 0 mol/L。准确称取4.903 0 g重铬酸钾（$K_2Cr_2O_7$，优级纯，经110℃干燥2 h）溶于水，移入1 000 mL容量瓶，用水稀释至标线，摇匀。

2.9 1%淀粉溶液：称取1 g可溶性淀粉用少量水调成糊状，慢慢倒入10 mL沸水，继续煮沸至溶液澄清，冷却后储存于试剂瓶中。临用现配。

2.10 乙酸锌-乙酸钠溶液：称取 50 g 乙酸锌[$Zn(CH_3COO)_2\cdot2H_2O$]和 12.5 g 乙酸钠[$Na(CH_3COO)\cdot3H_2O$]，溶于水并稀释至1 000 mL，摇匀。

2.11 抗氧化剂溶液：称取2 g 抗坏血酸（$C_6H_8O_6$）、0.1 g乙二胺四乙酸二钠和0.5 g 氢氧化钠溶于 100 mL 水中，摇匀并贮存在棕色瓶内。本溶液应在使用当天配制。

2.12 硫代硫酸钠标准溶液：*c*（$Na_2S_2O_3$）=0.1 mol/L。可自行配制，也可购买有证标准溶液。

2.12.1 配制：称取 24.8 g 五水合硫代硫酸钠（$Na_2S_2O_3·5H_2O$）溶于水，加 1 g 无水碳酸钠（Na_2CO_3），转移至 1 000 mL 棕色容量瓶内，用水稀释至标线，摇匀。放置一周后标定其准确浓度。溶液如呈现浑浊必须过滤。

2.12.2 标定：于 250 mL 碘量瓶内，加入 1 g 碘化钾及 50 mL 水，加入重铬酸钾标准溶液（2.8）15.00 mL，加入硫酸溶液（2.6）5 mL，密塞混匀。置暗处静置 5 min，用待标定的硫代硫酸钠溶液滴定至溶液呈淡黄色时，加入 1 mL 淀粉溶液（2.9），继续滴定至蓝色刚好消失，记录硫代硫酸钠标准溶液用量，同时做空白滴定。

硫代硫酸钠标准溶液的浓度由式（19-1）求出：

$$c = \frac{15.00}{(V_1 - V_2)} \times 0.100\,0 \tag{19-1}$$

式中：c——硫代硫酸钠标准溶液的浓度，mol/L；

V_1——滴定重铬酸钾标准溶液时消耗硫代硫酸钠标准溶液的体积，mL；

V_2——滴定空白溶液时消耗硫代硫酸钠标准溶液的体积，mL；

0.100 0——重铬酸钾标准溶液的浓度，mol/L。

2.13 碘标准溶液：*c*（1/2 I_2）=0.10 mol/L。准确称取 12.69 g 碘于 250 mL 烧杯中，加入 40 g 碘化钾，加少量水溶解后，转移至 1 000 mL 棕色容量瓶中，用水稀释至标线，摇匀。

2.14 硫化钠标准溶液：取一定量结晶硫化钠（$Na_2S·9H_2O$）置布氏漏斗或小烧杯中，用水淋洗除去表面杂质，用干滤纸吸去水分后，称取 0.75 g 溶于少量水中，转移至 100 mL 棕色容量瓶中，用水稀释至标线，摇匀后标定其准确浓度。每次配制硫化钠标准使用液之前，均应标定硫化钠标准溶液的浓度。也可购买有证标准溶液。

标定：在 250 mL 碘量瓶中，加入 10 mL 1 mol/L 乙酸锌-乙酸钠溶液（2.10），10.00 mL 待标定的硫化钠溶液及 20.00 mL 0.1 mol/L 的碘标准溶液（2.13），用水稀释至 60 mL，加入硫酸溶液（2.6）5 mL，密塞摇匀。在暗处放置 5 min，用硫代硫酸钠标准溶液（2.12）滴定至溶液呈淡黄色时，加入 1 mL 淀粉溶液（2.9），继续滴定至蓝色刚好消失为止，记录硫代硫酸钠标准溶液（2.12）的用量，同时以 10 mL 水代替硫化钠标准溶液，做空白滴定。

按式（19-2）计算硫化钠标准溶液中的含硫量：

$$\rho = \frac{(V_0 - V_1) \cdot c \times 16.03}{10.00} \tag{19-2}$$

式中：ρ——硫化钠溶液中的含硫量，g/L；

V_0——滴定空白溶液时消耗硫代硫酸钠标准溶液的体积，mL；

V_1——滴定硫化钠标准溶液时消耗硫代硫酸钠标准溶液的体积，mL；

c——硫代硫酸钠标准溶液的浓度，mol/L；

16.03——1/2 S^{2-}的摩尔质量，g/mol。

2.15 氢氧化钠溶液：40 g/L。称取 4 g 氢氧化钠（NaOH）溶于 100 mL 水中，摇匀。

2.16 硫化钠标准使用液：以新配制的氢氧化钠溶液（2.15）调节去离子除氧水 pH=10～12 后，取约 400 mL 水于 500 mL 棕色容量瓶内，加入 1～2 mL 乙酸锌-乙酸钠溶液（2.10），混匀。吸取一定量刚标定过的硫化钠标准溶液（2.14），移入上述棕色瓶，注意边振荡边成滴状加入，然后加已调 pH=10～12 的水稀释至标线，充分摇匀，使之成均匀的含硫离子（S^{2-}）浓度为 10.00 μg/mL 的硫化锌混悬液。本标准使用液在室温条件下保存可稳定半年。每次使用时，应在充分摇匀后取用。

注 1：硫化物标准使用液可以购买市售标准溶液，市售标准溶液开瓶容易挥发，即开即用。

3．仪器和设备

3.1 分光光度计，10 mm 比色皿。

3.2 100 mL 比色管。

4．酸化-吹气-吸收法前处理

4.1 连接酸化-吹气-吸收装置（图 19-1、图 19-2），通氮气检查装置的气密性后，关闭气源。

4.2 取 20 mL 乙酸锌-乙酸钠溶液（2.10），从侧向玻璃接口处加入至吸收显色管。

4.3 取采样现场已固定并混匀的水样 100 mL，加 5 mL 抗氧化剂溶液（2.11）。取出加酸通氮管，将水样移入反应瓶，加水至总体积约 200 mL。重装加酸通氮管，接通氮气，以 200～300 mL/min 的速度预吹气 2～3 min 后，关闭气源。

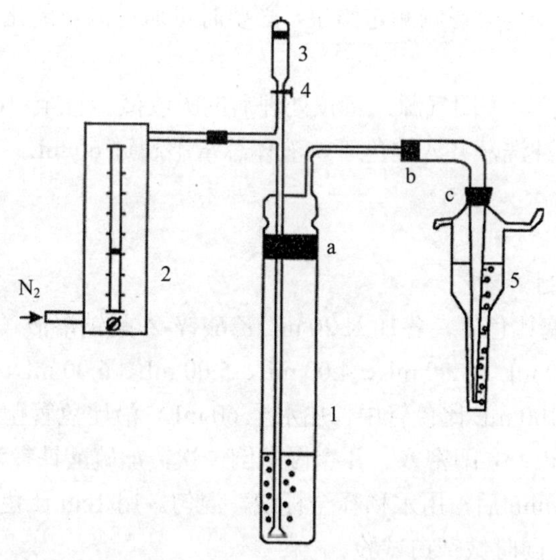

1—反应瓶，装待测水样用；2—流量计；3—加酸漏斗；

4—阀门；5—吸收管；a、b、c—三处均为磨口玻璃连接

图 19-1　硫化物测定的吹气装置

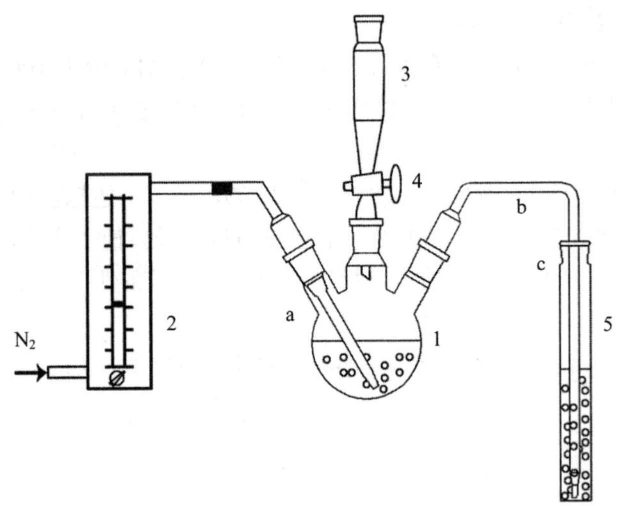

1—反应瓶，装待测水样用；2—流量计；3—加酸漏斗；
4—阀门；5—吸收管；a、b、c—三处均为磨口玻璃连接

图 19-2　硫化物测定的吹气装置

注 2：以吹气法预处理时，反应瓶装置中的空气，必须在加酸吹出 H_2S 之前被驱尽，空气不完全除尽将导致结果偏低。

4.4 关闭加酸通氮管活塞，取出顶部接管，向加酸通氮管内加入 10 mL 磷酸溶液（2.7）后，重接顶部接管。

4.5 缓慢旋开加酸通氮管活塞，接通氮气，以 300 mL/min 的速度连续吹气 30 min。吹气速度和吹气时间的改变均会影响测定结果，必要时可通过测定硫化钠标准使用液的回收率进行检验。

4.6 取下吸收显色管，关闭气源，将预处理后的吸收液转移至 100 mL 比色管，用少量水冲洗吸收显色管，冲洗液并入比色管，液体总量不超过 60 mL，具塞备用。

5. 分析测试

5.1 校准曲线的绘制

取 9 支 100 mL 具塞比色管，各加入 20 mL 乙酸锌-乙酸钠溶液（2.10），分别取 0mL、0.50 mL、1.00 mL、2.00 mL、3.00 mL、4.00 mL、5.00 mL、6.00 mL、7.00 mL 的硫化钠标准使用液（2.16）置于 100 mL 比色管中，加水至 60 mL，沿比色管壁缓慢加入对氨基二甲基苯胺溶液（2.5）10 mL，立即密塞。并缓慢颠倒一次，加硫酸铁铵溶液（2.4）1 mL，立即密塞，充分摇匀。10 min 后，用水稀释至标线，混匀。用 1cm 比色皿，以水为参比，在 665 nm 处测量吸光度，同时做空白试验。

以测定的各标准溶液扣除空白试验的吸光度为纵坐标，对应的标准溶液中硫离子的含量（μg）为横坐标，绘制校准曲线。

注 3：浓度点可根据实际情况适当增减，但不得少于 5 个点（零浓度除外）。绘制校准曲线，移取

硫化钠标准使用液时，每一个标准点均需混匀使用液后方才移液。*N,N*-二甲基对苯二胺溶液加入一定要沿试管壁缓慢加入，立即密塞，缓慢颠倒的速度一定要慢，不能剧烈摇晃，速度过快容易造成硫化物损失；沿试管壁加入硫酸铁铵溶液，要迅速闭盖，同时要快速摇匀，让反应充分进行。

5.2 水样测定

将备用至比色管的吸收液样品，加水至60 mL，以下操作同校准曲线绘制，并以水代替试样，按相同操作步骤，进行空白试验，以此对试样做空白校正。

5.3 计算

样品中硫化物（S^{2-}）的含量按式（19-3）进行计算：

$$C=\frac{m}{V} \tag{19-3}$$

式中：C——样品中硫化物的含量，mg/L；

m——从校准曲线上查出的试样中硫化物的含量，μg；

V——水样体积，mL。

当测定结果＜1.00 mg/L时，保留至小数点后三位；当测定结果≥1.00 mg/L时，保留三位有效数字。

6．质量保证和质量控制

6.1 空白试验

空白吸光度一般不超过0.015 。

6.2 准确度控制

每批样品（≤20个），应至少测定一个基体加标样品或者有证标准样品，有证标准样品的测定值应在允许范围内。

7．引用标准

《水质 硫化物的测定 亚甲基蓝分光光度法》（GB/T 16489—1996）

编写人员：

许秀艳（中国环境监测总站）

王文雷（山东省环境监测中心站）

李　晶（山东省环境监测中心站）

高愈霄（中国环境监测总站）

二十、粪大肠菌群的测定

（一）水质　粪大肠菌群的测定　多管发酵法

1．原理

粪大肠菌群是总大肠菌群中的一部分，主要来自粪便。在 44.5℃下能生长并发酵乳糖产酸产气的大肠菌群称为粪大肠菌群。用提高培养温度的方法，造成不利于来自自然环境的大肠菌群生长的条件，使培养出来的菌主要来自粪便中的大肠菌群，从而更准确地反映出水质受粪便污染的情况。

多管发酵法是通过对水样进行振荡后，使细菌在其中均匀分布，然后对水样进行适当的稀释和接种，在特定的温度下，细菌分解乳糖产酸使培养液 pH 降低，溴甲酚紫指示剂由紫色变黄色，指示产酸；在适宜的 pH 范围内，细菌的脱氢酶催化底物分解产生气体，利用倒管指示产气。对样品进行两次发酵进行测定。观察到的阳性结果通过概率统计或查 MPN 表，以最可能数（MPN）的方式来记载测定结果。

2．培养基和试剂

本方法所用试剂除另有注明外，均为符合国家标准的分析纯化学试剂；实验用水为新制备的去离子水或蒸馏水。

2.1 单倍乳糖蛋白胨培养液

成分：	蛋白胨	10 g
	牛肉浸膏	3 g
	乳糖	5 g
	氯化钠	5 g
	1.6%溴甲酚紫乙醇溶液	1 mL
	蒸馏水	1 000 mL

制法：将蛋白胨、牛肉浸膏、乳糖、氯化钠加热溶解于 1 000 mL 蒸馏水中，调节 pH 为 7.2～7.4，再加入 1.6%溴甲酚紫乙醇溶液 1 mL，充分混匀，分装于含有玻璃倒管的试管中，于高压蒸汽灭菌器中，在 115℃灭菌 20 min，贮存于暗处备用。

2.2 三倍乳糖蛋白胨培养液

按上述配方比例三倍（除蒸馏水外），配成三倍浓缩的乳糖蛋白胨培养液，制法同上。

2.3 EC 培养液

成分：	胰胨	20 g
	乳糖	5 g
	胆盐三号	1.5 g
	磷酸氢二钾（K_2HPO_4）	4 g

磷酸二氢钾（KH_2PO_4）　1.5 g

氯化钠　5 g

蒸馏水　1 000 mL

制法：将上述成分加热溶解，然后分装于含有玻璃倒管的试管中。置高压蒸汽灭菌器中，115℃灭菌 20 min。灭菌后 pH 应为 6.9。

注 1：玻璃倒管应倒置放入试管中。

如果选用商品化即用型或脱水型培养基，应对照上述自配培养液组成成分选择合适的乳糖蛋白胨培养基和 EC 培养基。

2.4 培养基的存放：在密封瓶中的脱水培养基开封后尽快使用，要存放在大气湿度低、温度低于 30℃的暗处。配制培养液的量，以能在一周内用完为好。配好的培养液存放时应避免阳光直接照射，要避免杂菌侵入和液体蒸发。当培养液颜色变化或体积变化明显时废弃不用。放置在低温或冰箱中的液体培养基有可能会有空气溶解进去，导致培养过程中在玻璃倒管中造成空气泡。因此，低温存放的试管，应在使用前过夜培养，弃去有气泡的管子。

2.5 粪大肠菌群测定培养基质量鉴定

2.5.1 商品外包装应密封完好。

2.5.2 自制培养基应按照配方准备配制，并记录相关信息，如培养基名称、类型、每个成分物质含量、制造商、批号、pH、培养基（分装体积）、无菌措施、配制日期、人员等，以便溯源。

2.5.3 商品化即用型培养基的生产厂如果经过 ISO 9001 体系认证或满足相应质量要求，应提供相应的资质证明。使用者不必再进行大量的培养基测试工作，但应严格按照供应商提供贮存条件、有效期和使用方法进行保存和使用。

2.5.4 商品化脱水合成培养基应严格按照厂商提供的使用说明配制。如重量（体积）、pH、制备日期、灭菌条件和操作步骤等。

2.5.5 应从每批制备好的培养基中选取部分样品进行污染测试。

2.5.6 有条件地区按“5.4”中的方法对每批次制备好的培养基应用标准菌株（具典型反应特性的强阳性菌株、阴性菌株）进行测试，还可考虑用实际样品进行测试，以更好地保证培养基的质量。

2.6 无菌水：用新制备的去离子水或蒸馏水，按无菌操作要求，121℃高压蒸汽灭菌 20 min，备用。

3. 仪器和设备

3.1 恒温培养箱：37℃±0.5℃。

3.2 恒温培养箱或恒温水浴箱：44.5℃±0.5℃。

3.3 高压蒸汽灭菌器：121℃、101.3 kPa。

3.4 冰箱：0～4℃。

3.5 移液管：1 mL、10 mL、100 mL。

3.6 试管：ϕ15 mm×150 mm（1 mL 水样）；ϕ25 mm×200 mm（10 mL 水样）。

3.7 玻璃倒管：ϕ6 mm×35 mm（1 mL 水样）；ϕ8 mm×50 mm（10 mL 水样）。

3.8 pH 计：精确到 0.1 pH。

3.9 接种环：ϕ>3 mm 能进行火焰灭菌的金属丝接种环，或者一次性的灭菌包装接种环（棉棒）。

注 2：移液管、试管、采样瓶等玻璃器皿及采样器具试验前要按无菌操作要求包扎，121℃高压蒸汽灭菌 20 min，烘干，备用。

4．分析测试

4.1 水样接种量

将水样充分混匀后，根据水样污染的程度确定水样接种量。

4.1.1 清洁水样

接种水样 100 mL 于 50 mL 三倍乳糖蛋白胨培养液中，共接种 2 支；接种水样 10 mL 于 5 mL 三倍乳糖蛋白胨培养液中，共接种 10 支。

4.1.2 不同程度污染水样

将水样充分混匀后，根据水样污染的程度确定水样接种量。每个样品至少用三个不同的水样量接种。同一接种水样量要有五管。

相对未受污染的水样接种量为 10 mL、1 mL、0.1 mL。受污染水样接种量根据污染程度接种 1 mL、0.1 mL、0.01 mL 或 0.1 mL、0.01 mL、0.001 mL 等。使用的水样量可参考表 20-1。

表 20-1　接种用水量参考表

水样类型	接种量/mL				
	10	1	0.1	10^{-2}	10^{-3}
未受污染的河水和湖水、水源水	▲	▲	▲		
污染的河水和湖水		▲	▲	▲	
严重污染的地表水			▲	▲	▲

如接种体积为 10 mL，则试管内应装有三倍浓度乳糖蛋白胨培养液 5 mL；如接种量为 1 mL 或少于 1 mL，则可接种于普通浓度的乳糖蛋白胨培养液 10 mL 中。

接种量小于 1 mL 时，水样应制成稀释样品后使用。接种量为 0.1 mL、0.01 mL 时，分别制成 1∶10 稀释样品、1∶100 稀释样品。其他接种量的稀释样品依次类推。

1∶10 稀释样品的制作方法为：吸取 1 mL 水样，注入盛有 9 mL 无菌水的试管中，混匀，制成 1∶10 稀释样品。其他稀释度的稀释样品同法制作。

吸取不同浓度的稀释液时，必须更换移液管。

4.2 初发酵试验

将水样分别接种到盛有乳糖蛋白胨培养液的发酵管中。在 37℃±0.5℃下培养

24 h±2 h。产酸和产气的发酵管表明试验阳性。如在倒管内产气不明显，可轻拍试管，有小气泡升起的为阳性。

4.3 复发酵试验

轻微振荡初发酵试验阳性结果的发酵管，用 3 mm 接种环或灭菌棒将培养物转接到 EC 培养液中。在 44.5℃±0.5℃温度下培养 24 h±2 h（如果使用恒温水浴箱，则水浴箱的水面应高于试管中培养基液面）。接种后所有发酵管必须在 30 min 内放进培养箱或水浴箱中。培养后立即观察，玻璃倒管产气则证实为粪大肠菌群阳性。

4.4 结果的计算

根据不同接种量的发酵管所出现阳性结果的数目，从 MPN 表中查得每升水样中的粪大肠菌群。接种水样为 100 mL 2 份、10 mL 10 份、总量 300 mL 时，查表 20-2 中 MPN 可得每升水样中的粪大肠菌群；接种 5 份 10 mL 水样、5 份 1 mL 水样、5 份 0.1 mL 水样时，查表 20-3 得 MPN 指数，再乘 10 可得每升水样中的粪大肠菌群。

表 20-2　12 管法最可能数（MPN）表

（接种 2 份 100 mL 水样，10 份 10 mL 水样，总量 300 mL）

10 mL 水量的阳性管数	100 mL 水量的阳性瓶数		
	0	1	2
	1 L 水样中粪大肠菌群数	1 L 水样中粪大肠菌群数	1 L 水样中粪大肠菌群数
0	＜3	4	11
1	3	8	18
2	7	13	27
3	11	18	38
4	14	24	52
5	18	30	70
6	22	36	92
7	27	43	120
8	31	51	161
9	36	60	230
10	40	69	＞230

表 20-3　15 管法最可能数（MPN）表

（接种 5 份 10 mL 水样、5 份 1 mL 水样、5 份 0.1 mL 水样）

各接种量阳性份数			MPN/100 mL	95%置信限		各接种量阳性份数			MPN/100 mL	95%置信限	
10 mL	1 mL	0.1 mL		下限	上限	10 mL	1 mL	0.1 mL		下限	上限
0	0	0	＜2			3	0	0	8	1	19
0	0	1	2	＜0.5	7	3	0	1	11	2	25
0	0	2	4	＜0.5	7	3	0	2	13	3	31
0	0	3	5			3	0	3	16		
0	0	4	7			3	0	4	20		

各接种量阳性份数			MPN/100 mL	95%置信限		各接种量阳性份数			MPN/100 mL	95%置信限	
10 mL	1 mL	0.1 mL		下限	上限	10 mL	1 mL	0.1 mL		下限	上限
0	0	5	9			3	0	5	23		
0	1	0	2	<0.5	7	3	1	0	11	2	25
0	1	1	4	<0.5	11	3	1	1	14	4	34
0	1	2	6	<0.5	15	3	1	2	17	5	46
0	1	3	7			3	1	3	20	6	60
0	1	4	9			3	1	4	23		
0	1	5	11			3	1	5	27		
0	2	0	4	<0.5	11	3	2	0	14	4	34
0	2	1	6	<0.5	15	3	2	1	17	5	46
0	2	2	7			3	2	2	20	6	60
0	2	3	9			3	2	3	24		
0	2	4	11			3	2	4	27		
0	2	5	13			3	2	5	31		
0	3	0	6	<0.5	15	3	3	0	17	5	46
0	3	1	7			3	3	1	21	7	63
0	3	2	9			3	3	2	24		
0	3	3	11			3	3	3	28		
0	3	4	13			3	3	4	32		
0	3	5	15			3	3	5	36		
0	4	0	8			3	4	0	21	7	63
0	4	1	9			3	4	1	24	8	72
0	4	2	11			3	4	2	28		
0	4	3	13			3	4	3	32		
0	4	4	15			3	4	4	36		
0	4	5	17			3	4	5	40		
0	5	0	9			3	5	0	25	8	75
0	5	1	11			3	5	1	29		
0	5	2	13			3	5	2	32		
0	5	3	15			3	5	3	37		
0	5	4	17			3	5	4	41		
0	5	5	19			3	5	5	45		
1	0	0	2	<0.5	7	4	0	0	13	3	31
1	0	1	4	<0.5	11	4	0	1	17	5	46
1	0	2	6	<0.5	15	4	0	2	21	7	63
1	0	3	8	1	19	4	0	3	25	8	75
1	0	4	10			4	0	4	30		
1	0	5	12			4	0	5	36		
1	1	0	4	<0.5	11	4	1	0	17	5	46
1	1	1	6	<0.5	15	4	1	1	21	7	63
1	1	2	8	1	19	4	1	2	26	9	78

各接种量阳性份数			MPN/100 mL	95%置信限		各接种量阳性份数			MPN/100 mL	95%置信限	
10 mL	1 mL	0.1 mL		下限	上限	10 mL	1 mL	0.1 mL		下限	上限
1	1	3	10			4	1	3	31		
1	1	4	12			4	1	4	36		
1	1	5	14			4	1	5	42		
1	2	0	6	<0.5	15	4	2	0	22	7	67
1	2	1	8	1	19	4	2	1	26	9	78
1	2	2	10	2	23	4	2	2	32	11	91
1	2	3	12			4	2	3	38		
1	2	4	15			4	2	4	44		
1	2	5	17			4	2	5	50		
1	3	0	8	1	19	4	3	0	27	9	80
1	3	1	10	2	23	4	3	1	33	11	93
1	3	2	12			4	3	2	39	13	110
1	3	3	15			4	3	3	45		
1	3	4	17			4	3	4	52		
1	3	5	19			4	3	5	59		
1	4	0	11	2	25	4	4	0	34	12	93
1	4	1	13			4	4	1	40	14	110
1	4	2	15			4	4	2	47		
1	4	3	17			4	4	3	54		
1	4	4	19			4	4	4	62		
1	4	5	22			4	4	5	69		
1	5	0	13			4	5	0	41	16	120
1	5	1	15			4	5	1	48		
1	5	2	17			4	5	2	56		
1	5	3	19			4	5	3	64		
1	5	4	22			4	5	4	72		
1	5	5	24			4	5	5	81		
2	0	0	5	<0.5	13	5	0	0	23	7	70
2	0	1	7	1	17	5	0	1	31	11	89
2	0	2	9	2	21	5	0	2	43	15	110
2	0	3	12	3	28	5	0	3	58	19	140
2	0	4	14			5	0	4	76	24	180
2	0	5	16			5	0	5	95		
2	1	0	7	1	17	5	1	0	33	11	93
2	1	1	9	2	21	5	1	1	46	16	120
2	1	2	12	3	28	5	1	2	63	21	150
2	1	3	14			5	1	3	84	26	200
2	1	4	17			5	1	4	110		
2	1	5	19			5	1	5	130		
2	2	0	9	2	21	5	2	0	49	17	130

各接种量阳性份数			MPN/100 mL	95%置信限		各接种量阳性份数			MPN/100 mL	95%置信限	
10 mL	1 mL	0.1 mL		下限	上限	10 mL	1 mL	0.1 mL		下限	上限
2	2	1	12	3	28	5	2	1	70	23	170
2	2	2	14	4	34	5	2	2	94	28	220
2	2	3	17			5	2	3	120	33	280
2	2	4	19			5	2	4	150	38	370
2	2	5	22			5	2	5	180	44	520
2	3	0	12	3	28	5	3	0	79	25	190
2	3	1	14	4	34	5	3	1	110	31	250
2	3	2	17			5	3	2	140	37	340
2	3	3	20			5	3	3	180	44	500
2	3	4	22			5	3	4	210	53	670
2	3	5	25			5	3	5	250	77	790
2	4	0	15	4	37	5	4	0	130	35	300
2	4	1	17			5	4	1	170	43	490
2	4	2	20			5	4	2	220	57	700
2	4	3	23			5	4	3	280	90	850
2	4	4	25			5	4	4	350	120	1 000
2	4	5	28			5	4	5	430	150	1 200
2	5	0	17			5	5	0	240	68	750
2	5	1	20			5	5	1	350	120	1 000
2	5	2	23			5	5	2	540	180	1 400
2	5	3	26			5	5	3	920	300	3 200
2	5	4	29			5	5	4	1 600	640	5 800
2	5	5	32			5	5	5	≥2 400	800	

如果接种的水样不是 10 mL、1 mL、0.1 mL，而是较低的或较高的三个浓度的水样量，也可查 MPN 表求得 MPN 值，按式（20-1）换算并报告 1 L 水样中粪大肠菌群数。

$$C = \frac{100 \times M}{Q} \tag{20-1}$$

式中：C——水样粪大肠菌群浓度（MPN/L）；

M——查 MPN 表得到的 MPN 值（MPN/100 mL）；

Q——实际水样最大接种量（mL）；

100——为 10×10 mL，其中，10 将 MPN 值的单位 MPN/100mL 转换为 MPN/L，10 mL 为 MPN 表中最大接种量。

当测试结果≥100 时，以科学计数法表示；当测试结果＜100 时，按实际有效位数保留，测试结果的单位为 MPN/L。

5．质量保证和质量控制

5.1 应使用质量鉴定合格的培养基。

5.2 每月对实验用水做一次细菌学分析质量检测。

5.3 每批样品（≤20 个）应用无菌水做全程序空白和实验室空白测定，培养后的培养液不得有任何变化，否则，该次样品测定结果无效，应查明原因后重新测定。

5.4 有条件地区每批样品（≤20 个）建议使用有证标准菌株进行阳性、阴性对照试验。粪大肠菌群测定的阳性菌株为大肠埃希氏菌（Escherichia coli），阴性菌株为产气肠杆菌（Enterobacter aerogenes）。标准菌株繁殖必须在 6 代以内。

上述标准菌株均制成浓度为 300～3 000 个/mL 的菌悬液，分别取相应水量的菌悬液接种，阳性与阴性菌株各一支，按要求培养，大肠埃希氏菌应呈现阳性反应，产气肠杆菌应呈现阴性反应。否则，该次样品测定结果无效，应查明原因后重新测定。

注 3：可先制备较高浓度菌悬液，采用血球计数器在显微镜下对其浓度进行初步测定，然后根据实际情况用无菌水稀释至 300～3 000 个/mL。

5.5 培养箱放置的房间温度应比培养箱使用温度低，并在使用时内部放置一个精确的自动记录温度仪监控实验温度变化。

5.6 有条件地区每次灭菌时，建议使用高压蒸汽高温灭菌指示胶带，如变色不均匀或不彻底会提示未达到灭菌条件。每月使用孢子悬浮液或孢子试条，如嗜热脂肪杆菌芽胞菌片进行灭菌效果检测。（定期检定灭菌设备）

5.7 灭菌后的采样瓶，两周内未使用，需重新灭菌。

6. 废物处理

使用后的器皿及废弃物须经 121℃高压蒸汽灭菌 20 min 后，器皿方可清洗，废弃物作为普通垃圾处置。

7. 引用标准

《水质 粪大肠菌群的测定 多管发酵法和滤膜法》（HJ/T 347—2007）

编写人员：

许人骥（中国环境监测总站）
张小琼（常州市环境监测中心）
徐东炯（常州市环境监测中心）
朱冰川（无锡市环境监测中心站）

（二）水质 粪大肠菌群的测定 纸片快速法

1. 方法原理

将一定量的乳糖、指示剂（溴甲酚紫和 2,3,5-氯化三苯基四氮唑即 TTC）以及营养成分等吸附于一定面积的无菌滤纸上，当细菌生长繁殖时，产酸使 pH 降低，溴甲酚紫指示剂由紫色变黄色，同时，产气过程相应的脱氢酶在适宜的 pH 范围内，催化底物脱氢还原 TTC 形成红色的不溶性三苯甲臜（TTF），即可在产酸后的黄色背景下显示出红色斑点（或红晕）。在无菌条件下，按照 MPN 的原理和水样来源稀释成三个浓度，分别接种 5 张纸片，44.5℃培养 24 h，观察纸片上通过上述指示剂的颜色变化就可对是否产酸产气作出判断，从而确定是否有粪大肠菌群存在，再通过查 MPN 表就可得出相应粪大肠菌群的浓度值。

2. 试剂和材料

除非另有说明，否则分析时均使用符合国家标准的分析纯化学试剂。

2.1 市售水质粪大肠菌群测试纸片，按以下方法进行质量鉴定，达到要求后方可使用。

2.1.1 外层铝箔包装袋应密封完好，内包装聚丙烯塑膜袋无破损。

2.1.2 纸片外观应整洁无毛边，无损坏，呈均匀淡青紫色，加去离子水或蒸馏水后呈紫色，无论加水与否，应无杂色斑点，无明显变形，表面平整。

2.1.3 纸片加入相应水样，充分浸润、吸收后，将内包装聚丙烯塑膜袋倒置，袋口应无水滴悬挂。

2.1.4 纸片以去离子水或蒸馏水充分润湿后，其 pH 应在 7.0～7.4。

2.1.5 纸片和内包装聚丙烯塑膜袋应无菌，加入相应水量的无菌水，44.5℃±0.5℃培养 24 h 后，纸片应无微生物生长，其紫色保持不变，且无红斑出现。

2.1.6 按 6.3 中的方法进行粪大肠菌群阴性、阳性标准菌株检验，其特性应符合要求。

2.2 无菌水：用新制备的去离子水或蒸馏水，按无菌操作要求，121℃高压蒸汽灭菌 20min，备用。

3. 仪器和设备

3.1 恒温培养箱：44.5℃±0.5℃。

3.2 高压蒸汽灭菌器：121℃、101.3 kPa。

3.3 冰箱：0～4℃。

3.4 移液管：1 mL、10 mL。

3.5 试管：ϕ15 mm×150 mm。

4. 分析测试

以下步骤均按微生物检测通用技术要求，进行无菌操作。

4.1 接种

4.1.1 接种量

每个样品按三个不同的接种量接种，每个接种量分别接种 5 张纸片，共接种 15 张纸片。

根据水样的污染程度确定接种量，其原则是最低稀释度的 5 张纸片为阳性，而最高稀释度的 5 张纸片为阴性，避免出现所有纸片的三个稀释度全部为阳性或者阴性的情况。

清洁水样的参考接种量分别为 10 mL、1 mL、0.1 mL，受污染水样参考接种量根据污染程度可接种 1 mL、0.1 mL、0.01 mL 或 0.1 mL、0.01 mL、0.001 mL 等，见表 20-4。

表 20-4　水样接种量参考表

水样类型	接种量/mL						
	10	1	0.1	10^{-2}	10^{-3}	10^{-4}	10^{-5}
湖水、水源水	▲	▲	▲				
河水			▲	▲	▲		
生活污水					▲	▲	▲

接种量小于 1 mL 时，水样应制成稀释样品后使用。接种量为 0.1 mL、0.01 mL 时，分别制成 1∶10 稀释样品、1∶100 稀释样品。其他接种量的稀释样品依次类推。

1∶10 稀释样品的制作方法为：吸取 1 mL 水样，注入盛有 9 mL 无菌水的试管中，混匀，制成 1∶10 稀释样品。其他稀释度的稀释样品同法制作。

4.1.2 水样接种

水样充分混匀，在无菌操作条件下，按无菌操作要求制作稀释水样及接种水样。

清洁水样，接种水样总量为 55.5 mL，10 mL 水样量纸片 5 张，每张接种水样 10 mL，1 mL 水样量纸片 10 张，其中 5 张各接种水样 1 mL，另 5 张各接种 1∶10 的稀释水样 1 mL。受污染水样，接种 3 个不同稀释度的 1 mL 稀释水样各 5 张。

接种水样应均匀涂布于纸片上，纸片充分浸润、吸收水样，做好标记。

4.2 培养

测粪大肠菌群时，在 44.5℃±0.5℃的条件下培养 18～24 h 后观察结果。检测粪大肠菌群时，纸片接种后应立即放置于 44.5℃±0.5℃的恒温培养箱中培养，在常温下放置过久将影响检测结果的准确性。

4.3 对照实验

有条件地区可以考虑实验过程中使用有证标准菌株进行阳性、阴性对照试验。粪大肠菌群测定的阳性菌株为大肠埃希氏菌（Escherichia *coli*），阴性菌株为产气肠杆菌（Enterobacter *aerogenes*）。

上述标准菌株均制成浓度为 300～3 000 个/mL 的菌悬液，分别取相应水量的菌悬液接种纸片，阳性与阴性菌株各 5 张，按“4.2 培养”一节的要求培养，大肠埃希氏菌应呈现阳性反应；产气肠杆菌应呈现阴性反应。否则，该次样品测定结果无效，应查明原因后重新测定。

注 1：可先制备较高浓度菌悬液，采用血球计数器在显微镜下对其浓度进行初步测定，然后根据实际情况用无菌水稀释至 300～3 000 个/mL。

4.4 结果判读

（1）纸片上出现红斑或红晕且周围变黄，为阳性。

（2）纸片全片变黄，无红斑或红晕，为阳性。

（3）纸片部分变黄，无红斑或红晕，为阴性。

（4）纸片的紫色背景上出现红斑或红晕，而周围不变黄，为阴性。

（5）纸片无变化，为阴性。

结果判读参照图片见附录 A。

5．结果计算与表示

5.1 结果计算

根据不同接种量的阳性纸片数量，查 MPN 表（附录 B），按式（20-2）换算并报告 1L 水样中粪大肠菌群数。

$$C = \frac{100 \times M}{Q} \qquad (20\text{-}2)$$

式中：C——水样粪大肠菌群浓度（MPN/L）；

M——查 MPN 表得到的 MPN 值（MPN/100mL）；

Q——实际水样最大接种量（mL）；

100——10×10 mL，其中，10 将 MPN 值的单位 MPN/100 mL 转换为 MPN/L，10 mL 为 MPN 表中最大接种量。

5.2 结果表示

测定结果保留两位有效数字，测定结果≥100 时以科学计数法表示，结果的单位为 MPN/L。平均值以几何平均计算。

6．质量保证和质量控制

6.1 应使用质量鉴定合格的纸片。

6.2 每批样品（≤20 个）应用无菌水做全程序空白和实验室空白测定，培养后的纸片上不得有任何颜色反应，否则，该次样品测定结果无效，应查明原因后重新测定。

6.3 有条件地区每批样品（≤20 个）建议使用有证标准菌株进行阳性、阴性对照试验。粪大肠菌群测定的阳性菌株为大肠埃希氏菌（Escherichia *coli*），阴性菌株为产气肠杆菌（Enterobacter *aerogenes*）。

上述标准菌株均制成浓度为 300～3 000 个/mL 的菌悬液，分别取相应水量的菌悬液接种纸片，阳性与阴性菌株各 5 张，按“4.2 培养”一节的要求培养，大肠埃希氏菌应呈现阳性反应；产气肠杆菌应呈现阴性反应；否则，该次样品测定结果无效，应查明原因后重新测定。

注 2：可先制备较高浓度菌悬液，采用血球计数器在显微镜下对其浓度进行初步测定，然后根据实际情况用无菌水稀释至 300～3 000 个/mL。

7．废物处理

使用后的器皿及废弃物须经 121℃高压蒸汽灭菌 20 min 后，器皿方可清洗，废弃物作为一般废物处置。

8．引用标准

《水质 总大肠菌群和粪大肠菌群的测定 纸片快速法》（HJ 755—2015）

编写人员：

张小琼（常州市环境监测中心）

徐东炯（常州市环境监测中心）

许人骥（中国环境监测总站）

附录 A
（资料性附录）
结果判定参考图片

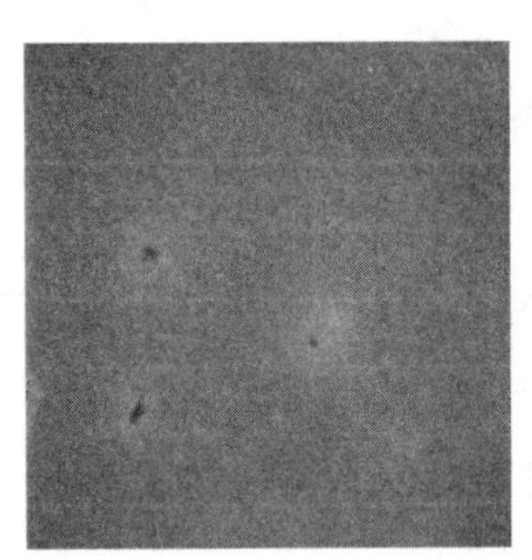
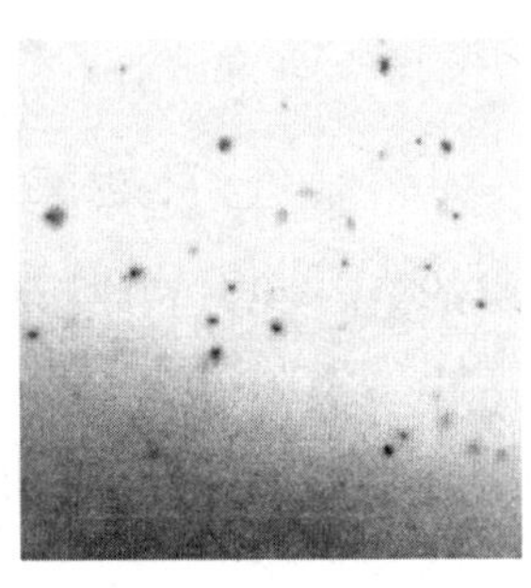
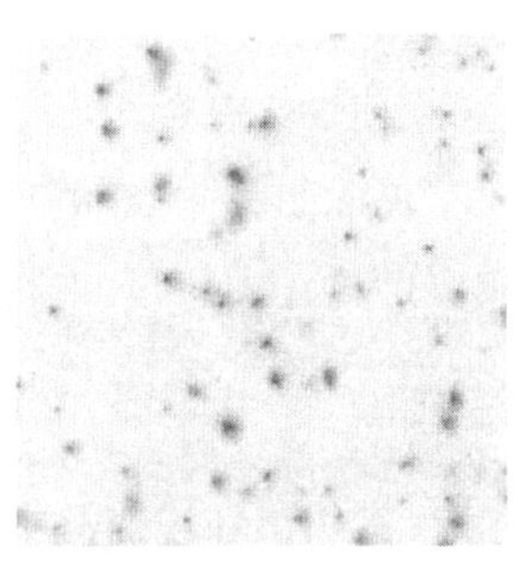

（纸片上出现红斑或红晕且周围变黄）

阳 性

（纸片全片变黄，无红斑或红晕）

阴 性

（纸片无变化）

阴 性（纸片部分变黄，无红斑或红晕）

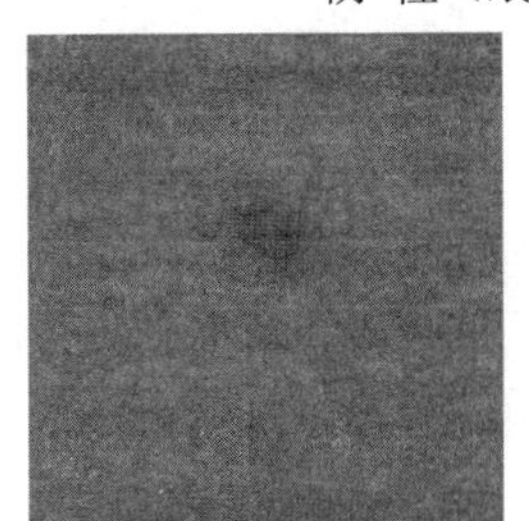
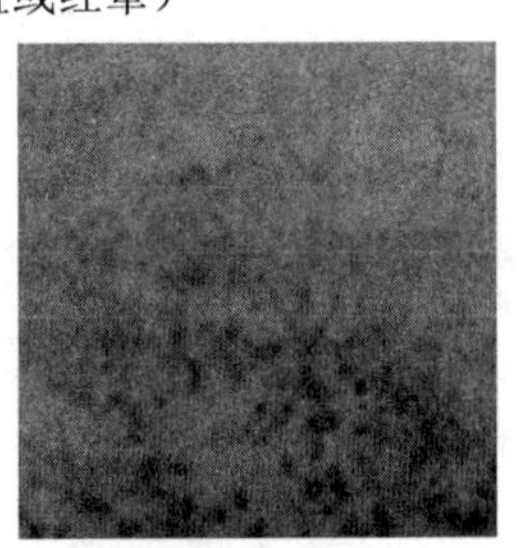

阴 性（纸片的紫色背景上出现红斑或红晕，而周围不变黄）

附录 B
（资料性附录）
最可能数（MPN）表

（水样接种量为 5 份 10mL，5 份 1mL，5 份 0.1mL）

各接种量阳性份数			MPN/100mL	95%置信限		各接种量阳性份数			MPN/100mL	95%置信限	
10mL	1mL	0.1mL		下限	上限	10mL	1mL	0.1mL		下限	上限
0	0	0	<2			3	0	0	8	1	19
0	0	1	2	<0.5	7	3	0	1	11	2	25
0	0	2	4	<0.5	7	3	0	2	13	3	31
0	0	3	5			3	0	3	16		
0	0	4	7			3	0	4	20		
0	0	5	9			3	0	5	23		
0	1	0	2	<0.5	7	3	1	0	11	2	25
0	1	1	4	<0.5	11	3	1	1	14	4	34
0	1	2	6	<0.5	15	3	1	2	17	5	46
0	1	3	7			3	1	3	20	6	60
0	1	4	9			3	1	4	23		
0	1	5	11			3	1	5	27		
0	2	0	4	<0.5	11	3	2	0	14	4	34
0	2	1	6	<0.5	15	3	2	1	17	5	46
0	2	2	7			3	2	2	20	6	60
0	2	3	9			3	2	3	24		
0	2	4	11			3	2	4	27		
0	2	5	13			3	2	5	31		
0	3	0	6	<0.5	15	3	3	0	17	5	46
0	3	1	7			3	3	1	21	7	63
0	3	2	9			3	3	2	24		
0	3	3	11			3	3	3	28		
0	3	4	13			3	3	4	32		
0	3	5	15			3	3	5	36		
0	4	0	8			3	4	0	21	7	63
0	4	1	9			3	4	1	24	8	72
0	4	2	11			3	4	2	28		
0	4	3	13			3	4	3	32		
0	4	4	15			3	4	4	36		
0	4	5	17			3	4	5	40		
0	5	0	9			3	5	0	25	8	75
0	5	1	11			3	5	1	29		
0	5	2	13			3	5	2	32		
0	5	3	15			3	5	3	37		

各接种量阳性份数			MPN/100mL	95%置信限		各接种量阳性份数			MPN/100mL	95%置信限	
10mL	1mL	0.1mL		下限	上限	10mL	1mL	0.1mL		下限	上限
0	5	4	17			3	5	4	41		
0	5	5	19			3	5	5	45		
1	0	0	2	<0.5	7	4	0	0	13	3	31
1	0	1	4	<0.5	11	4	0	1	17	5	46
1	0	2	6	<0.5	15	4	0	2	21	7	63
1	0	3	8	1	19	4	0	3	25	8	75
1	0	4	10			4	0	4	30		
1	0	5	12			4	0	5	36		
1	1	0	4	<0.5	11	4	1	0	17	5	46
1	1	1	6	<0.5	15	4	1	1	21	7	63
1	1	2	8	1	19	4	1	2	26	9	78
1	1	3	10			4	1	3	31		
1	1	4	12			4	1	4	36		
1	1	5	14			4	1	5	42		
1	2	0	6	<0.5	15	4	2	0	22	7	67
1	2	1	8	1	19	4	2	1	26	9	78
1	2	2	10	2	23	4	2	2	32	11	91
1	2	3	12			4	2	3	38		
1	2	4	15			4	2	4	44		
1	2	5	17			4	2	5	50		
1	3	0	8	1	19	4	3	0	27	9	80
1	3	1	10	2	23	4	3	1	33	11	93
1	3	2	12			4	3	2	39	13	110
1	3	3	15			4	3	3	45		
1	3	4	17			4	3	4	52		
1	3	5	19			4	3	5	59		
1	4	0	11	2	25	4	4	0	34	12	93
1	4	1	13			4	4	1	40	14	110
1	4	2	15			4	4	2	47		
1	4	3	17			4	4	3	54		
1	4	4	19			4	4	4	62		
1	4	5	22			4	4	5	69		
1	5	0	13			4	5	0	41	16	120
1	5	1	15			4	5	1	48		
1	5	2	17			4	5	2	56		
1	5	3	19			4	5	3	64		
1	5	4	22			4	5	4	72		
1	5	5	24			4	5	5	81		
2	0	0	5	<0.5	13	5	0	0	23	7	70
2	0	1	7	1	17	5	0	1	31	11	89

各接种量阳性份数			MPN/100mL	95%置信限		各接种量阳性份数			MPN/100mL	95%置信限	
10mL	1mL	0.1mL		下限	上限	10mL	1mL	0.1mL		下限	上限
2	0	2	9	2	21	5	0	2	43	15	110
2	0	3	12	3	28	5	0	3	58	19	140
2	0	4	14			5	0	4	76	24	180
2	0	5	16			5	0	5	95		
2	1	0	7	1	17	5	1	0	33	11	93
2	1	1	9	2	21	5	1	1	46	16	120
2	1	2	12	3	28	5	1	2	63	21	150
2	1	3	14			5	1	3	84	26	200
2	1	4	17			5	1	4	110		
2	1	5	19			5	1	5	130		
2	2	0	9	2	21	5	2	0	49	17	130
2	2	1	12	3	28	5	2	1	70	23	170
2	2	2	14	4	34	5	2	2	94	28	220
2	2	3	17			5	2	3	120	33	280
2	2	4	19			5	2	4	150	38	370
2	2	5	22			5	2	5	180	44	520
2	3	0	12	3	28	5	3	0	79	25	190
2	3	1	14	4	34	5	3	1	110	31	250
2	3	2	17			5	3	2	140	37	340
2	3	3	20			5	3	3	180	44	500
2	3	4	22			5	3	4	210	53	670
2	3	5	25			5	3	5	250	77	790
2	4	0	15	4	37	5	4	0	130	35	300
2	4	1	17			5	4	1	170	43	490
2	4	2	20			5	4	2	220	57	700
2	4	3	23			5	4	3	280	90	850
2	4	4	25			5	4	4	350	120	1 000
2	4	5	28			5	4	5	430	150	1 200
2	5	0	17			5	5	0	240	68	750
2	5	1	20			5	5	1	350	120	1 000
2	5	2	23			5	5	2	540	180	1 400
2	5	3	26			5	5	3	920	300	3 200
2	5	4	29			5	5	4	1 600	640	5 800
2	5	5	32			5	5	5	≥2 400	800	

二十一、叶绿素 a 的测定

水质　叶绿素 a 的测定　分光光度法

1．方法原理

将一定量水样用滤膜过滤，以 90%丙酮为提取液研磨提取水中的叶绿素，离心后测定其在 750 nm、664 nm、647 nm、630 nm 波长下的吸光度值，计算叶绿素 a 的含量。当水样体积为 200 mL、使用 10 mm 比色皿时，本方法的检出限为 2 μg/L，测定下限为 8 μg/L。

2．试剂和材料

除非另有说明，否则分析时均使用符合国家标准的分析纯化学试剂，实验用水为新制备的去离子水或蒸馏水。

2.1 丙酮：分析纯或色谱纯。

2.2 丙酮溶液：ϕ（$CH_3CO(CH_3)$=90%。在 900 mL 丙酮（2.1）中加入 100 mL 水。

2.3 碳酸镁：粉末状。

2.4 碳酸镁悬浊液：ω（$MgCO_3$）=1%。称取 1.0 g 碳酸镁（2.3），加入 100 mL 去离子水，搅拌成悬浊液（使用前充分摇匀）。

2.5 玻璃纤维滤膜：孔径为 0.7 μm。

3．仪器和设备

3.1 采样瓶：1 L 具磨口塞的棕色玻璃细口瓶或深色聚乙烯瓶。

3.2 可见分光光度计。

3.3 离心机：相对离心力 1 000×g（转速 3 000～4 000 r/min）。

3.4 玻璃抽滤器。

3.5 真空泵。

3.6 比色皿：10 mm。

3.7 具塞刻度玻璃离心管：体积为 15 mL，旋盖以不与丙酮反应为宜。

3.8 玻璃组织研磨器、玻璃研钵或其他组织细胞破碎器。

3.9 符合国家标准的 A 级玻璃量器：量筒（100 mL、250 mL、500 mL）。

3.10 针式滤器：0.45 μm 聚四氟乙烯有机相针式滤器。

3.11 培养皿。

3.12 铝箔。

4．前处理

4.1 过滤

将滤膜（2.5）放置在连接有真空泵的玻璃抽滤器上，根据水体营养状态，准确量取定量体积的混匀水样进行抽滤（参考过滤水样体积见表 21-1），抽滤时负压不超过 50kPa，逐渐减压，在水样刚刚完全通过滤膜时结束抽滤，用镊子将滤膜取出，将有样品的一面对折，用滤纸吸干滤膜水分。

表 21-1　参考过滤水样体积

水体营养状态	贫营养	中营养	富营养
最小过滤体积/mL	1 000～500	200～100	

4.2 研磨

将抽滤后的样品滤膜放置于玻璃研钵中，加入 0.01～0.02 g 碳酸镁（2.3）及 3～4 mL 丙酮溶液（2.2），充分研磨至糊状。补加 3～4 mL 丙酮溶液（2.2）继续研磨，并重复 1～2 次，保证研磨时间 5～10 min。将完全破碎后的细胞提取液转移至刻度玻璃离心管中，用丙酮溶液（2.2）冲洗研磨器及研磨杵，一并转入离心管中，定容至 10 mL。

注 1：有条件的实验室，在保证提取效率的前提下可选择合适的电动组织研磨器研磨提取叶绿素 a。

4.3 浸泡提取

将离心管中的研磨提取液充分振荡混匀后，放置于 4℃暗处浸泡提取 2 h 以上，不超过 24 h。在浸泡过程中要颠倒摇匀 2～3 次。

4.4 离心

将离心管放入离心机中，以相对离心力 1 000×*g* 离心 10 min（转速 3 000～4 000 r/min）。取上清液用 0.45 μm 有机相针式滤器过滤，收集滤液待测。

4.5 空白试样的制备

每次实验应做实验室空白。用蒸馏水代替水样，按照与试样的制备相同步骤制备空白试样。

5．分析测试

5.1 试样测定

将上清液转移至 10 mm 比色皿中，以 90%丙酮溶液为参比溶液，分别于波长 750 nm、664 nm、647 nm、630 nm 处测量吸光度值。750 nm 波长处的吸光度值应小于 0.005，否则需重新用针式滤器过滤或离心后测定。

5.2 空白测定

按照与试样测定（5.1）相同步骤测量空白试样的吸光度。

5.3 结果计算

按式（21-1）计算提取液中叶绿素 a 的质量浓度：

$$\rho_1 = 11.85\times(A_{664}-A_{750})-1.54\times(A_{647}-A_{750})-0.08\times(A_{630}-A_{750}) \quad (21\text{-}1)$$

按式（21-2）计算水样中叶绿素 a 的质量浓度：

$$\rho = \frac{\rho_1 \cdot V_1}{V \cdot \delta} \quad (21\text{-}2)$$

式中：ρ——水样中叶绿素 a 的质量浓度，μg/L；

ρ_1——提取液中叶绿素 a 的质量浓度，mg/L；

A_{664}——提取液在 664 nm 波长下的吸光度值；

A_{647}——提取液在 647 nm 波长下的吸光度值；

A_{630}——提取液在 630 nm 波长下的吸光度值；

A_{750}——提取液在 750 nm 波长下的吸光度值；

V_1——提取液的定容体积，mL；

V——水样体积，L；

δ——比色皿光程，cm。

5.4 结果表示

测定结果报整数且不超过三位有效数字。

6. 质量保证和质量控制

6.1 空白实验

每批次样品（≤20 个）至少应做一个实验室空白，测定结果应低于方法检出限。当实验室空白高于方法检出限时，应仔细查找干扰源，及时消除，至实验室空白分析合格后，才能继续进行样品分析。

6.2 平行样品

每批样品（≤20 个）应至少测定 10%的平行双样。样品数量＜10 个时，应至少测定一个平行双样，测定结果相对偏差应＜20%。

7. 注意事项

7.1 丙酮对人体健康有一定危害，废液应妥善安全处理。

7.2 使用的玻璃器皿和比色皿均应清洁、干燥，不应用酸浸泡或洗涤。

7.3 由于叶绿素对光敏感，采样后应尽快分析，且所有操作应在低温、弱光条件下进行，实验室最好配遮光帘。

7.4 比色皿需用 90%的丙酮溶液校正后再进行测试。

7.5 离心上清液在 750 nm 波长处的吸光度值应小于 0.005，否则需要重新离心或用有机针式滤器过滤。

7.6 为保证叶绿素的提取效率，应充分研磨样品滤膜。

7.7 实验室试剂、玻璃器具等会对分析产生影响，可以通过实验室空白进行检验。

8．引用标准

《水质 叶绿素 a 的测定 分光光度法》（送审稿）

编写人员：

卢　雁（辽宁省环境监测实验中心）
王秋丽（辽宁省环境监测实验中心）
李　媛（武汉市环境监测中心）
刘　瑞（武汉市环境监测中心）
朱冰川（无锡市环境监测中心站）
项　健（无锡市环境监测中心站）

二十二、硝酸盐、亚硝酸盐的测定

（一）水质　硝酸盐、亚硝酸盐的测定　离子色谱法

本方法一般按HJ 84，进行无机阴离子的同时测定。

1. 方法原理

水质样品中的阴离子，经阴离子色谱柱交换分离，抑制型电导检测器检测，根据保留时间定性，峰高或峰面积定量。

当进样量为25 μL时，本方法可溶性硝酸根、亚硝酸根的方法检出限均为0.02 mg/L；测定下限均为0.08 mg/L。

2. 试剂

除非另有说明，否则分析时均使用符合国家标准的分析纯试剂。实验用水为电阻率≥18 MΩ·cm（25℃），并经过0.45 μm微孔滤膜过滤的去离子水。

2.1 亚硝酸钠（$NaNO_2$）：优级纯，使用前应置于干燥器中平衡24 h。

2.2 硝酸钾（KNO_3）：优级纯，使用前应于105℃±5℃干燥恒重后，置于干燥器中保存。

2.3 碳酸钠（Na_2CO_3）：使用前应于105℃±5℃干燥恒重后，置于干燥器中保存。

2.4 碳酸氢钠（$NaHCO_3$）：使用前应置于干燥器中平衡24 h。

2.5 氢氧化钠（NaOH）：优级纯。

2.6 亚硝酸根标准贮备液：ρ（NO_2^-）=1 000 mg/L。准确称取1.499 7 g亚硝酸钠（2.1）溶于适量水中，全量转入1 000 mL容量瓶，用水稀释定容至标线，混匀。转移至聚乙烯瓶中，于4℃以下冷藏、避光和密封可保存1个月。亦可购买市售有证标准物质。

2.7 硝酸根标准贮备液：ρ（NO_3^-）= 1 000 mg/L。准确称取1.630 4 g硝酸钾（2.2）溶于适量水中，全量转入1 000 mL容量瓶，用水稀释定容至标线，混匀。转移至聚乙烯瓶中，于4℃以下冷藏、避光和密封可保存6个月。亦可购买市售有证标准物质。

2.8 混合标准使用液：分别移取10.0 mL亚硝酸根标准贮备液（2.6）、100.0 mL硝酸根标准贮备液（2.7）于1 000 mL容量瓶中，用水稀释定容至标线，混匀。配制成含有10 mg/L的NO_2^-、100 mg/L的NO_3^-的混合标准使用液。

注1：混合标准使用液临用现配。

2.9 淋洗液：根据仪器型号及色谱柱说明书使用条件进行配制。以下给出的淋洗液条件供参考。

2.9.1 碳酸盐淋洗液I：c（Na_2CO_3）= 6.0 mmol/L，c（$NaHCO_3$）= 5.0 mmol/L。准确称取1.272 0 g碳酸钠（2.3）和0.840 0 g碳酸氢钠（2.4），分别溶于适量水中，全量转入

2 000 mL 容量瓶，用水稀释定容至标线，混匀。

2.9.2 碳酸盐淋洗液Ⅱ：c（Na_2CO_3）=3.2 mmol/L，c（$NaHCO_3$）=1.0 mmol/L。准确称取 0.678 4 g 碳酸钠（2.3）和 0.168 0 g 碳酸氢钠（2.4），分别溶于适量水中，全量转入 2 000 mL 容量瓶，用水稀释定容至标线，混匀。

2.9.3 氢氧根淋洗液：由仪器自动在线生成或手工配制。

2.9.3.1 氢氧化钾淋洗液：由淋洗液自动电解发生器在线生成。

2.9.3.2 氢氧化钠淋洗液：c（NaOH）= 100 mmol/L。称取 100.0 g 氢氧化钠（2.5），加入 100 mL 水，搅拌至完全溶解，于聚乙烯瓶中静置 24 h，制得氢氧化钠贮备液，于 4℃以下冷藏、避光和密封可保存 3 个月。

移取 5.20 mL 上述氢氧化钠贮备液于 1 000 mL 容量瓶中，用水稀释定容至标线，混匀后立即转移至淋洗液瓶中。可加氮气保护，以减缓碱性淋洗液吸收空气中的 CO_2 而失效。

3．仪器和设备

3.1 离子色谱仪：由离子色谱仪、操作软件及所需附件组成的分析系统。

3.1.1 色谱柱：阴离子分离柱（聚二乙烯基苯/乙基乙烯苯/聚乙烯醇基质，具有烷基季铵或烷醇季铵功能团、亲水性、高容量色谱柱）和阴离子保护柱。

3.1.2 阴离子抑制器。

3.1.3 电导检测器。

3.2 抽气过滤装置：配有孔径≤0.45 μm 醋酸纤维或聚乙烯滤膜。

3.3 一次性水系微孔滤膜针筒过滤器：孔径 0.45 μm。

3.4 一次性注射器：1～10 mL。

3.5 预处理柱：聚苯乙烯-二乙烯基苯为基质的 RP 柱或硅胶为基质键合 C_{18} 柱（去除疏水性化合物）；H 型强酸性阳离子交换柱或 Na 型强酸性阳离子交换柱（去除重金属和过渡金属离子）等类型。

注 2：所用的预处理柱应能有效去除样品基质中的疏水性化合物、重金属或过渡金属离子，同时对测定的阴离子不发生吸附。

3.6 一般实验室常用仪器和设备。

4．前处理

4.1 样品的制备

对于不含疏水性化合物、重金属或过渡金属离子等干扰物质的清洁水样，经抽气过滤装置（3.2）过滤后，可直接进样；也可用带有水系微孔滤膜针筒过滤器（3.3）的一次性注射器（3.4）进样。对含干扰物质的复杂水质样品，须用相应的预处理柱（3.5）进行有效去除后再进样。

注 3：样品经 0.45 μm 或 0.22 μm 微孔滤膜过滤，除去样品中颗粒物，防止系统堵塞。注意整个系统不要进气泡，否则会影响分离效果。

4.2 空白试样的制备：

以实验用水代替样品，按照与样品的制备（4.1）相同步骤制备实验室空白试样。

5．分析测试

5.1 离子色谱分析参考条件

根据仪器使用说明书优化测量条件或参数，可按照实际样品的基体及组成优化淋洗液浓度。以下给出的离子色谱分析条件供参考。

5.1.1 参考条件 1

阴离子分离柱（3.1.1）。碳酸盐淋洗液 I（2.9.1），流速为 1.0 mL/min，抑制型电导检测器，连续自循环再生抑制器；或者碳酸盐淋洗液 II（2.9.2），流速为 0.7 mL/min，抑制型电导检测器，连续自循环再生抑制器，CO_2 抑制器。进样量为 25 μL。

5.1.2 参考条件 2

阴离子分离柱（3.1.1）。氢氧根淋洗液（2.9.3），流速为 1.2 mL/min，梯度淋洗条件见表 22-1，抑制型电导检测器，连续自循环再生抑制器。进样量为 25 μL。

表 22-1　氢氧根淋洗液梯度程序分析条件

时间/min	A（H_2O）	B（100 mmol/L NaOH）
0	90%	10%
25	40%	60%
25.1	90%	10%
30	90%	10%

5.2 标准曲线的绘制

分别准确移取 0 mL、1.00 mL、2.00 mL、5.00 mL、10.00 mL、20.0 mL 混合标准使用液（2.8）置于一组 100 mL 容量瓶中，用水稀释定容至标线，混匀。配制成 6 个不同浓度的混合标准系列，标准系列质量浓度见表 22-2。可根据被测样品的浓度确定合适的标准系列浓度范围。按其浓度由低到高的顺序依次注入离子色谱仪，记录峰面积（或峰高）。以各离子的质量浓度为横坐标，峰面积（或峰高）为纵坐标，绘制标准曲线。

注 4：目标离子的线性范围主要受限于分离柱的离子交换容量。对于超出方法线性范围的样品，可通过稀释样品、增加或减少进样量的方式进行测定。

表 22-2　NO_2^-、NO_3^-离子标准系列质量浓度

离子名称	标准系列质量浓度/（mg/L）					
NO_2^-	0.00	0.10	0.20	0.50	1.00	2.00
NO_3^-	0.00	1.00	2.00	5.00	10.0	20.0

5.3 试样的测定

按照与绘制标准曲线相同的色谱条件（5.1）和步骤（5.2），将试样（4.1）注入离子色谱仪测定阴离子浓度，以保留时间定性，仪器响应值定量。

注5：若测定结果超出标准曲线范围，应将样品用实验用水稀释处理后重新测定；可预先稀释50～100倍后试进样，再根据所得结果选择适当的稀释倍数重新进样分析，同时记录样品稀释倍数（f）。

5.4 空白试验

按照与试样的测定（5.3）相同的色谱条件和步骤，将空白试样（4.2）注入离子色谱仪测定阴离子浓度，以保留时间定性，仪器响应值定量。

5.5 结果计算与表示

5.5.1 结果计算

样品中NO_2^-、NO_3^-的质量浓度（ρ，mg/L），按照式（22-1）进行计算：

$$\rho = \frac{h - h_0 - a}{b} \times f \qquad (22\text{-}1)$$

式中：ρ——样品中阴离子的质量浓度，mg/L；

h——试样中阴离子的峰高（或峰面积）；

h_0——实验室空白试样中阴离子的峰高（或峰面积）；

a——回归方程的截距；

b——回归方程的斜率；

f——样品的稀释倍数。

5.5.2 结果表示

当样品含量＜1 mg/L时，结果保留至小数点后三位；当样品含量≥1 mg/L时，结果保留三位有效数字。

6. 质量保证和质量控制

6.1 空白试验

每批次（≤20个）样品应至少做两个实验室空白试验，空白试验结果应低于方法检出限。否则应查明原因，重新分析直至合格之后才能测定样品。

6.2 相关性检验

标准曲线的相关系数应≥0.995，否则应重新绘制标准曲线。

6.3 连续校准

每批次（≤20个）样品，应分析一个标准曲线中间点浓度的标准溶液，其测定结果与标准曲线该点浓度之间的相对误差应≤10%。否则，应重新绘制标准曲线。

6.4 精密度控制

每批次（≤20个）样品，应至少测定10%的平行双样，样品数量＜10个时，应至少测定一个平行双样。平行双样测定结果的相对偏差应≤10%。

6.5 准确度控制

每批次（≤20个）样品，应至少测定一个加标回收率或者有证标准样品。实际样品的加标回收率应控制在80%～120%，有证标准样品的测定值应在允许范围内。

6.6 精密度

7 家实验室对含 NO_2^-、NO_3^-不同浓度水平的统一样品进行了测试，实验室内相对标准偏差范围在 0.1%～2.5%；实验室间相对标准偏差范围为 2.0%～5.1%。

6.7 准确度

7 家实验室对不同类型的水样统一基质加标样品进行了测定，加标回收率范围为 89.5%～100%。

7. 注意事项

7.1 实验中产生的废液应集中收集，妥善保管，委托有资质的单位处理。

7.2 分析废水样品时，所用的预处理柱应能有效去除样品基质中的疏水性化合物、重金属或过渡金属离子，同时对测定的阴离子不发生吸附。

8. 引用标准

《水质 无机阴离子的测定（F^-、Cl^-、NO_2^-、Br^-、NO_3^-、PO_4^{3-}、SO_3^{2-}、SO_4^{2-}） 离子色谱法》（HJ 84—2016）

编写人员：

王　梅（山东省环境监测中心站）

翟振国（山东省环境监测中心站）

（二）水质 硝酸盐氮的测定 紫外分光光度法

1．方法原理

利用硝酸根离子在 220 nm 波长处的吸收而定量测定硝酸盐氮。溶解的有机物在 220 nm 处也会有吸收，而硝酸根离子在 275 nm 处没有吸收。因此，在 275 nm 处做另一次测量，以校正硝酸盐氮值。

方法最低检出浓度为 0.08 mg/L，测定下限为 0.32 mg/L，测定上限为 4 mg/L。

2．试剂

本校准所用试剂除另外有注明外，均为符合国家标准的分析纯化学试剂；实验用水为新制备的去离子水。

2.1 氢氧化铝悬浊液：溶解 125 g 硫酸铝钾[$KAl(SO_4)_2 \cdot 12H_2O$]或硫酸铝铵[$NH_4Al(SO_4)_2 \cdot 12H_2O$]于 1 000 mL 水中，加热至 60℃，在不断搅拌中徐徐加入 55 mL 无氨水，放置约 1 h 后，移入 1 000 mL 量筒内，用水反复洗涤沉淀，最后至洗涤液中不含硝酸盐氮为止。澄清后，把上清液尽量全部倾出，只留稠的悬浮液，最后加入 100 mL 水，使用前应振荡均匀。

2.2 硫酸锌溶液：10%硫酸锌水溶液。

2.3 氢氧化钠溶液：5 mol/L。

2.4 大孔径中性树脂：CAD-40 或 XAD-2 型及类似性能的树脂。

2.5 甲醇：分析纯。

2.6 盐酸溶液：1 mol/L。

2.7 硝酸盐氮标准贮备液：称取 0.722 g 经 105～110℃干燥 2 h 的优级纯硝酸钾（KNO_3）溶于水，移入 1 000 mL 容量瓶中，稀释至标线，加 2 mL 三氯甲烷作保存剂，混匀，至少可稳定 6 个月。该标准贮备液每毫升含 0.100 mg 硝酸盐氮（以氮计）。亦可购买市售有证标准物质。

2.8 0.8%氨基磺酸溶液：避光保存于冰箱中。

3．干扰的消除

溶解的有机物、表面活性剂、亚硝酸盐氮、六价铬、溴化物、碳酸氢盐和碳酸盐等干扰测定，需进行适当的预处理。本法采用絮凝共沉淀和大孔中性吸附树脂进行处理，以排除水样中大部分常见有机物、浊度和 Fe^{3+}、Cr^{6+} 对测定的干扰。

4．仪器和设备

4.1 紫外分光光度计：具 10 mm 石英比色皿。

4.2 离子交换柱（ϕ1.4 cm，装树脂高 5～8 cm）。

吸附柱的制备：新的大孔径中性树脂（2.4）先用 200 mL 水分两次洗涤，用甲醇（2.5）

浸泡过夜，弃去甲醇，再用 40 mL 甲醇（2.5）分两次洗涤，然后用新鲜去离子水洗到柱中流出液滴落于烧杯中无乳白色为止。树脂装入柱中时，树脂间决不允许存在气泡。

注 1：树脂吸附容量较大，可处理 50～100 个地表水水样，应视有机物含量而异，使用多次后，可用未接触过橡胶制品的新鲜去离子水作参比，在 220 nm 和 275 nm 波长处检验，测得吸光度应接近于零。超过仪器允许误差时，需以甲醇（2.5）再生。

5. 分析测试

5.1 标准曲线的绘制

于 6 个 200 mL 容量瓶中分别加入 0 mL、0.50 mL、1.00 mL、2.00 mL、3.00 mL、4.00 mL 硝酸盐氮标准贮备液（2.7），用新鲜去离子水稀释至标线，其质量浓度分别为 0 mg/L、0.25 mg/L、0.50 mg/L、1.00 mg/L、1.50 mg/L、2.00 mg/L 硝酸盐氮。

加 1.0 mL 盐酸溶液（2.6），0.1 mL 氨基磺酸溶液（2.8）于比色管中。

使用 10 mm 石英比色皿，在 220 nm 和 275 nm 波长处，以经过树脂吸附的新鲜去离子水 50 mL 加 1 mL 盐酸溶液（2.6）为参比，测量吸光度。

由测得的吸光度减去零浓度空白的吸光度，得到校正吸光度，绘制以硝酸盐氮含量（μg）对校正吸光度的标准曲线。

5.2 水样预处理和测定

5.2.1 絮凝共沉淀

量取 200 mL 水样置于锥形瓶或者烧杯中，加入 2 mL 硫酸锌溶液（2.2），在搅拌下滴加氢氧化钠溶液（2.3），调至 pH 为 7 或者将 200 mL 水样调至 pH 为 7 后，加 4 mL 氢氧化铝悬浊液（2.1）。待絮凝胶团下沉后或经离心分离，取上清液备用。

5.2.2 经吸附树脂柱处理

吸取 100 mL 上清液分两次洗涤吸附树脂柱，以每秒 1～2 滴的流速流出，各个样品间流速保持一致，弃去初始流出液。再继续使水样上清液通过柱子，收集 50 mL 于比色管中，备用。

5.2.3 水样测定

取 50 mL 比色管中的水样，按照标准曲线相同的操作步骤测量吸光度。

注 2：树脂用 150 mL 水分三次洗涤，备用。

5.3 结果计算

硝酸盐氮的含量按式（22-2）进行计算：

$$A_{校}=A_{220}-2A_{275} \tag{22-2}$$

式中：A_{220}——220 nm 波长测得吸光度；

A_{275}——275 nm 波长测得吸光度。

求得吸光度的校正值（$A_{校}$）以后，从校准曲线中查得相应的硝酸盐氮量，即为水样测定结果（mg/L）。若水样经稀释后测定，则结果应乘以稀释倍数。测定结果小数位数与方法检出限一致，最多保留三位有效数字。

6．质量保证和质量控制

6.1 精密度控制：每批样品（≤20个）至少测定10%的平行双样，样品数量＜10个时，应测定一个平行双样，当样品含量＜0.5mg/L时，平行双样测定结果的相对偏差应≤25%。

6.2 准确度控制：每批次样品（≤20个）应至少测定一个加标等同样品或者有证标准样品，有证标准样品的测定值应在允许范围内。加标等同样品含量＜0.5mg/L 时，加标回收率为85%～115%。

7．引用标准

《水质 硝酸盐氮的测定 紫外分光光度法（试行）》（HJ/T 346—2007）

编写人员：

刘金芝（山东省环境监测中心站）

许艳芳（山东省环境监测中心站）

王文雷（山东省环境监测中心站）

（三）水质 亚硝酸盐氮的测定 分光光度法

1．方法原理

在磷酸介质中，pH 为 1.8 时，试样中的亚硝酸根离子与 4-氨基苯磺酰胺（4-aminobenzene sulfonamide）反应生成重氮盐，它再与 *N*-（1-萘基）-乙二胺二盐酸盐［*N*-（1-naphthyl-1,2-diaminoethane）］偶联生成红色染料，在 540 nm 波长处测定吸光度。

水样体积为 50 mL，使用 10 mm 比色皿时，最低检出限为 0.003 mg/L；使用 30 mm 比色皿时，最低检出限为 0.001 mg/L。

2．试剂

在测定过程中，除非另有说明，否则均使用符合国家标准或者专业标准的分析纯试剂，实验用水均为无亚硝酸盐的二次蒸馏水。

2.1 实验用水：采用下列方法之一进行制备。

2.1.1 加入高锰酸钾结晶少许于 1 L 蒸馏水中，使成红色，加氢氧化钡（或氢氧化钙）结晶至溶液呈碱性，使用硬质玻璃蒸馏器进行蒸馏，弃去最初的 50 mL 流出液，收集约 700 mL 不含锰盐的流出液，待用。

2.1.2 于 1 L 蒸馏水中加入硫酸（2.3）1 mL、硫酸锰溶液［每 100 mL 水中含有 36.4 g 硫酸锰（$MnSO_4 \cdot H_2O$）］0.2 mL，滴加 0.04%（*V*/*V*）高锰酸钾溶液至呈红色（1～3 mL），使用硬质玻璃蒸馏器进行蒸馏，弃去最初的 50 mL 馏出液，待用。

2.2 磷酸：15 mol/L，ρ=1.70 g/mL。

2.3 硫酸：18 mol/L，ρ=1.84 g/mL。

2.4 磷酸：1+9 溶液（1.5 mol/L）。溶液至少可稳定 6 个月。

2.5 显色剂：500 mL 烧杯内置入 250 mL 水和 50 mL 磷酸（2.2），加入 20.0 g 4-氨基苯磺酰胺（$NH_2C_6H_4SO_2NH_2$）。再将 1.00 g *N*-（1-萘基）-乙二胺二盐酸盐（$C_{10}H_7NHC_2H_4NH_2 \cdot 2HCl$）溶于上述溶液中，转移至 500 mL 容量瓶中，用水稀释至标线，摇匀。

此溶液贮存于棕色试剂瓶中，保存在 2～5℃，至少可稳定一个月。

注 1：本试剂有毒，避免与皮肤接触或吸入体内。

2.6 亚硝酸盐氮标准贮备溶液：C_N=250 mg/L，也可购买市售有证标准物质。

2.6.1 贮备溶液的配制：称取 1.232 g 亚硝酸钠（$NaNO_2$），溶于 150 mL 水中，定量转移至 1 000 mL 容量瓶中，用水稀释至标线，摇匀。

本溶液贮存在棕色试剂瓶中，加入 1 mL 氯仿，保存在 2～5℃，至少可稳定一个月。

2.6.2 贮备溶液的标定：在 300 mL 具塞锥形瓶中，移入高锰酸钾标准溶液（2.10）50.00 mL、硫酸（2.3）5 mL，用 50 mL 无分度吸管，使下端插入高锰酸钾溶液液面以下，加入亚硝酸盐氮标准贮备溶液（2.6）50.00 mL，轻轻摇匀，置于水浴上加热至 70～80℃，按每次 10.00 mL 的量加入足够的草酸钠标准溶液（2.11），使高锰酸钾标准溶液褪色并使过量，记录草酸钠标准溶液用量 V_2，然后用高锰酸钾标准溶液（2.10）滴定过量草酸钠至溶液呈微红色，记录高锰酸钾标准溶液总用量 V_1。

再以 50 mL 实验用水代替亚硝酸盐氮标准贮备溶液，如上操作，用草酸钠标准溶液标定高锰酸钾溶液的浓度 C_1。

按式（22-3）计算高锰酸钾标准溶液浓度 C_1（1/5KMnO$_4$：mol/L）：

$$C_1 = \frac{0.050\,0 \times V_4}{V_3} \tag{22-3}$$

式中：V_3——滴定实验用水时加入高锰酸钾标准溶液总量，mL；

V_4——滴定实验用水时加入草酸钠标准溶液总量，mL；

0.050 0——草酸钠标准溶液浓度 C（1/2$Na_2C_2O_4$），mol/L。

按式（22-4）计算亚硝酸盐氮标准贮备溶液的浓度 C_N（mg/L）：

$$C_N = \frac{(V_1 \times C_1 - 0.050\,0 \times V_2) \times 7.00 \times 1\,000}{50.00}$$

$$= 140 \times V_1 \times C_1 - 7.00 \times V_2 \tag{22-4}$$

式中：V_1——滴定亚硝酸盐氮标准贮备溶液时加入高锰酸钾标准溶液总量，mL；

V_2——滴定亚硝酸盐氮标准贮备溶液时加入草酸钠标准溶液总量，mL；

C_1——经标定的高锰酸钾标准溶液的浓度，mol/L；

7.00——亚硝酸盐氮（1/2N）的摩尔质量，mg/mol；

50.00——亚硝酸盐氮标准贮备溶液取样量，mL；

0.050 0——草酸钠标准溶液浓度 C（1/2$Na_2C_2O_4$），mol/L。

2.7 亚硝酸盐氮中间标准液：C_N=50.0 mg/L。取亚硝酸盐氮标准贮备溶液（2.6）50.00 mL 置 250 mL 容量瓶中，用水稀释至标线，摇匀。

此溶液贮于棕色瓶内，保存在 2～5℃，可稳定一星期。

2.8 亚硝酸盐氮标准工作液：C_N =1.00 mg/L。取亚硝酸盐氮中间标准液（2.7）10.00 mL 于 500 mL 容量瓶内，水稀释至标线，摇匀。此溶液临用现配。

注 2：亚硝酸盐氮中间标准液和标准工作液的浓度值，应采用贮备溶液标定后的准确浓度的计算值。

2.9 氢氧化铝悬浮液：溶解 125 g 硫酸铝钾 [$KAl(SO_4)_2 \cdot 12H_2O$] 或硫酸铝铵 [$NH_4Al(SO_4)_2 \cdot 12H_2O$] 于 1 L 一次蒸馏水中，加热至 60℃，在不断搅拌下，徐徐加入 55 mL 浓氨水，放置约 1 h 后，移入 1 L 量筒内，用一次蒸馏水反复洗涤沉淀，最后用实验用水洗涤沉淀，直至洗涤液中不含亚硝酸盐为止。澄清后，把上清液尽量全部倾出，只留稠的悬浮物，最后加入 100 mL 水。使用前应振荡均匀。

2.10 高锰酸钾标准溶液：C（1/5KMnO$_4$）=0.050 mol/L。溶解 1.6g 高锰酸钾（$KMnO_4$）于 1.2 L 水中（一次蒸馏水），煮沸 0.5～1h，使体积减少到 1 L 左右，放置过夜，用 G-3 号玻璃砂芯滤器过滤后，滤液贮存于棕色试剂瓶中避光保存。高锰酸钾标准溶液浓度按 2.6.2 第二段所述方法进行标定和计算。

2.11 草酸钠标准溶液：C（1/2$Na_2C_2O_4$）=0.050 0 mol/L。溶解经 105℃烘干 2h 的优级

纯无水草酸钠（$Na_2C_2O_4$）3.350 0 g 于 750 mL 水中，定量转移至 1 000 mL 容量瓶中，用水稀释至标线，摇匀。

2.12 酚酞指示剂：C=10 g/L。0.5g 酚酞溶于 95%（V/V）乙醇 50 mL 中。

3. 前处理

3.1 当水样 pH≥11 时，可能遇到某些干扰，遇此情况，可向水样中加入酚酞溶液（2.12）1 滴，边搅拌边逐滴加入磷酸溶液（2.4），至红色刚消失。经此处理，则在加入显色剂后，体系 pH 为 1.8±0.3，而不影响测定。

3.2 水样如有颜色和悬浮物，可向每 100 mL 水样中加入 2 mL 氢氧化铝悬浮液（2.9），搅拌，静置，过滤，弃去 25 mL 初滤液后，再取水样测定。

4. 分析测试

4.1 仪器和设备

4.1.1 可见分光光度计：具 10 mm 和 30 mm 比色皿。

4.1.2 具塞磨口玻璃比色管：50 mL。

4.1.3 一般实验室常用仪器和设备。

注 3：所有玻璃器皿都应用 2 mol/L 盐酸洗净，然后用水彻底冲洗。

4.2 标准曲线的绘制

在一组六个 50 mL 比色管内，分别加入亚硝酸盐氮标准工作液（2.8）0 mL、1.00 mL、3.00 mL、5.00 mL、7.00 mL 和 10.00 mL，用水稀释至标线，加入显色剂（2.5）1.0 mL，密塞，摇匀，静置，此时 pH 应为 1.8±0.3。

加入显色剂 20 min 后，2 h 以内，在 540 nm 的最大吸光度波长处，用光程长 10 mm 的比色皿，以实验用水做参比，测量溶液吸光度。

由测得的吸光度减去零浓度空白的吸光度，得到校正吸光度，绘制以氮含量（μg）对校正吸光度的标准曲线。

4.3 试样测定

移取适量水样至 50 mL 比色管中，用水稀释至标线，按与标准曲线绘制相同的步骤测得吸光度。

4.4 空白试验

按 4.3 所述步骤进行空白试验，用 50 mL 无亚硝酸盐的二次蒸馏水代替水样。

4.5 色度校正

如果水样经 3.2 的方法制备的试样还具有颜色时，按 4.3 所述方法，从水样中取相同体积的第二份水样，测定吸光度，只是不加显色剂（2.5），改加磷酸（2.4）1.0 mL。

4.6 结果表示

4.6.1 计算方法

吸光度的校正值 A_r 按式（22-5）进行计算：

$$A_r=A_s-A_b-A_c \tag{22-5}$$

式中：A_s——水样测得吸光度；

A_b——空白试验测得吸光度；

A_c——色度校正测得吸光度。

由校正吸光度 A_r 值，从标准曲线上查得相应的亚硝酸盐氮的含量 m_N（μg）。

水样的亚硝酸盐氮浓度按式（22-6）进行计算：

$$C_N=\frac{m_N}{V} \tag{22-6}$$

式中：C_N——亚硝酸盐氮浓度，mg/L；

m_N——相应于校正吸光度 A_r 的亚硝酸盐氮含量，μg；

V——取水样体积，mL。

水样体积为 50 mL 时，测定结果小数位数与方法检出限一致，最多保留三位有效数字。

5. 质量保证和质量控制

5.1 精密度控制

每批样品（≤20 个）至少测定 10% 的平行双样，样品数量＜10 个时，应测定一个平行双样，当样品含量＜0.05mg/L 时，平行双样测定结果的相对偏差应≤20%；当样品含量为 0.05～0.2mg/L 时，平行双样测定结果的相对偏差应≤15%。

5.2 准确度控制

每批样品（≤20 个）应至少测定一个加标等同样品或者有证标准样品，有证标准样品的测定值应在允许范围内。加标等同样品含量＜0.05mg/L 时，加标回收率为 85%～115%；加标等同样品含量为 0.05～0.2mg/L 时，加标回收率为 85%～105%。

6. 引用标准

《水质 亚硝酸盐氮的测定 分光光度法》（GB/T 7493—1987）

编写人员：

许艳芳（山东省环境监测中心站）

刘金芝（山东省环境监测中心站）

王文雷（山东省环境监测中心站）

二十三、硫酸盐的测定

（一）水质 硫酸盐的测定 离子色谱法

本方法一般按 HJ 84，进行无机阴离子的同时测定。

1. 方法原理

本方法采用阴离子交换分离柱分离硫酸根离子，以碳酸钠-碳酸氢钠溶液为淋洗液，用电导检测器进行检测，将样品的色谱峰和标准溶液中的硫酸根离子的色谱峰比较，根据保留时间定性，峰高或峰面积定量。

样品量为 50 μL 时，方法检出限 0.03 mg/L，检测范围 0.12～10 mg/L。

2. 试剂

除非另有说明，否则分析时均使用符合国家标准的分析纯试剂，实验用水为新制备的去离子水，并经抽气过滤装置（3.5）过滤。淋洗液按照仪器方法进行配制，不同仪器之间可能会有所差异。

2.1 淋洗液

2.1.1 淋洗贮备液：分别称取 4.77 g 碳酸钠和 0.672 g 碳酸氢钠（均已在 105℃烘干 2 h，干燥器中放冷），溶解于水中，移入 100 mL 容量瓶中，用水稀释至标线，摇匀，贮存于聚乙烯瓶中，在冰箱中保存。此溶液碳酸钠浓度为 0.45 mol/L，碳酸氢钠浓度为 0.08 mol/L。

2.1.2 淋洗使用液：取 10 mL 淋洗贮备液置于 1 000 mL 容量瓶中，用水稀释至标线，摇匀。此溶液碳酸钠浓度为 0.004 5 mol/L，碳酸氢钠浓度为 0.000 8 mol/L。也可根据使用仪器型号自行配制。

2.2 硫酸根标准贮备液溶液：1 000.0 mg/L，亦可购买市售有证标准物质。称取 1.478 6 g 无水硫酸钠（Na_2SO_4，优级纯）或 1.814 1 g 无水硫酸钾（K_2SO_4，优级纯），溶于少量水，置于 1 000 mL 容量瓶中，稀释至标线。贮存于聚乙烯瓶中，置于冰箱中冷藏。此溶液 1.00 mL 含 1.00 mg 硫酸根（SO_4^{2-}）。

2.3 硫酸根标准使用液：100.0 mg/L。从硫酸根标准贮备液中吸取 10.0 mL 于 100 mL 容量瓶中，用水稀释到标线。贮存于聚乙烯瓶中，置于冰箱中冷藏。

3. 仪器和设备

3.1 离子色谱仪（具电导检测器）。

3.2 色谱柱：阴离子分离柱和阴离子保护柱。

3.3 抑制器。

3.4 淋洗液贮存罐。

3.5 抽气过滤装置：配有孔径≤0.45 μm 醋酸纤维或聚乙烯滤膜。

3.6 一次性水系微孔滤膜针筒过滤器：孔径 0.45 μm。

3.7 一次性注射器：1～10 mL。

3.8 预处理柱：聚苯乙烯-二乙烯基苯为基质的 RP 柱或硅胶为基质键合 C_{18} 柱（去除疏水性化合物）；H 型强酸性阳离子交换柱或 Na 型强酸性阳离子交换柱（去除重金属和过渡金属离子）等类型。

4．分析测试

4.1 校准曲线的绘制

分别取硫酸根标准使用液 0.20 mL、0.50 mL、1.00 mL、2.00 mL、5.00 mL、8.00 mL、10.00 mL 到 100 mL 容量瓶中，用水定容到刻度线，配制成 7 个标准浓度分别为 0.2 mg/L、0.5 mg/L、1.0 mg/L、2.0 mg/L、5.0 mg/L、8.0 mg/L、10.0 mg/L 的溶液。测定其峰面积（或峰高），绘制校准曲线。

4.2 样品处理和测定

4.2.1 对于不含疏水性化合物、重金属或过渡金属离子等干扰物质的清洁水样，经抽气过滤装置（3.5）过滤后，可直接进样；也可用带有水系微孔滤膜针筒过滤器（3.6）的一次性注射器（3.7）进样。对含干扰物质的复杂水质样品，须用相应的预处理柱（3.8）进行有效去除后再进样。

4.2.2 对未知的样品最好先稀释 100 倍后进样，再根据所得结果选择适当的稀释倍数。

4.2.3 对有机物含量较高的样品，应先用有机溶剂萃取除去大量有机物，取水相进行分析；对污染比较重、成分比较复杂的样品，可采用预处理柱法同时去除有机物和重金属离子。

4.4 空白试验

以实验用水代替样品，按照与样品处理和测定（4.2）相同步骤制备实验室空白试样。

4.5 计算

硫酸盐的含量ρ按式（23-1）进行计算（mg/L）：

$$\rho = \frac{h - h_0 - a}{b} \times f \qquad (23\text{-}1)$$

式中：h——样品硫酸根峰面积；

h_0——空白硫酸根峰面积；

a——回归方程的截距；

b——回归方程的斜率；

f——样品的稀释倍数。

4.6 结果表示

当样品含量＜1 mg/L 时，结果保留至小数点后三位；当样品含量≥1 mg/L 时，结果保留三位有效数字。

5．质量保证和质量控制

5.1 准确度

两家实验室对实际样品分别进行低、中、高加标浓度回收率试验，加标回收率为

83.7%～107%。

5.2 精密度

两家实验室分别对低、中、高浓度硫酸盐的样品进行了测定，实验室内相对标准偏差分别为 0.159 %～2.4%、0.64%～1.70%、0.5%～0.68%；实验室间相对标准偏差分别为1.70%、1.05%、0.60%。

5.3 空白试验

每批次（≤20 个）样品应至少做两个实验室空白样品，空白试验结果应低于方法检出限。否则应查明原因，重新分析直至合格之后才能测定样品。

5.4 相关性检验

标准曲线的相关系数应≥0.995，否则应重新绘制标准曲线。

5.5 连续校准

每批次（≤20 个）样品，应分析一个标准曲线中间点浓度的标准溶液，其测定结果与标准曲线该点浓度之间的相对误差应≤10%。否则，应重新绘制标准曲线。

5.6 精密度控制

每批次（≤20 个）样品，应至少测定 10%的平行双样，样品数量＜10 个时，应至少测定一个平行双样。平行双样测定结果的相对偏差应≤10%。

5.7 准确度控制

每批次（≤20 个）样品，应至少测定一个加标回收率或者有证标准样品。实际样品的加标回收率应控制在 80%～120%，有证标准样品的测定值应在允许范围内。

6. 废物处理

实验中产生的废液应集中收集，妥善保管，委托有资质的单位处理。

7. 注意事项

分析废水样品时，所用的预处理柱应能有效去除样品基质中的疏水性化合物、重金属或过渡金属离子，同时对测定的阴离子不发生吸附。

8. 引用标准

《水质 无机阴离子的测定（F^-、Cl^-、NO_2^-、Br^-、NO_3^-、PO_4^{3-}、SO_3^{2-}、SO_4^{2-}） 离子色谱法》（HJ 84—2016）

编写人员：

陈进营（广西壮族自治区海洋环境监测中心站）

杨　爽（广西壮族自治区海洋环境监测中心站）

任朝兴（广西壮族自治区海洋环境监测中心站）

（二）水质 硫酸盐的测定 铬酸钡分光光度法

1．方法原理

在酸性溶液中，铬酸钡与硫酸盐生成硫酸钡沉淀，释放出铬酸根离子。溶液中和后多余的铬酸钡及生成的硫酸钡仍是沉淀状态，经过滤除去沉淀。在碱性条件下，铬酸根离子呈现黄色，测定其吸光度可知硫酸盐的含量。

测定范围为 4～120 mg/L。

2．试剂

除非另有说明，否则分析时均使用符合国家标准的分析纯试剂，实验用水为新制备的去离子水（纯水机制备的新鲜水）。

2.1 铬酸钡悬浊液：称取 19.44 g 铬酸钾（K_2CrO_4）与 24.44 g 氯化钡（$BaCl_2·2H_2O$），分别溶 1 L 水中，加热至沸腾。将两溶液倾入同一个 3 L 烧杯内，此时生成黄色铬酸钡沉淀。待沉淀下降后，倾出上层清液，然后每次用约 1 L 蒸馏水洗涤沉淀，共需洗涤 5 次左右。最后加水至 1 L，使成悬浊液，每次使用前混匀。每 5 mL 铬酸钡悬浊液可以沉淀约 48 mg 硫酸根（SO_4^{2-}）。

2.2 氨水（1+1）。

2.3 盐酸溶液：2.5 mol/L。

2.4 硫酸根标准贮备液：5 000 mg/L，亦可购买市售有证标准溶液。称取 0.739 3 g 无水硫酸钠（Na_2SO_4，优级纯）或 0.907 0 g 无水硫酸钾（K_2SO_4，优级纯），溶于少量水，置 100 mL 容量瓶中，稀释至标线。

2.5 硫酸根标准使用溶液：500 mg/L。移取 10.00mL 硫酸根标准贮备液（2.4）到 100 mL 的容量瓶中，用水定容。

3．仪器和设备

3.1 分光光度计：具 10 mm 比色皿。

3.2 锥形瓶：150 mL。

3.3 比色管：50 mL。

3.4 一般实验室常用仪器和设备。

3.5 加热及过滤装置。

4．分析测试

4.1 校准曲线的绘制

分别量取 0 mL、0.50 mL、1.00 mL、2.00 mL、4.00 mL、6.00 mL、8.00 mL 和 10.00 mL 硫酸根标准使用溶液于 150 mL 锥形瓶中，加水至 50 mL。各加入 1 mL 2.5 mol/L 盐酸溶液和 2.5 mL 铬酸钡悬浊液，煮沸 10 min 左右。取下锥形瓶稍冷却，向各瓶逐滴加入（1+1）

氨水至呈柠檬黄色，再多加 2 滴。放置于冰水中冷却，用 0.45 μm 微孔滤膜过滤，收集滤液于 50 mL 比色管内（如滤液浑浊，应重新做样）。用水洗涤锥形瓶及滤膜三次，滤液收集于 50 mL 比色管中，加水稀释至标线，混匀。该曲线浓度分别为 0 mg/L、5 mg/L、10 mg/L、20 mg/L、40 mg/L、60 mg/L、80 mg/L、100 mg/L。

使用 10 mm 比色皿，在分光光度计上，以水作参比，于波长 420 nm 处测定吸光度。扣除空白试验的吸光度后，和对应的硫酸根的含量绘制校准曲线。

4.2 干扰的消除

水样中碳酸根与钡离子形成沉淀产生干扰。在加入铬酸钡之前，将样品加硝酸酸化并加热以除去碳酸盐。

量取 50 mL 水样于 150 mL 锥形瓶中，按照 4.1 步骤进行测定。

4.3 空白试验

用纯水代替样品，按照样品测定步骤进行测定。

4.4 计算

硫酸盐 SO_4^{2-}的含量ρ（mg/L）按式（23-2）进行计算：

$$\text{硫酸盐}（SO_4^{2-}，\text{mg/L}）=\frac{m}{V}\times 1\,000 \qquad （23\text{-}2）$$

式中：m——根据校准曲线计算出的水样中硫酸盐量，mg；

V——取样体积，mL。

5. 质量保证和质量控制

5.1 准确度

两家实验室对实际样品分别进行低、中、高加标浓度回收率试验，加标回收率为 83.7%～107%。

5.2 精密度

两家实验室分别对硫酸盐低、中、高浓度的样品进行了测定，实验室内相对标准偏差分别为 2.10%～3.81%、0.90%～3.34%、1.00%～1.61%；实验室间相对标准偏差分别为 3.08%、2.00%、1.34%。

5.3 每批样品应测定一个校准曲线中间点浓度的标准溶液，其测定结果与校准曲线该点浓度的相对误差应≤10%。否则，需重新绘制校准曲线。

5.4 每批样品应至少测定 10%的平行双样，样品数量＜10 个时，应至少测定一个平行双样。测定结果相对偏差应≤10%，测定结果以平行双样的平均值报出。

5.5 每批样品应至少测定一个加标回收率或者有证标准样品。实际样品的加标回收率应控制在 80%～110%，有证标准样品的测定值应在允许范围内。

6. 引用标准

《水质 硫酸盐的测定 铬酸钡分光光度法（试行）》（HJ/T 342—2007）

编写人员：
陈进营（广西壮族自治区海洋环境监测中心站）
杨　爽（广西壮族自治区海洋环境监测中心站）
任朝兴（广西壮族自治区海洋环境监测中心站）

二十四、氯化物的测定

（一）水质　氯化物的测定　硝酸银滴定法

1. 方法原理

在中性或弱碱性溶液中，以铬酸钾为指示剂，用硝酸银滴定氯化物时，由于氯化银的溶解度小于铬酸银，氯离子首先被完全沉淀后，铬酸根才以铬酸银形成沉淀出来，产生砖红色物质，指示氯离子滴定的终点。沉淀滴定反应如下：

$$Ag^{+}+Cl^{-}\longrightarrow AgCl\downarrow$$

$$2Ag^{+}+CrO_4^{-}\longrightarrow AgCrO_4\downarrow$$（砖红色）

铬酸根离子的浓度与沉淀形成的快慢有关，必须加入足量的指示剂。且由于有过量的硝酸银与铬酸钾形成铬酸银沉淀的终点较难判断，所以以蒸馏水做空白滴定，以作为对照判断（使终点色调一致）。

2. 适用范围

本方法适用的浓度范围为 10～500 mg/L 的氯化物，高于此范围的水样经稀释后可以扩大其测定范围。低于 10 mg/L 的样品，滴定终点不易掌握，建议采用离子色谱法。

3. 试剂

除非另有说明，否则分析时均使用符合国家标准的分析纯试剂，实验用水为新制备的去离子水或蒸馏水。

3.1 氯化钠标准溶液：ρ（NaCl）=0.014 1 mol/L。可购买市售有证氯离子标准溶液（500 mg/L）。或将基准试剂氯化钠置于坩埚 500～600℃加热 40～50 min，在干燥器中冷却后称取 8.240 0 g 溶于蒸馏水，置 1 000 mL 容量瓶中，稀释至标线。吸取 10.0 mL，用蒸馏水定容至 100 mL，此溶液ρ（Cl^{-}）=500 mg/L。

3.2 硝酸银标准溶液：ρ（$AgNO_3$）≈ 0.014 1 mol/L。称取 2.395 0 g 于 105℃烘 30 min 的硝酸银（$AgNO_3$）溶于蒸馏水中，在容量瓶中稀释至 1 000 mL，贮于棕色瓶中。用氯化钠标准溶液标定其浓度：用吸管准确吸取 25.0 mL 氯化钠标准溶液于 250 mL 锥形瓶中，加蒸馏水 25.0 mL。另取一锥形瓶，量取蒸馏水 50.0 mL 作空白。各加入 1 mL 铬酸钾溶液，在不断的摇动下用硝酸银标准溶液滴定至砖红色沉淀刚刚出现为终点。

3.3 铬酸钾溶液：ρ（K_2CrO_4）=50 g/L。称取 5 g 铬酸钾（K_2CrO_4）溶于少量蒸馏水中，滴加硝酸银溶液至有红色沉淀生成。摇匀，静置 12 h，然后过滤并用水将滤液稀释至 100 mL。

3.4 酚酞指示剂溶液：称取 0.5 g 酚酞溶于 50 mL 95%乙醇中。加入 50 mL 蒸馏水，再滴加 0.05 mol/L 氢氧化钠溶液使溶液呈微红色。

3.5 硫酸溶液：ρ（$1/2H_2SO_4$）=0.05 mol/L。

3.6 氢氧化钠溶液（0.2%）：称取0.2 g氢氧化钠，溶于水中并稀释至100 mL。

3.7 过氧化氢（H_2O_2）：30%。

3.8 高锰酸钾。

3.9 乙醇（C_2H_5OH）：95%。

4. 仪器和设备

4.1 锥形瓶，250 mL。

4.2 棕色酸式滴定管，50 mL，25 mL。

4.3 吸管，50 mL，25 mL。

4.4 滴定架。

4.5 白瓷板。

5. 分析测试

5.1 干扰的排除，若无以下各种干扰，此节可省去。

5.1.1 如水样浑浊带有颜色，则取150 mL或取适量水样稀释至150 mL，置于250 mL锥形瓶中，加入2 mL氢氧化铝悬浮液，振荡过滤，弃去最初滤下的20 mL，用干的清洁锥形瓶接取滤液备用。

5.1.2 如果有机物含量高或色度高，可用马弗炉灰化法预先处理水样。取适量废水样于瓷蒸发皿中，调节pH至8～9，置水浴上蒸干，然后放入马弗炉中在600℃下灼烧1 h，取出冷却后，加10 mL蒸馏水，移入250 mL锥形瓶中，并用蒸馏水清洗三次，一并转入锥形瓶中，调节pH到7左右，稀释至50 mL。

5.1.3 由有机质而产生的较轻色度，可以加入0.01 mol/L高锰酸钾2 mL，煮沸。再滴加乙醇以除去多余的高锰酸钾至水样褪色，过滤，滤液贮于锥形瓶中备用。

5.1.4 如果水样中含有硫化物、亚硫酸盐或硫代硫酸盐，则加氢氧化钠溶液将水样调至中性或弱碱性，加入1 mL 30%过氧化氢，摇匀。1 min后加热至70～80℃，以除去过量的过氧化氢。

5.2 测定

5.2.1 用吸管吸取50 mL水样或经过顶处理的水样（若氯化物含量高，可取适量水样用蒸馏水稀释至50 mL），置于锥形瓶中。另取一锥形瓶加入50 mL蒸馏水做空白试验。

5.2.2 如水样pH在6.5～10.5范围时，可直接滴定，超出此范围的水样应以酚酞做指示剂，用稀硫酸或氢氧化钠的溶液调节至红色刚刚褪去。

5.2.3 加入1 mL铬酸钾溶液，用硝酸银标准溶液滴定至砖红色沉淀刚刚出现即为滴定终点。同法做空白滴定。

6. 结果计算

结果的表示氯化物（ρ，mg/L）按式（24-1）进行计算：

$$\rho(\mathrm{Cl}^{-1})=\frac{(V_2-V_1)\times M\times 35.45\times 1\,000}{V} \qquad (24\text{-}1)$$

式中：V_1——蒸馏水消耗硝酸银标准溶液量，mL；

V_2——试样消耗硝酸银标准溶液量，mL；

M——硝酸银标准溶液浓度，mol/L；

V——试样体积，mL；

35.45——氯离子（Cl^-）摩尔质量，g/mol。

7. 质量保证和质量控制

7.1 准确度

两家实验室对实际样品分别进行低、中、高浓度加标回收率试验，加标回收率为 95.1%～104%。

7.2 精密度

两家实验室对硫酸盐分别进行低、中、高浓度的样品进行了测定，实验室内相对标准偏差分别为 0.56%～1%、0.28%～1%、0.07%～0.7%；实验室间相对标准偏差分别为 0.81%、0.60%、0.50%。

7.3 每批样品（≤20 个）应至少测定 10%的平行双样，样品数量＜10 个时，应至少测定一个平行双样。测定结果相对偏差应≤10%，测定结果以平行双样的平均值报出。

7.4 每批样品（≤20 个）应至少测定一个加标回收率或者有证标准样品。实际样品的加标回收率应控制在 90%～110%，有证标准样品的测定值应在允许范围内。

8. 引用标准

《水质 氯化物的测定 硝酸盐滴定法》（GB/T 11896—1989）

编写人员：

周敬峰（广西壮族自治区海洋环境监测中心站）

邓元秋（广西壮族自治区海洋环境监测中心站）

任朝兴（广西壮族自治区海洋环境监测中心站）

（二）水质 氯化物的测定 离子色谱法

本方法一般按 HJ 84，进行无机阴离子的同时测定。

1．方法原理

本方法采用阴离子交换分离柱分离氯离子，以碳酸钠-碳酸氢钠溶液为淋洗液，用电导检测器进行检测。将样品的色谱峰和标准溶液中的氯离子的色谱峰比较，根据保留时间定性，峰高或峰面积定量。

样品量为 50 μl 时，方法检出限为 0.008 mg/L，检测范围为 0.04～10 mg/L。使用不同仪器时根据仪器设计的测量范围对样品进行稀释后测定，使样品浓度在工作曲线范围内。

2．试剂

除非另有说明，否则分析时均使用符合国家标准的分析纯试剂，实验用水为新制备的去离子水，并经抽气过滤装置（3.5）过滤。淋洗液按照仪器方法进行配制，不同仪器之间可能会有所差异。

2.1 淋洗液

2.1.1 淋洗贮备液：分别称取 4.77 g 碳酸钠和 0.672 g 碳酸氢钠（均已在 105℃烘干 2 h，干燥器中放冷），溶解于水中，移入 100 mL 容量瓶中，用水稀释至标线，摇匀，贮存于聚乙烯瓶中，在冰箱中保存。此溶液碳酸钠浓度为 0.45 mol/L，碳酸氢钠浓度为 0.08 mol/L。

2.1.2 淋洗使用液：取 10 mL 淋洗贮备液置于 1 000 mL 容量瓶中，用水稀释至标线，摇匀。此溶液碳酸钠浓度为 0.004 5 mol/L，碳酸氢钠浓度为 0.000 8 mol/L。

2.2 氯离子标准贮备液溶液：1 000.0 mg/L，亦可购买市售有证标准物质。称取经 105℃±5℃烘干至恒重的优级纯 1.648 5 g 氯化钠，溶于水中，转入 1 000 mL 容量瓶中，稀释至标线。贮存于聚乙烯瓶中，置于冰箱中冷藏，可保存 6 个月。

2.3 氯离子标准使用液：从氯离子标准贮备液（2.2）中吸取 10.0 mL 于 100 mL 容量瓶中，用水稀释到标线。贮存于聚乙烯瓶中，置于冰箱中冷藏。此溶液中氯离子浓度为 100.0 mg/L。

3．仪器和设备

3.1 离子色谱仪（具电导检测器）。

3.2 色谱柱：阴离子分离柱和阴离子保护柱。

3.3 抑制器。

3.4 淋洗液贮存罐。

3.5 抽气过滤装置：配有孔径≤0.45 μm 醋酸纤维或聚乙烯滤膜。

3.6 一次性水系微孔滤膜针筒过滤器：孔径 0.45 μm。

3.7 一次性注射器：1～10 mL。

3.8 预处理柱：聚苯乙烯-二乙烯基苯为基质的 RP 柱或硅胶为基质键合 C_{18} 柱（去除疏水性化合物）；H 型强酸性阳离子交换柱或 Na 型强酸性阳离子交换柱（去除重金属和过渡金属离子）等类型。

4. 分析测试

4.1 校准曲线的绘制

分别取氯离子标准使用液（2.3）0.20 mL、0.50 mL、1.00 mL、2.00 mL、5.00 mL、8.00 mL、10.00 mL 到 100 mL 容量瓶中，用水定容到刻度线，配制成 7 个标准溶液浓度分别为 0.2 mg/L、0.5 mg/L、1.0 mg/L、2.0 mg/L、5.0 mg/L、8.0 mg/L、10.0 mg/L。测定其峰面积（或峰高），绘制校准曲线。

4.2 样品处理和测定

4.2.1 对于不含疏水性化合物、重金属或过渡金属离子等干扰物质的清洁水样，经抽气过滤装置（3.5）过滤后，可直接进样；也可用带有水系微孔滤膜针筒过滤器（3.1.6）的一次性注射器（3.7）进样。对含干扰物质的复杂水质样品，须用相应的预处理柱（3.1.8）进行有效去除后再进样。

4.2.2 对未知的样品最好先稀释 100 倍后进样，再根据所得结果选择适当的稀释倍数。

4.2.3 对有机物含量较高的样品，应先用有机溶剂萃取除去大量有机物，取水相进行分析；对污染比较重、成分比较复杂的样品，可采用预处理柱法同时去除有机物和重金属离子。

4.4 空白试验

以实验用水代替样品，按照与样品处理和测定（4.2）相同的步骤制备实验室空白试样。

4.5 计算

氯离子的含量按式（24-2）进行计算（mg/L）：

$$\text{氯离子（Cl}^-\text{，mg/L）}=\frac{(h-h_0-a)}{b} \qquad (24\text{-}2)$$

式中：h ——样品氯离子峰面积；

h_0——空白氯离子峰面积；

b——回归方程的斜率；

a——回归方程的截距。

4.6 结果表示

当样品含量＜1 mg/L 时，结果保留至小数点后三位；当样品含量≥1 mg/L 时，结果保留三位有效数字。

5. 质量保证和质量控制

5.1 准确度

两家实验室对实际样品分别进行低、中、高加标浓度回收率试验，加标回收率为 93.4%～120%。

5.2 精密度

两家实验室分别对低、中、高浓度氯化物的样品进行了测定，实验室内相对标准偏差分别为 0.24%～0.90%、1.0%～1.20%、0.10%～1.1%；实验室间相对标准偏差分别为 0.66%、0.88%、0.74%。

5.3 每批样品（≤20 个）应测定一个校准曲线中间点浓度的标准溶液，其测定结果与校准曲线该点浓度的相对误差应≤10%。否则，需重新绘制校准曲线。

5.4 每批样品（≤20 个）应至少测定 10%的平行双样，样品数量<10 个时，应至少测定一个平行双样。测定结果相对偏差应≤10%，测定结果以平行双样的平均值报出。

5.5 每批样品（≤20 个）应至少测定 10%的加标样品，样品数量<10 个时，应至少测定一个加标样品，加标回收率应在 90%～120%。

6．废物处理

实验中产生的废液应集中收集，妥善保管，委托有资质的单位处理。

7．引用标准

《水质 无机阴离子的测定（F^-、Cl^-、NO_2^-、Br^-、NO_3^-、PO_4^{3-}、SO_3^{2-}、SO_4^{2-}） 离子色谱法》（HJ 84—2016）

编写人员：

周敬峰（广西壮族自治区海洋环境监测中心站）

邓元秋（广西壮族自治区海洋环境监测中心站）

任朝兴（广西壮族自治区海洋环境监测中心站）

二十五、铁、锰的测定

（一）水质 铁、锰的测定 火焰原子吸收分光光度法

1. 方法原理

将过滤加酸保存的水样直接吸入火焰中，铁、锰的化合物易于原子化，可分别于248.3 nm、279.5 nm处测量铁、锰基态原子对其空心阴极灯特征辐射的吸收。在一定条件下，特征谱线的吸光度与元素的浓度成正比。

本方法的检出限和测定下限见表25-1。

表25-1　方法检出限和测定下限　　单位：mg/L

元素	检出限	测定下限
铁（Fe）	0.03	0.12
锰（Mn）	0.01	0.04

2. 试剂

除非另有说明，否则分析时均使用符合国家标准的分析纯或以上试剂；实验用水应符合《分析实验室用水规格和试验方法》（GB/T 6682）一级水的相关要求。

2.1 硝酸：ρ（HNO_3）=1.42 g/mL，优级纯。

2.2 硝酸溶液：1+1。

2.3 硝酸溶液：1+99。

2.4 铁标准贮备液：准确称取光谱纯金属铁1.000 0 g，用60 mL硝酸（1+1）溶液溶解完全后，加10 mL硝酸（1+1）溶液，用去离子水准确稀释至1 000 mL，此溶液含1.00 mg/mL铁。

2.5 锰标准贮备液：准确称取1.000 0 g光谱纯金属锰（称量前用稀硫酸洗去表面氧化物，再用去离子水洗去酸，烘干。在干燥器中冷却后尽快称取），用10 mL硝酸（1+1）溶液溶解。

当锰完全溶解后，用1%硝酸准确稀释至1 000 mL，此溶液每毫升含1.00 mg锰。

2.6 铁锰混合标准使用液：分别准确移取铁和锰标准贮备液各10.00 mL，置于100 mL容量瓶中，用硝酸（2.3）稀释至标线，摇匀。此液每毫升含100 μg铁、锰。

3. 仪器和设备

3.1 原子吸收分光光度计及相应的辅助设备，配有乙炔-空气燃烧器，光源选用空心阴极灯或无极放电灯。

3.2 过滤装置，0.45 μm 孔径水系微孔滤膜。

4．分析测试

4.1 仪器测试条件

不同型号仪器的最佳测试条件不同，根据仪器说明书要求优化测试条件。参考测试条件见表 25-2。

表 25-2　仪器测试条件　　单位：nm

元素	特征谱线波长	狭缝宽度
铁	248.3	0.2
锰	279.5	0.2

4.2 校准曲线的绘制

分别取铁、锰标准使用液（2.6）于 50 mL 容量瓶中，用硝酸溶液（2.3）稀释至标线，摇匀。参照表 25-3，至少配制 5 个标准溶液，且待测试样中元素的浓度应落在这一标准系列范围内。根据仪器说明书选择最佳参数，用硝酸溶液（2.3）调零后，在选定的条件下测量相应的吸光度，绘制标准曲线。在测量过程中，要定期检查校准曲线。

表 25-3　校准曲线标准溶液的配制　　单位：mg/L

序号	1	2	3	4	5
铁	0.20	0.40	0.80	1.50	2.00
锰	0.10	0.20	0.40	0.80	1.00

4.3 试样测定

在与建立校准曲线相同的条件下，测定试样的吸光度。根据扣除空白吸光度后的样品吸光度，在校准曲线上查出试样中铁、锰的质量浓度。试样测量过程中，若样品中待测元素的质量浓度超过校准曲线范围，样品需稀释后重新测定。

4.4 空白试验

以纯水代替样品，按照与试样相同的条件制备并测定空白试样。

4.5 计算

样品中元素含量按照式（25-1）进行计算：

$$\rho = (\rho_1 - \rho_2) \times f \tag{25-1}$$

式中：ρ——样品中目标元素的质量浓度，mg/L；

ρ_1——试样中目标元素的质量浓度，mg/L

ρ_2——空白试样中目标元素的质量浓度，mg/L；

f——稀释倍数。

4.6 结果表示

测定结果小数位数与方法检出限一致，最多保留三位有效数字。

5. 精密度和准确度

5.1 精密度

9家实验室对铁质量浓度为0.20 mg/L、0.80 mg/L、2.00 mg/L标准溶液进行测定：实验室内相对偏差分别为0.7%～7.3%、0.4%～3.7%、0%～3.2%；实验室间相对偏差分别为9.4%、5.8%、3.2%；重复性限分别为0.02 mg/L、0.10 mg/L、0.07 mg/L；再现性限分别为0.06 mg/L、0.16 mg/L、0.19 mg/L。

9家实验室对锰质量浓度为0.10 mg/L、0.40 mg/L、1.00 mg/L标准溶液进行测定：实验室内相对偏差分别为 0.9%～12.7%、0%～5.3%、0.5%～2.9%；实验室间相对偏差分别为6.7%、3.3%、3.0%；重复性限分别为0.01 mg/L、0.02 mg/L、0.03 mg/L；再现性限分别为0.02 mg/L、0.04 mg/L、0.09 mg/L。

5.2 准确度

9家实验室对两个地表水样品进行可溶性铁、锰低、高两个浓度水平的加标回收实验。铁的加标回收率分别为 98.5%±17.4%、103.4%±19.5%；锰的加标回收率分别为101.2%±13.3%、100.6%±15.7%。

6. 质量保证和质量控制

6.1 标准曲线

每次分析样品应绘制校准曲线，线性相关系数应达到0.999以上。

6.2 空白

每批样品（≤20个）应至少做一个全程序空白及实验室空白，空白值应低于方法测定下限。否则应查明原因，重新分析直至合格才能测定样品。

6.3 准确度控制

在每批样品中（≤20个），应在试剂空白中加入待测元素，其加标回收率应在80%～120%，也可使用有证标准样品代替加标，其测定值应在允许范围内。每批样品（≤20个）应至少测定一个基体加标，测定的加标回收率应在 70%～130%。若不在此范围内，应考虑存在基体干扰，可采用稀释样品浓度或加入基体改进剂等方法消除干扰。

6.4 精密度控制

每批样品（≤20个）应至少测定10%的平行双样，样品数量＜10个时，应至少测定一个平行双样，两个平行样测定结果的相对偏差应≤20%。

7. 注意事项

7.1 加酸固定的水样有效保存期为14 d。

7.2 铁、锰为易沾污元素，应尽量避免采样、前处理和分析过程中用到的器皿、试剂及仪器进样管路对检测结果的影响。实验用到的玻璃或塑料器皿用洗涤剂洗净后，在硝酸溶液（2.2）中浸泡，使用前用水冲洗干净。

7.3 一般来说，铁、锰的火焰原子吸收法的基体干扰不严重，由分子吸收或光散射造成的背景吸收也可忽略，但遇到高矿化度水体，有背景吸收时，应采用背景校正措施，或将水样适当稀释后再测定。

7.4 铁、锰的谱线较复杂，为克服光谱干扰，应选择小的光谱通带。

8. 引用标准

《水质 铁、锰的测定 火焰原子吸收分光光度法》（GB/T 11911—1989）

编写人员：

季海冰（浙江省环境监测中心）

余　磊（浙江省环境监测中心）

（二）水质 铁、锰的测定 电感耦合等离子体发射光谱法

1．方法原理

经过滤加酸保存的水样直接注入电感耦合等离子体发射光谱仪后，目标元素在等离子体火炬中被气化、电离、激发并辐射出特征谱线，在一定浓度范围内，其特征谱线的强度与元素的浓度成正比。

本方法的检出限和测定下限见表 25-4。

表 25-4　分析方法检出限和测定下限　　单位：mg/L

元素	水平		垂直	
	检出限	测定下限	检出限	测定下限
铁（Fe）	0.01	0.04	0.02	0.07
锰（Mn）	0.01	0.06	0.004	0.02

2．试剂

除非另有说明，否则分析时均使用符合国家标准的优析纯化学试剂；实验用水应符合《分析实验室用水规格和试验方法》（GB/T 6682）中一级水的相关要求。

2.1 硝酸：ρ（HNO_3）=1.42 g/mL。优级纯或优级纯以上，必要时经纯化处理。

2.2 硝酸溶液：1+1。

2.3 标准溶液

2.3.1 单元素标准贮备液：铁（Fe）、锰（Mn）浓度为 1 000 mg/L 或 500 mg/L。自配或购买市售有证标准溶液。

2.3.2 单元素标准使用液：自配或购买市售有证标准溶液。浓度根据分析样品而定，铁（Fe）、锰（Mn）混合标准溶液的酸度尽量保持与待测试样的酸度一致，均为 1%的硝酸。

2.4 水系微孔滤膜：0.45 μm 孔径。

3．仪器和设备

3.1 电感耦合等离子体发射光谱仪：具背景校正发射光谱计算机控制系统。

3.2 过滤装置，0.45 μm 孔径水系微孔滤膜。

4．分析测试

4.1 仪器测试条件

不同型号仪器的最佳测试条件不同，根据仪器说明书要求优化测试条件。参考测试条件见表 25-5，元素测定波长及元素间干扰见表 25-6。

表 25-5　仪器分析指标推荐参考测试条件

观察方式	水平、垂直或水平垂直交替使用
发射功率	1300 W
雾化气流量	0.55 L/min
辅助气流量	0.2 L/min
冷却气流量	15 L/min

表 25-6　推荐元素测定波长及元素间干扰

测定元素	测定波长/nm	干扰元素
铁（Fe）	259.940	钼、钨
锰（Mn）	257.610	铁、镁、铝、铈

4.2 校准曲线的绘制

取一定量的单元素标准使用液（2.3.2）或混合标准溶液（2.3.3）制备校准曲线，根据水样浓度范围进行配制，至少配制5个浓度点，参考浓度为0 mg/L、0.10 mg/L、0.50 mg/L、1.00 mg/L、2.00 mg/L、3.00 mg/L。由低浓度到高浓度依次进样，按照仪器最佳测试条件测量发射强度。以发射强度为纵坐标，日标元素系列质量浓度为横坐标，建立目标元素的校准曲线。

4.3 试样测定

在与建立校准曲线相同的条件下，测定元素的发射强度。由发射强度值在校准曲线上查得目标元素含量。样品测量过程中，若样品中待测元素浓度超出校准曲线范围，样品需稀释后重新测定。

4.4 空白样品测定

以纯水代替样品，按照与试样测定的相同条件制备并测定空白试样。

4.5 计算

样品中元素含量按式（25-2）进行计算：

$$\rho = (\rho_1 - \rho_2) \times f \tag{25-2}$$

式中：ρ——样品中目标元素的质量浓度，mg/L；

ρ_1——试样中目标元素的质量浓度，mg/L；

ρ_2——空白试样中目标元素的质量浓度，mg/L；

f——稀释倍数。

4.6 结果表示

测定结果小数位数与方法检出限一致，最多保留三位有效数字。

5. 精密度和准确度

5.1 精密度

9家实验室对铁质量浓度为0.20 mg/L、0.80 mg/L、2.00 mg/L标准溶液进行测定：实验室内相对偏差分别为 0.3%～4.0%、0.2%～2.5%、0.2%～0.9%；实验室间相对偏差分别为 6.2%、1.7%、1.5%；重复性限分别为 0.01 mg/L、0.03 mg/L、0.05 mg/L；再现性限分别为 0.02 mg/L、0.06 mg/L、0.13 mg/L。

9 家实验室对锰质量浓度为 0.10 mg/L、1.00 mg/L、3.00 mg/L 标准溶液进行测定：实验室内相对偏差分别为 0.3%～4.8%、0.2%～2.2%、0.2%～0.8%；实验室间相对偏差为 4.4%、2.2%、1.4%；重复性限分别为 0.006 mg/L、0.027 mg/L、0.047 mg/L；再现性限分别为 0.014 mg/L、0.067 mg/L、0.122 mg/L。

5.2 准确度

9 家实验室对两个地表水样品进行可溶性铁、锰低、高两个浓度水平的加标回收实验。铁的加标回收率分别为 95.5%±8.2%、98.7%±9.9%；锰的加标回收率分别为 97.1%±7.7%、97.9%±8.5%。

6. 质量保证和质量控制

6.1 校准有效性检查

每次样品分析均须绘制校准曲线，校准曲线的相关系数应≥0.995 。每分析 10 个样品应用一个校准曲线的中间点浓度校准溶液进行校准核查，其测定结果与最近一次校准曲线该点浓度的相对偏差应≤10%，否则应重新绘制校准曲线。

6.2 空白试验

每批样品（≤20 个）至少做两个实验室空白，空白值应低于方法测定下限。否则应检查实验用水质量、试剂纯度、器皿洁净度及仪器性能等。

6.3 全程序空白

每批样品（≤20 个）至少做一个全程序空白，空白值应低于方法测定下限。否则应查明原因，重新分析直至合格才能测定样品。

6.4 精密度控制

每批样品（≤20 个）至少测定 10%的平行双样，样品数量＜10 个时，应至少测定一个平行双样，两次平行测定结果的相对偏差应≤25%。

6.5 准确度控制

每批样品（≤20 个），应至少测定一个加标回收率。实际样品的加标回收率应控制在 70%～120%。

必要时，每批样品（≤20 个）至少分析一个有证标准物质或实验室自行配制的质控样。有证标准物质测定结果应在允许范围内。实验室自行配制的质控样，其回收率应控制在 90%～110%。实验室自行配制的质控样应注意与国家有证标准物质的比对。

7. 注意事项

7.1 加酸固定的水样有效保存期为 14 d。

7.2 铁、锰为易沾污元素，应尽量避免采样、前处理和分析过程中用到的器皿、试剂及仪器进样管路对检测结果的影响。实验用到的玻璃或塑料器皿用洗涤剂洗净后，在硝酸溶液（2.2）中浸泡，使用前用纯水冲洗干净。

8. 引用标准

《水质 32 种元素的测定 电感耦合等离子体发射光谱法》（HJ 776—2015）

编写人员：

季海冰（浙江省环境监测中心）

余　磊（浙江省环境监测中心）

（三）水质 铁、锰的测定 电感耦合等离子体质谱法

1. 方法原理

将过滤加酸保存的水样直接吸入电感耦合等离子体质谱仪中进行检测，根据元素的质谱图或特征离子进行定性，工作曲线法外标定量。样品由载气带入雾化系统进行雾化后，以气溶胶形式进入等离子体的轴向通道，在高温和惰性气体中被充分蒸发、解离、原子化和电离，转化成带电荷的正离子经离子采集系统进入质谱仪，质谱仪根据离子的质荷比即元素的质量数进行分离并定性、定量分析。在一定浓度范围内，元素质量数所对应的信号响应值与其浓度成正比。

本方法的检出限和测定下限分别为铁 0.82 μg/L 和 3.28 μg/L，锰 0.12 μg/L 和 0.48 μg/L。

2. 试剂

分析时均使用符合国家标准的优级纯化学试剂。

2.1 实验用水：电阻率≥18 MΩ·cm，其余指标满足《分析实验室用水规格和试验方法》（GB/T 6682）中的一级标准。

2.2 硝酸：ρ（HNO_3）=1.42 g/mL，优级纯或优级纯以上，必要时经纯化处理。

2.3 硝酸溶液：2+98。

2.4 硝酸溶液：1+99。

2.5 硝酸溶液：1+1。

2.6 标准溶液

2.6.1 单元素标准储备溶液：ρ=1.00 mg/mL。可用光谱纯金属（纯度大于 99.99%）或其他标准物质配制成浓度为 1.00 mg/mL 的标准储备溶液，也可购买有证标准溶液。

2.6.2 混合标准储备溶液：可购买市售有证标准物质。

注 1：铁、锰推荐的混合标准储备溶液保存介质为 5%硝酸，标准储备溶液配制后均应在密封的聚乙烯或聚丙烯瓶中保存。

2.6.3 混合标准使用溶液：可购买有证混合标准溶液，也可用硝酸溶液（2.3）稀释元素标准储备溶液（2.6.1 或 2.6.2），将元素配制成混合标准使用溶液，浓度为 1.00 mg/L。

2.7 内标标准储备溶液：ρ=100 μg/L。一般地表水样基体简单，无须加入内标进行校准。若个别样品存在基体干扰或仪器不稳定时，可选用 ^{45}Sc、^{89}Y、^{115}In 等为内标元素。可直接购买有证标准溶液，用硝酸溶液（2.4）稀释至 100 μg/L。

2.8 内标标准使用溶液：用硝酸溶液（2.4）稀释内标标准贮备液（2.7），配制浓度为 5.0～50 μg/L 的内标标准使用溶液。

2.9 质谱仪调谐溶液：ρ=10 μg/L。宜选用含有 Li、Y、Be、Mg、Co、In、Tl 和 Bi 元素为质谱仪的调谐溶液。可直接购买有证标准溶液，用硝酸溶液（2.4）稀释至 10 μg/L。

2.10 氩气（体积分数）：纯度不低于 99.99%。

3. 仪器和设备

3.1 电感耦合等离子体质谱仪及其相应的设备。仪器工作环境和对电源的要求需根据仪器说明书规定执行。仪器扫描范围：5～250 u，分辨率：10%峰高处所对应的峰宽应优于1 u。

3.2 过滤装置，0.45 μm孔径水系微孔滤膜。

4. 分析测试

4.1 仪器测试条件

不同型号仪器的最佳测试条件不同，标准模式、碰撞/反应池模式等应按照仪器说明书进行操作。参考仪器测试条件见表25-7，推荐的元素测定质量数及测定模式见表25-8。

表25-7　推荐仪器测试条件

发射功率	1 200 W
雾化气流量	0.84 L/min
辅助气流量	0.70 L/min
冷却气流量	13.0 L/min

表25-8　推荐的元素测定质量数及测定模式

测定元素	质量数	测定模式
*铁	54，56，57	碰撞/反应池
锰	55	标准或碰撞/反应池

注：*表示在碰撞/反应池模式下，不同的样品基质对铁的3个同位素（54，56，57）的测定结果影响各不相同。各个实验室在实际测定工作中需比较不同质量数的测定结果，选择适合样品基质的质荷比进行定量分析。

4.2 校准曲线的绘制

在容量瓶中取一定体积的混合标准使用液（2.6.3），使用硝酸溶液（2.4）配制系列标准曲线，建议铁浓度为0 μg/L、10.0 μg/L、50.0 μg/L、100 μg/L、200 μg/L、300 μg/L；锰浓度为0 μg/L、1.00 μg/L、10.0μg/L、20.0 μg/L、50.0 μg/L、100 μg/L。若试样存在基体干扰，需加入内标元素标准使用溶液（2.8），可直接加入工作溶液中，也可在样品雾化之前通过蠕动泵同步在线加入。

用电感耦合等离子体质谱仪测定标准溶液，以标准溶液浓度为横坐标，以样品信号值为纵坐标建立校准曲线。

4.3 试样测定

每个试样测定前，先用硝酸溶液（2.3）冲洗系统直到信号降至最低，待分析信号稳定后开始测定。由分析信号在校准曲线上查得目标元素含量。若样品中待测元素浓度超出校准曲线范围，需用硝酸溶液（2.4）稀释后重新测定，稀释倍数为*f*。有使用内标校正的，试样测定时应加入与绘制标准曲线时相同量的内标元素标准使用溶液（2.8）。

4.4 空白试验

以纯水代替样品，按照与试样相同的测定条件测定实验室空白试样。

4.5 计算

样品中元素含量按式（25-3）进行计算。

$$\rho = (\rho_1 - \rho_2) \times f \tag{25-3}$$

式中：ρ——样品中元素的浓度，μg/L；

ρ_1——稀释后样品中元素的质量浓度，μg/L；

ρ_2——稀释后实验室空白样品中元素的质量浓度，μg/L；

f——稀释倍数。

测定结果小数位数与方法检出限保持一致，最多保留三位有效数字。

5. 精密度和准确度

5.1 精密度

6 家实验室对铁质量浓度为 5.00 μg/L、20.0 μg/L、50.0 μg/L 标准溶液进行测定：实验室内相对偏差分别为 6.4%～9.2%、2.0%～7.3%、2.6%～7.5%；实验室间相对偏差为 2.6%、4.1%、2.7%；重复性限分别为 1.01 μg/L、2.35 μg/L、5.58 μg/L；再现性限分别为 1.03 μg/L、3.04 μg/L、6.18 μg/L。

6 家实验室对锰质量浓度为 1.00 μg/L、20.0 μg/L、50.0 μg/L 标准溶液进行测定：实验室内相对偏差分别为 2.6%～9.8%、1.7%～4.8%、1.7%～4.6%；实验室间相对偏差为 5.9%、2.7%、1.9%；重复性限分别为 0.20 μg/L、1.82 μg/L、3.92 μg/L；再现性限分别为 0.24 μg/L、2.20 μg/L、4.36 μg/L。

5.2 准确度

6 家实验室对地表水样品进行可溶性铁、锰的加标回收实验，铁加标回收率为 97.2%±18.2%、锰加标回收率为 95.5%±15.2%。

6. 质量保证和质量控制

6.1 标准曲线

每次分析样品均应绘制校准曲线，线性相关系数应达到 0.999 以上。每分析 10 个样品应用分析一次校准曲线中间质量浓度点进行校准核查，其测定结果与最近一次校准曲线该点浓度的相对偏差应≤10%，否则应查找原因或重新绘制校准曲线。每批样品分析完毕后应进行一次校准曲线最低点的分析，其测定结果与实际质量浓度值的相对偏差应≤30%。

6.2 内标

在分析中可选择监测内标的强度，试样中内标的响应值应介于校准曲线内标响应值的 70%～130%，否则说明仪器发生漂移或有干扰产生，应查找原因后重新分析。如果发现基体干扰，应稀释后再测定；如果发现样品中含有内标元素，需更换内标或提高内标元素浓度。

6.3 空白

每批样品（≤20 个）应至少做一个全程序空白及实验室空白，空白值应符合下列情况之一才能被认为是可接受的：（1）空白值低于方法检出限；（2）空白值低于控制标准限值的 10%；（3）空白值低于每批样品最低测定值的 10%。否则须查找原因，重新分析直至合格之后才能分析样品。

6.4 准确度控制

在每批样品中（≤20 个），应在试剂空白中加入分析物质，其加标回收率应在 80%～120%，也可使用有证标准样品代替加标，其测定值应在允许范围内。每批样品（≤20 个）应至少测定一个基体加标，测定的加标回收率应在 70%～130%。若不在此范围内，应考虑存在基体干扰，可采用稀释样品或增大内标浓度的方法消除干扰。

6.5 精密度控制

每批样品（≤20 个）应至少测定 10%的平行双样，样品数量＜10 个时，应测定一个平行双样，两个平行样测定结果的相对偏差应≤20%。

7．注意事项

7.1 加酸固定的水样有效保存期为 14 d。

7.2 铁、锰为易沾污元素，应尽量避免采样、前处理和分析过程中用到的器皿、试剂及仪器进样管路对检测结果的影响。实验用到的玻璃或塑料器皿用洗涤剂洗净后，在硝酸溶液（2.5）中浸泡，使用前用水冲洗干净。

7.3 电感耦合等离子体质谱法测地表水中铁若采用标准模式，并以同位素 ^{57}Fe 为定量元素，测定结果存在显著的质谱干扰。宜采用碰撞/反应池技术，同时监控同位素 ^{54}Fe、^{56}Fe 和 ^{57}Fe。比较这 3 个同位素的测定结果，选择适合样品基质的质荷比进行定量分析。

7.4 根据样品基体和仪器稳定情况，可选择性的加入 ^{45}Sc、^{89}Y、^{115}In 等内标元素进行仪器信号校正。

8．引用标准

《水质 65 种元素的测定 电感耦合等离子体质谱法》（HJ 700—2014）

编写人员：

季海冰（浙江省环境监测中心）

余　磊（浙江省环境监测中心）

二十六、硅酸盐的测定

（一）水质　硅酸盐的测定　硅钼蓝分光光度法

1．方法原理

活性硅酸盐在酸性介质中与钼酸铵反应，生成黄色的硅钼黄，当加入含有草酸（消除磷和砷的干扰）的对甲替氨基苯酚-亚硫酸钠还原剂，硅钼黄被还原硅钼蓝，于 812 nm 波长测定其吸光值。

样品量为 10 mL 时，本方法的检出限为 0.030 mg/L，测定范围为 0.120～10.0 mg/L。

2．试剂

除非另有说明，否则分析时均使用符合国家标准的分析纯试剂，实验用水为新制备的去离子水。

2.1 钼酸铵溶液：20 g/L。称取 2.0 g 钼酸铵［$(NH_4)_6Mo_7O_24\cdot 4H_2O$］，溶于 70 mL 水，加 6 mL 盐酸（HCl，ρ=1.19 g/mL），稀释至 100 mL（如浑浊应过滤），贮于聚乙烯瓶中。

2.2 硫酸溶液：1+3。在搅拌下，将 1 体积硫酸（H_2SO_4，ρ=1.84 g/mL），缓慢加入 3 体积水中，冷却，盛于试剂瓶中。

2.3 对甲替氨基酚（硫酸盐）-亚硫酸钠溶液：称取 5 g 对甲替氨基酚（米吐尔）［$(CH_3NHC_6H_4OH)_2\cdot H_2SO_4$］，溶于 240 mL 水，加 3 g 亚硫酸钠（Na_2SO_3），溶解后稀释至 250 mL，过滤，贮于棕色试剂瓶中，并密封保存于冰箱中，此液可稳定一个月。

2.4 草酸溶液：100 g/L。称取 10.0 g 草酸（$H_2C_2O_4\cdot 2H_2O$，优级纯），溶于水并稀释至 100 mL，过滤，贮于试剂瓶中。

2.5 还原剂：将 100 mL 对甲替氨基酚-亚硫酸钠溶液（2.3）和 60 mL 草酸溶液（2.4）混合，加 120 mL 硫酸溶液（2.2），混匀，冷却后稀释至 300 mL，贮于聚乙烯瓶中。此液临用时配制。

2.6 硅标准贮备溶液：可购买市售有证标准物质，也可按下述方法自行配制。

2.6.1 用氟硅酸钠配制：300 mg/L（以 Si 计）。将氟硅酸钠（Na_2SiF_6，优级纯）在 105℃下烘干 1 h，取出置于干燥器中冷却至室温，称取 2.009 0 g 置塑料烧杯中，加入约 600 mL 水，用磁力搅拌至完全溶解（需 30 min），全量移入 1 000 mL 量瓶，加水至标线，此溶液 1.00 mL 含硅 300.0 μg，贮于塑料瓶中，有效期一年。

2.6.2 用二氧化硅配制：300 mg/L（以 Si 计）。称取 0.641 8 g 研细至 200 目二氧化硅或色层用硅胶（SiO_2，高纯，经 1 000℃灼烧 1 h）于铂坩埚中，加 4 g 无水碳酸钠（Na_2CO_3）混匀。在 960～1 000℃熔融 1 h，冷却后用热的纯水溶解，稀释至 1 000 mL，盛于聚乙烯瓶中。此溶液 1.00 mL 含硅 300.0 μg，有效期一年。

2.7 硅标准使用溶液（15.0 mg/L）：使用移液管取 5 mL 300 mg/L 硅标准储备溶液至盛有大约 80 mL 去离子水的 100 mL 塑料容量瓶中，用去离子水定容至 100 mL 并混匀。此标准使用溶液可以稳定 1 周。

3．仪器和设备

3.1 紫外可见分光光度计：具 10 mm 石英/玻璃比色皿。

3.2 具塞磨口玻璃比色管：50 mL。

3.3 一般实验室常用仪器和设备。

4．前处理

样品用 0.45 μm 滤膜过滤，弃去初始滤液 50 mL，测定。

5．分析测试

5.1 校准曲线的绘制

5.1.1 分别量取 0 mL、0.50 mL、1.00 mL、2.00 mL、3.00 mL、4.00 mL 和 5.00 mL 硅标准使用溶液（2.7）于 100mL 容量瓶中。

5.1.2 向 7 个 50 mL 具塞磨口玻璃比色管中，加入 3 mL 钼酸铵溶液（2.1），分别移入 20 mL 硅标准系列各点溶液，每当加入标准溶液后，立即混匀，放置 10 min，加入 15 mL 还原剂（2.5），加水稀释至 50 mL，混匀。其对应的硅酸盐（以 Si 计）含量分别为 0 μg、1.50 μg、3.00 μg、6.00 μg、9.00 μg、12.0 μg 和 15.0 μg。

5.1.3 3 h 后，5 cm 比色皿，以水做参比，于波长 812 nm 处测定吸光度。扣除空白试验的吸光度后，和对应的硅的含量绘制工作曲线。

5.2 试样测定

将 3 mL 钼酸铵溶液（2.1）至 50 mL 具塞磨口玻璃比色管中，移入 20 mL 试样，立即混匀，放置 10 min，加入 15 mL 还原剂（2.5），加水稀释至 50 mL，混匀。按照 5.1.3 步骤进行测定。

5.3 空白试验

用纯水代替试样，按照样品测定步骤进行测定。

5.4 计算

由（A_w-A_b）值查工作曲线或用线性回归方程计算得水样中硅含量（x），按式（26-1）计算水样中活性硅酸盐的浓度：

$$\rho_{Si}=\frac{x}{V} \tag{26-1}$$

式中：ρ_{Si}——水样中活性硅酸盐的浓度，mg/L；

x——V mL 水样中含硅量，μg；

V——水样体积，mL。

当测定结果小于 1.00 mg/L 时，保留到小数点后两位；大于等于 1.00 mg/L 时，保留三位有效数字。

6. 质量保证和质量控制

6.1 准确度

两家实验室对地表水样品进行硅酸盐的加标回收试验，加标回收率为 99.2%±13.6%。

6.2 精密度

两家实验室对硅酸盐质量浓度为 0.200 mg/L、0.500 mg/L 和 0.800 mg/L 的统一样品进行了测定，实验室内相对标准偏差分别为 2.56%～3.14%、1.42%～1.79%、0.50%～1.76%；实验室间相对标准偏差分别为 1.10%、2.26%、7.00%；重复性限分别为 0.015 mg/L、0.023 mg/L、0.027 mg/L；再现性限分别为 0.021 mg/L、0.043 mg/L、0.153 mg/L。

6.3 每批样品（≤20 个）应测定一个校准曲线中间点浓度的标准溶液，其测定结果与校准曲线该点浓度的相对误差应≤10%。否则，需重新绘制校准曲线。

6.4 每批样品（≤20 个）应至少测定 10%的平行双样，样品数量＜10 个时，应至少测定一个平行双样。当样品硅酸盐含量≤1.00 mg/L 时，测定结果相对偏差应≤10%；当样品硅酸盐含量＞1.00 mg/L 时，测定结果相对偏差应≤5%。测定结果以平行双样的平均值报出。

6.5 每批样品（≤20 个），应至少测定一个加标回收率或者有证标准样品。实际样品的加标回收率应控制在 86%～112%，有证标准样品的测定值应在允许范围内。

7. 引用标准

《海洋监测规范》（GB 17378.4—2007）

编写人员：

胡序朋（浙江省舟山海洋生态环境监测站）

任朝兴（广西壮族自治区海洋环境监测中心站）

庄彤晖（浙江省舟山海洋生态环境监测站）

（二）水质 硅酸盐的测定 连续流动比色法

1. 方法原理

在酸性介质中，样品中的硅酸盐与钼酸盐溶液反应生成硅钼黄，硅钼黄被抗坏血酸溶液还原为硅钼蓝，于 820 nm 波长下测量吸光度，吸光值与样品中的硅酸盐含量成正比。

试样与试剂在蠕动泵的推动下进入化学反应模块，在密闭的管路中连续流动，被气泡按一定间隔规律的隔开，并按特定的顺序和比例混合、反应，显色完全后进入流动检测池，进行光度检测。

不同仪器由于在设计时的要求不同，检出限范围变化较大。使用 QuAAtro 时检出限 0.003 mg/L，检测范围 0.012 ～3.0 mg/L；使用 AA3 时检出限 0.025 mg/L，检测范围 0.100 ～10 mg/L。使用不同仪器时根据仪器设计的测量范围对样品进行稀释后测定，使样品浓度在工作曲线范围内。

2. 试剂

除非另有说明，否则分析时均使用符合国家标准的分析纯试剂，实验用水为新制备的去离子水（纯水机制备的新鲜水）。

2.1 反应试剂和清洁液按照仪器方法进行配制，不同仪器之间可能会有所差异。

2.2 校准溶液的制备：购买国家有色金属及电子材料分析测试中心配制生产的硅酸盐标准溶液（1 000 μg/mL）。硅酸盐标准也可按下述方法自行配制，但必须定期校准。

2.2.1 用氟硅酸钠配制：300 mg/L（以 Si 计）。将氟硅酸钠（Na_2SiF_6，优级纯）在 105℃下烘干 1 h，取出置于干燥器中冷却至室温，称取 2.009 0 g 置塑料烧杯中，加入约 600 mL 水，用磁力搅拌至完全溶解（需半小时）全量移入 1 000 mL 量瓶，加水至标线，此溶液 1.00 mL 含硅 300.0 μg，贮于塑料瓶中，有效期一年。

2.2.2 用二氧化硅配制：300 mg/L（以 Si 计）。称取 0.641 8 g 研细至 200 目二氧化硅或色层用硅胶（SiO_2，高纯，经 1 000℃灼烧 1 h）于铂坩埚中，加 4 g 无水碳酸钠（Na_2CO_3）混匀。在 960～1 000℃熔融 1 h，冷却后用热的纯水溶解，稀释至 1 000 mL，盛于聚乙烯瓶中。此溶液 1.00 mL 含硅 300.0 μg，有效期一年。

2.3 10mg/L 硅标准使用溶液（100 mL）：使用移液管取 1 mL 1 000 mg/L 硅标准储备溶液至盛有大约 80 mL 去离子水的 100 mL 塑料容量瓶中，用去离子水定容至 100 mL 并混匀。此标准使用溶液可以稳定 1 周。

3. 仪器和设备

3.1 连续流动分析仪：由自动进样器、蠕动泵、化学反应模块、检测单元（820 nm 光学滤光片）、数据处理软件及其所需附件组成的分析系统。

3.2 超声波清洗器。

3.3 天平：精度为 0.01 g。

3.4 一般实验室常用仪器和设备。

4. 前处理

样品用0.45 μm滤膜过滤，弃去初始滤液50 mL，测定。

5. 分析测试

5.1 校准曲线的绘制

取一定量的硅标准使用液（2.3）制备校准曲线，根据水样浓度和仪器方法检测范围进行配制，至少配制5个浓度点。由低浓度到高浓度（AA3流动分析仪最好由高浓度到低浓度）依次进样，按照仪器最佳测试条件测量峰高值。以峰高值为纵坐标，硅标准梯度的质量浓度为横坐标，建立硅的校准曲线。

5.2 试样测定

按仪器操作规程，正确连接硅酸盐模块的所有流路，启动自动进样器、蠕动泵、化学反应模块，检测单元，数据处理软件。

启动后，先用去离子水代替试剂泵入管路，检查整个分析流路的密闭性及液体流动的顺畅性。待空白基线稳定后（峰高线为10%左右），开始泵进反应试剂，待试剂基线稳定后（峰高线为10%左右）通过进样针将曲线最高浓度点进样，出峰后调整增益值使峰高在可视范围内（90%左右），待峰高降至基线后进行样品分析。

样品测试：设置分析方法和运行程序，将标准样品和样品按照设定的分析方法顺序放入样品架上。点击系统窗口“运行”键，开始运行设定的程序。运行自动完成后，数据将自动被存储到结果文件中。

分析结束后，按顺序泵入系统清洗液和去离子水清洗试剂管路，清洗完毕后排干所有管路，关闭仪器电源。取下泵压盘，将一边泵管塑料卡条放松，将泵压盘倒放在原位置。

5.3 计算

样品中硅酸盐的浓度的计算通过标准曲线的回归方程求得，其中标准的浓度为自变量而相关的相应峰值为应变量。仪器软件报告每个样品相对于标准曲线的浓度。

测定结果小数点位数在分析运行程序中设定。

6. 质量保证和质量控制

6.1 准确度

两家实验室对地表水样品进行硅酸盐的加标回收试验，加标回收率最终值为106%±22.1%。

6.2 精密度

两家实验室对硅酸盐质量浓度为0.35 mg/L、1.40 mg/L和2.80 mg/L的统一样品进行了测定，实验室内相对标准偏差分别为0.12%～0.91%、0.31%～0.72%、0.21%～0.43%；实验室间相对标准偏差分别为1.70%、2.59%、1.10%；重复性限分别为0.006 mg/L、0.031 mg/L、0.027 mg/L；再现性限分别为0.018 mg/L、0.111 mg/L、0.094 mg/L。

6.3 校准有效性检查：每次样品分析均须绘制校准曲线，校准曲线的相关系数应大于或等于 0.995 。

6.4 实验室空白：每批样品（≤20 个）至少做两个实验室空白，空白值应低于方法检出限。否则应检查实验用水质量、试剂纯度、器皿洁净度及仪器性能等。

6.5 全程序空白：每批样品（≤20 个）至少做一个全程序空白，空白值应低于方法检出限。否则应查明原因，重新分析直至合格才能测定样品。

6.6 精密度控制：每批样品（≤20 个）至少测定 10%的平行双样，样品数量＜10 个时，应至少测定一个平行双样，两次平行测定结果的相对偏差应≤10%。

6.7 准确度控制：每批样品（≤20 个）应至少测定一个加标回收率。实际样品的加标回收率应控制在 80%～110%。

必要时，每批样品（≤20 个）至少分析一个有证标准物质或实验室自行配制的质控样，有证标准物质测定结果应在允许范围内。

7. 引用标准

《近岸海域环境监测规范》（HJ 442—2008）

编写人员：

胡序朋（浙江省舟山海洋生态环境监测站）

庄彤晖（浙江省舟山海洋生态环境监测站）

任朝兴（广西壮族自治区海洋环境监测中心站）

二十七、质量保证与质量控制技术要求

1. 目的

为保证和证明监测过程得到有效控制、监测结果准确可靠，采取科学、合理、可行的质量保证与质量控制（QA/QC）措施对监测过程予以有效控制和评价。

2. 适用范围

适用于承担单位制订质量管理计划并具体实施。

3. 质量保证与质量控制要求应涉及监测活动全程序的质量保证措施和质量控制指标

4. 样品采集及管理

4.1 根据确定的采样点位、监测项目、频次、时间和方法进行采样。必要时制订采样计划，内容包括采样时间和路线、采样人员和分工、采样器材、交通工具以及安全保障等。

4.2 采样人员应充分了解监测任务的目的和要求，了解监测点位的周边情况，掌握采样方法、监测项目、采样质量保证措施、样品的保存技术和采样量等，做好采样前的准备。

4.3 采集样品时，应满足相应的规范要求，并对采样准备工作和采样过程实行必要的质量监督。

4.4 样品采集过程中，全程序空白和平行双样的采集要覆盖三个以上的监测项目。每年每个项目必须覆盖一次以上。

4.5 样品运输与交接

样品运输过程中应采取措施保证样品性质稳定，避免沾污、损失和丢失。样品接收、核查和发放各环节均应受控；样品交接记录、样品标签及其包装应完整。若发现样品有异常或处于损坏状态，应如实记录，并尽快采取相关处理措施，必要时重新采样。

4.6 样品保存

样品应分区存放，并有明显标志，以免混淆。样品保存条件具体参照本作业指导书第一部分（样品的采集、保存与运输技术要求）的相关内容。

5. 实验室分析质量控制

5.1 自控

5.1.1 方法检出限

首次开展监测项目，应通过实验确定方法检出限，并满足方法要求。方法检出限的计算方法执行《环境监测 分析方法标准制修订技术导则》（HJ 168）。各监测项目的方法检出限详见表 27-1。

表 27-1　方法检出限和空白指标要求

分析项目	分析方法	方法检出限	实验室空白数量	空白值要求
高锰酸盐指数	酸性法/碱性法	0.5 mg/L	至少两个	空白试样的测定值应低于方法检出限
化学需氧量	重铬酸盐法	5 mg/L	至少两个	—
五日生化需氧量	稀释接种法	0.5 mg/L	至少两个	空白试样的结果不能超过 1.5 mg/L
氨氮	纳氏试剂分光光度法	0.03 mg/L	至少 1 个	实验室空白的吸光度≤0.060（20mm 比色皿）
总磷（以 P 计）	钼酸铵分光光度法	0.01 mg/L	至少 1 个	实验室空白的结果应低于方法检出限
总氮（以 N 计）	碱性过硫酸钾消解紫外分光光度法	0.05 mg/L	至少 1 个	实验室空白的校正吸光度 A_b 应小于 0.030
铜、铅、锌、镉	电感耦合等离子体质谱法	铜 0.08 μg/L 铅 0.09 μg/L 锌 0.7 μg/L 镉 0.05 μg/L	至少 1 个	空白值应满足其中一个条件：（1）低于方法检出限；（2）低于标准限值的 10%；（3）低于每一批样品最低测定值的 10%
铜、锌	电感耦合等离子体发射光谱法	铜 0.006 mg/L 锌 0.004 mg/L	至少两个	空白试样的测定值应低于方法检出限
锌	火焰原子吸收分光光度法	0.05 mg/L	至少 1 个	空白值应满足其中一个条件：（1）低于方法检出限；（2）低于标准限值的 10%；（3）低于每批样品最低测定值的 10%
铜、铅和镉	石墨炉原子吸收分光光度法	铜 0.001 mg/L 铅 0.002 mg/L 镉 0.000 1 mg/L	至少两个	两个实验室空白测定结果偏差不大于 50%
硒、砷、汞（总量）	原子荧光法	硒 0.4 μg/L 砷 0.3 μg/L 汞 0.04 μg/L	至少两个	空白试样的测定值应低于方法检出限
总汞	冷原子吸收法	0.01 μg/L	至少 1 个	实验室空白的结果应小于 2.2 倍方法检出限
砷、硒（总量）	电感耦合等离子体质谱法	砷 0.2 μg/L 硒 0.4 μg/L	至少两个	空白值应满足其中一个条件：（1）低于方法检出限；（2）低于标准限值的 10%；（3）低于每批样品最低测定值的 10%
氟化物(以 F^- 计)	离子色谱法	0.006 mg/L	至少两个	空白试样的测定值应低于方法检出限
	离子选择电极法	0.05 mg/L	—	—
六价铬	二苯碳酰二肼分光光度法	0.004 mg/L	至少两个	实验室空白的吸光度应不超过0.010（30 mm 比色皿）

分析项目	分析方法	方法检出限	实验室空白数量	空白值要求
氰化物	异烟酸—吡唑啉酮分光光度法	0.004 mg/L	至少 1 个	空白试样的测定值应低于方法检出限
	异烟酸—巴比妥酸分光光度法	0.001 mg/L		
挥发酚	4-氨基安替比林萃取分光光度法	0.000 3 mg/L	至少 1 个	实验室空白的吸光度小于 0.08*
石油类	红外分光光度法	0.01 mg/L	至少 1 个	空白试样的测定值应低于方法检出限
阴离子表面活性剂	亚甲蓝分光光度法	0.05 mg/L	至少 1 个	实验室空白的吸光度不应超过 0.02
硫化物	亚甲基蓝分光光度法	0.005 mg/L	至少 1 个	实验室空白的吸光度不应超过 0.015
叶绿素 a	分光光度法	2 μg/L	至少 1 个	空白试样的测定值应低于方法检出限
粪大肠菌群	多管发酵法	—	至少 1 个	实验室空白的结果应为阴性
	纸片法	—	至少 1 个	实验室空白的结果应为阴性
硝酸盐、亚硝酸盐	离子色谱法	0.02 mg/L	至少两个	空白试样的测定值应低于方法检出限
硝酸盐	紫外分光光度法	0.08 mg/L	—	—
亚硝酸盐	分光光度法	0.003 mg/L	—	—
硫酸盐	离子色谱法	0.03 mg/L	至少两个	空白试样的测定值应低于方法检出限
氯化物	离子色谱法	0.008 mg/L	—	—
铁、锰	火焰原子吸收分光光度法	铁 0.03 mg/L 锰 0.01 mg/L	至少 1 个	空白试样的测定值应低于方法检出限
	电感耦合等离子体发射光谱法	铁 0.01 mg/L（水平） 锰 0.01 mg/L（水平） 铁 0.02 mg/L（垂直） 锰 0.004 mg/L（垂直）	至少两个	空白试样的测定值应低于方法检出限
	电感耦合等离子体质谱法	铁 0.82 μg/L（水平） 锰 0.12 μg/L（水平）	至少 1 个	空白值应满足其中一个条件：（1）低于方法检出限；（2）低于标准限值的 10%；（3）低于每批样品最低测定值的 10%
硅酸盐	硅钼蓝分光光度法	0.030 mg/L	—	—

注：*代表该内容为暂定数值，还有待数据统计进行最终确定。

5.1.2 校准曲线

采用校准曲线法进行定量分析时，仅限在其线性范围内使用。必要时，对校准曲线的相关性、精密度和置信区间进行统计分析，检验斜率、截距和相关系数是否满足标准方法的要求。若不满足，需从分析方法、仪器设备、量器、试剂和操作等方面查找原因，改进后重新绘制校准曲线。校准曲线不得长期使用，不得相互借用。一般情况下，校准曲线应与样品测定同时进行。

5.1.3 空白样品

空白样品（主要包括全程序空白和实验室空白）测定结果一般应低于方法检出限。一般情况下，不应从样品测定结果中扣除全程序空白样品的测定结果。具体空白指标要求详见表 27-1。

5.1.4 平行样测定

按方法要求随机抽取一定比例的样品做平行样品测定。质量控制指标详见表 27-2。

表 27-2　水质监测实验室质量控制指标

分析项目	分析方法	样品含量/(mg/L)	精密度/%	准确度/%
			相对偏差	基体加标回收率
高锰酸盐指数	酸性法/碱性法	≤2.0	≤25	—
		＞2.0	≤20	—
化学需氧量	重铬酸盐法	5～50	≤20	—
		50～100	≤15	—
		100	≤10	—
五日生化需氧量	稀释与接种法	＜3	≤25	—
		3～100	≤20	—
		＞100	≤15	—
氨氮	纳氏试剂分光光度法	≤1.0	≤20	70～130
		＞1.0	≤15	80～120
总磷（以 P 计）	钼酸铵分光光度法	≤0.03	≤25	70～130
		＞0.03	≤10	80～120
总氮（以 N 计）	碱性过硫酸钾消解紫外分光光度法	≤1.0	≤10	90～110
		＞1.0	≤5	90～110
铜、铅、锌、镉（可溶态）	电感耦合等离子体质谱法	—	≤20	70～130
铜、锌（可溶态）	电感耦合等离子体发射光谱法	—	≤25	70～120
锌（可溶态）	火焰原子吸收分光光度法	—	≤20	80～120
铜、铅和镉（可溶态）	石墨炉原子吸收分光光度法	—	≤20	80～120
硒、砷、汞（总量）	原子荧光法	—	≤20	70～130
总汞	冷原子吸收法	≤0.001	≤30	85～115
		0.001～0.005	≤20	90～110
		＞0.005	≤15	

分析项目	分析方法	样品含量/(mg/L)	精密度/%	准确度/%
			相对偏差	基体加标回收率
砷、硒（总量）	电感耦合等离子体质谱法	—	≤20	70～130
氟化物（以 F^-计）	离子色谱法和离子选择电极法	—	≤10	80～120
六价铬	二苯碳酰二肼分光光度法	≤0.01	≤15	85～115
		0.01～1.0	≤10	90～110
		＞1.0	≤5	90～110
氰化物	异烟酸—吡唑啉酮和异烟酸—巴比妥酸分光光度法	≤0.05	≤20	85～115
		0.05～0.5	≤15	90～110
		＞0.5	≤10	90～110
挥发酚	4-氨基安替比林萃取分光光度法	≤0.05	≤25	—
		0.05～1.0	≤15	—
		＞1.0	≤10	—
阴离子表面活性剂	亚甲蓝分光光度法	≤0.5	≤20	80～120
		0.5	≤20	85～110
硫化物	亚甲基蓝分光光度法	—	—	—
粪大肠菌群	多管发酵法	—	—	—
叶绿素 a	分光光度法	—	＜20	—
硝酸盐、亚硝酸盐	离子色谱法	—	≤10	80～120
硝酸盐	紫外分光光度法	＜0.5	≤25	85～115
亚硝酸盐	分光光度法	＜0.05	≤20	85～115
		0.05～0.2	≤15	85～105
硫酸盐	离子色谱法	—	≤10	80～120
	铬酸钡分光光度法	—	≤10	80～110
氯化物	硝酸银滴定法	—	≤10	90～110
	离子色谱法	—	≤10	90～120
铁、锰	火焰原子吸收分光光度法	—	≤20	70～130
	电感耦合等离子体发射光谱法	—	≤25	70～120
	电感耦合等离子体质谱法	—	≤20	70～130
硅酸盐	硅钼蓝分光光度法	≤1.00	≤10	86～112
		＞1.00	≤5	86～112
	连续流动比色法	—	≤10	80～110

5.1.5 加标回收率测定

加标回收实验包括空白加标、基体加标及基体加标平行等。空白加标在与样品相同的前处理和测定条件下进行分析。基体加标和基体加标平行是在样品前处理之前加标，加标样品与样品在相同的前处理和测定条件下进行分析。在实际应用时应注意加标物质的形态、加标量和加标的基体。加标量一般为样品浓度的 0.5～3 倍，且加标后的总浓度不应超过分析方法的测定上限。样品中待测物浓度在方法检出限附近时，加标量应控制在校准曲线的低浓度范围。加标后样品体积应无显著变化，否则应在计算回收率时考虑这项因素。

每批相同基体类型的样品应随机抽取一定比例样品进行加标回收及其平行样测定。

5.1.6 标准样品/有证标准物质测定

监测工作中应使用标准样品/有证标准物质或能够溯源到国家基准的物质。应有标准样品/有证标准物质的管理程序，对其购置、核查、使用、运输、存储和安全处置等进行规定。

标准样品/有证标准物质应与样品同步测定。进行质量控制时，标准样品/有证标准物质不应与绘制校准曲线的标准溶液来源相同。

应尽可能选择与样品基体类似的标准样品/有证标准物质进行测定，用于评价分析方法的准确度或检查实验室（或操作人员）是否存在系统误差。

5.1.7 方法比对或仪器比对

对同一样品或一组样品可用不同的方法或不同的仪器进行比对测定分析，以检查分析结果的一致性。

5.2 他控

样品进入分析测试前，由专职质量管理人员加入密码样品，须涵盖对测试准确度和精密度的监督，每月的密码样品必须覆盖三个以上的监测项目，专职质量管理人员填写实验室质量监督记录。每年每个项目必须覆盖一次以上。可选择以下措施：

5.2.1 密码平行样

质量管理人员根据实际情况，按一定比例随机抽取样品作为密码平行样，交付监测人员进行测定。若平行样测定偏差超出规定允许偏差范围，应在样品有效保存期内补测；若补测结果仍超出规定的允许偏差，说明该批次样品测定结果失控，应查找原因，纠正后重新测定，必要时重新采样。

5.2.2 密码质量控制样及密码加标样

由质量管理人员使用有证标准样品/标准物质作为密码质量控制样品，或在随机抽取的常规样品中加入适量标准样品/标准物质制成密码加标样，交付监测人员进行测定。如果质量控制样品的测定结果在给定的不确定度范围内，则说明该批次样品测定结果受控。反之，该批次样品测定结果作废，应查找原因，纠正后重新测定。

5.2.3 人员比对

不同分析人员采用同一分析方法、在同样的条件下对同一样品进行测定，比对结果应达到相应的质量控制要求。

5.2.4 留样复测

对于稳定的、测定过的样品保存一定时间后，若仍在测定有效期内，可进行重新测定。将两次测定结果进行比较，以评价该样品测定结果的可靠性。

6．质量管理部门每月汇总各个项目的质控监测数据和质量监督记录，对质控结果进行评价，编制每次监测的质控报告

7．引用标准

《环境监测质量管理技术导则》（HJ 630—2011）

编写人员：

袁　懋（中国环境监测总站）

许秀艳（中国环境监测总站）

解　鑫（中国环境监测总站）

二十八、数据处理及报送要求

1. 目的

为准确规范报送监测数据。

2. 适用范围

适用于单月监测数据和均值数据的报送。

3. 监测数据有效位数

报送的监测数据有效位数不超过三位，小数点后最多位数不能超过采用的标准方法的检出限位数，不能任意增删，详见表28-1。

表28-1　水质监测实验室数据报送有效位数的要求

分析项目	分析方法	方法检出限	样品含量	数据结果报出要求
高锰酸盐指数	酸性法/碱性法	0.5 mg/L	＜100 mg/L	保留至小数点后一位
			≥100 mg/L	保留三位有效数字
化学需氧量	重铬酸盐法	5 mg/L		报整数且不超过三位有效数字
五日生化需氧量	稀释与接种法	0.5 mg/L	＜100 mg/L	保留至小数点后一位
			≥100 mg/L	保留三位有效数字
氨氮	纳氏试剂分光光度法	0.03 mg/L	＜10.0 mg/L	保留至小数点后两位
			≥10.0 mg/L	保留三位有效数字
总磷（以P计）	钼酸铵分光光度法	0.01 mg/L	＜10.0 mg/L	保留至小数点后两位
			≥10.0 mg/L	保留三位有效数字
总氮（湖、库，以N计）	碱性过硫酸钾消解紫外分光光度法	0.05 mg/L	＜10.0 mg/L	保留至小数点后两位
			≥10.0 mg/L	保留三位有效数字
铜、铅、锌、镉（可溶态）	电感耦合等离子体质谱法	铜0.08μg/L 铅0.09μg/L 锌0.7μg/L 镉0.05μg/L	—	小数点后最多位数不能超过方法检出限的小数位数，最多保留三位有效数字
铜、锌（可溶态）	电感耦合等离子体发射光谱法	铜0.006 mg/L 锌0.004 mg/L	—	小数点后最多位数不能超过方法检出限的小数位数，最多保留三位有效数字
锌（可溶态）	火焰原子吸收分光光度法	0.05 mg/L	＜10.0 mg/L	保留至小数点后两位
			≥10.0 mg/L	保留三位有效数字
铜、铅和镉（可溶态）	石墨炉原子吸收分光光度法	铜0.001 mg/L 铅0.002 mg/L 镉0.000 1mg/L	—	小数点后最多位数不能超过方法检出限的小数位数，最多保留三位有效数字

分析项目	分析方法	方法检出限	样品含量	数据结果报出要求
硒、砷、汞（总量）	原子荧光法	汞 0.04μg/L	＜10.0μg/L	保留小数点后两位
			≥10.0μg/L	保留三位有效数字
		砷 0.3μg/L 硒 0.4μg/L	＜100μg/L	保留小数点后一位
			≥100μg/L	保留三位有效数字
总汞	冷原子吸收法	0.01 μg/L	＜10.0μg/L	保留到小数点后两位
			≥10.0μg/L	保留三位有效数字
砷、硒（总量）	电感耦合等离子体质谱法	砷 0.2μg/L 硒 0.4μg/L	＜100μg/L	保留到小数点后一位
			≥100μg/L	保留三位有效数字
氟化物（以 F^- 计）	离子色谱法	0.006 mg/L	＜1.00 mg/L	保留至小数点后三位
			≥1.00 mg/L	保留三位有效数字
	离子选择电极法	0.05mg/L	＜10.0 mg/L	保留至小数点后两位
			≥10.0 mg/L	保留三位有效数字
六价铬	二苯碳酰二肼分光光度法	0.004 mg/L	＜1.00 mg/L	保留至小数点后三位
			≥1.00 mg/L	保留三位有效数字
氰化物	异烟酸—吡唑啉酮和分光光度法	0.004 mg/L	＜1.00 mg/L	保留至小数点后三位
			≥1.00 mg/L	保留三位有效数字
	异烟酸—巴比妥酸分光光度法	0.001 mg/L	＜1.00 mg/L	保留至小数点后三位
			≥1.00 mg/L	保留三位有效数字
挥发酚	4-氨基安替比林萃取分光光度法	0.000 3 mg/L	＜0.100 mg/L	保留至小数点后四位
			≥0.100 mg/L	保留三位有效数字
石油类	红外分光光度法	0.01 mg/L	＜10.0 mg/L	保留至小数点后两位
			≥10.0 mg/L	保留三位有效数字
阴离子表面活性剂	亚甲蓝分光光度法	0.05 mg/L	＜10.0 mg/L	保留至小数点后两位
			≥10.0 mg/L	保留三位有效数字
硫化物	亚甲基蓝分光光度法和分子气相吸收光谱法	0.005 mg/L	＜1.00 mg/L	保留至小数点后三位
			≥1.00 mg/L	保留三位有效数字
粪大肠菌群	多管发酵法	—	＜100 MPN/L	按实际有效位数保留
			≥100 MPN/L	科学计数法
	纸片快速法	—	＜100 MPN/L	保留两位有效数字
			≥100 MPN/L	科学计数法
叶绿素 a	分光光度法	2 μg/L	—	报整数且不超过三位有效数字
硝酸盐、亚硝酸盐	离子色谱法	0.02 mg/L	＜1 mg/L	保留至小数点后三位
			≥1 mg/L	保留三位有效数字
硝酸盐	紫外分光光度法	0.08 mg/L	—	小数点后最多位数不能超过方法检出限的小数位数，最多保留三位有效数字
亚硝酸盐	分光光度法	0.003 mg/L	—	结果以三位小数表示
硫酸盐	离子色谱法	0.03 mg/L	＜1 mg/L	保留至小数点后三位
			≥1 mg/L	保留三位有效数字

分析项目	分析方法	方法检出限	样品含量	数据结果报出要求
氯化物	离子色谱法	0.008 mg/L	＜1 mg/L	保留至小数点后三位
			≥1 mg/L	保留三位有效数字
铁、锰	火焰原子吸收分光光度法	铁 0.03 mg/L 锰 0.01 mg/L	—	小数点后最多位数不能超过方法检出限的小数位数，最多保留三位有效数字
	电感耦合等离子体发射光谱法	铁 0.01 mg/L（水平） 锰 0.01 mg/L（水平） 铁 0.02 mg/L（垂直） 锰 0.004 mg/L（垂直）	—	小数点后最多位数不能超过方法检出限的小数位数，最多保留三位有效数字
	电感耦合等离子体质谱法	铁 0.82 μg/L（水平） 锰 0.12 μg/L（水平）	—	小数点后最多位数不能超过方法检出限的小数位数，最多保留三位有效数字
硅酸盐	硅钼蓝分光光度法	0.030 mg/L	＜1.00 mg/L	保留至小数点后两位
			≥1.00 mg/L	保留三位有效数字

4．均值数据计算与有效位数

4.1 均值数据使用原始监测数据进行计算，进舍规则执行 GB/T 8170 数值修约规则。

（1）拟舍弃数字的最左一位数字小于 5，则舍去，保留其余各位数字不变。

（2）拟舍弃数字的最左一位数字大于 5，则进一，即保留数字的末位数字加 1。

（3）拟舍弃数字的最左一位数字是 5，且其后有非 0 数字时进一，即保留数字的末位数字加 1。

（4）拟舍弃数字的最左一位数字为 5，且其后无数字或皆为 0，若所保留的末位数字为奇数（1，3，5，7，9）则进一，即保留数字的末位数字加 1；若所保留的末位数字为偶数（0，2，4，6，8），则舍去。

4.2 均值数据的有效位数与监测数据位数一致，有效位数不超过 3 位，小数点后最多位数不能超过采用的标准方法的检出限位数，不能任意增删，详见表 28-1。

5．监测数据报送格式

5.1 报送监测数据时，若监测值低于检出限，按照表 28-1 的方法检出限报出，并在检出限后加“L”；检出限应该满足国家地表水 I 类水质标准值的 1/4；未监测则填写“−1”，并写明原因。

5.2 监测数据严格按照要求格式报送，河流和湖库数据分别填写，填写时注意各项目的单位，按要求仔细填写。

6．引用标准

《数值修约规则与极限数值的表示和判定》（GB/T 8170—2008）

编写人员：

刘　允（中国环境监测总站）

解　鑫（中国环境监测总站）

许秀艳（中国环境监测总站）

附　录

附录 1

国家环境监测网地表水监测原始记录表参考表

来源：国家环境监测网质量体系文件（水质手工监测分册），并依据其修订而自行更新本书记录表。

1	GJW-04—2016-YS-SZ-001	地表水采样记录表
2	GJW-04—2016-YS-SZ-002	地表水现场监测记录表
3	GJW-04—2016-YS-SZ-003	水质样品交接记录表
4	GJW-04—2016-YS-SZ-004	水质样品流转记录表
5	GJW-04—2016-YS-SZ-005	重量分析原始记录表
6	GJW-04—2016-YS-SZ-006	标准溶液配制记录表
7	GJW-04—2016-YS-SZ-007	标准溶液标定记录表
8	GJW-04—2016-YS-SZ-008	pH 测定原始记录表
9	GJW-04—2016-YS-SZ-009	溶解氧（滴定法）测定原始记录表
10	GJW-04—2016-YS-SZ-010	高锰酸盐指数测定原始记录表
11	GJW-04—2016-YS-SZ-011	化学需氧量（容量法）测定原始记录表
12	GJW-04—2016-YS-SZ-012	五日生化需氧量（稀释与接种法）测定原始记录表
13	GJW-04—2016-YS-SZ-013	分光光度法测定原始记录表 I
14	GJW-04—2016-YS-SZ-014	分光光度法测定原始记录表 II
15	GJW-04—2016-YS-SZ-015	分光光度法校准曲线原始记录表
16	GJW-04—2016-YS-SZ-016	总氮测定原始记录表
17	GJW-04—2016-YS-SZ-017	总氮校准曲线原始记录表
18	GJW-04—2016-YS-SZ-018	原子吸收法测定原始记录表
19	GJW-04—2016-YS-SZ-019	原子荧光法测定原始记录表
20	GJW-04—2016-YS-SZ-020	等离子发射光谱测定原始记录表
21	GJW-04—2016-YS-SZ-021	等离子发射质谱测定原始记录表
22	GJW-04—2016-YS-SZ-022	总汞冷原子吸收分光光度法测定原始记录表
23	GJW-04—2016-YS-SZ-023	氰化物测定原始记录表
24	GJW-04—2016-YS-SZ-024	离子色谱法测定原始记录表
25	GJW-04—2016-YS-SZ-025	石油类测定原始记录表
26	GJW-04—2016-YS-SZ-026	粪大肠菌群检验原始记录表
27	GJW-04—2016-YS-SZ-027	地表水监测项目和分析方法汇总表
28	GJW-04—2016-YS-SZ-028	河流（湖库）水质监测结果汇总表

注：中国环境监测总站委托的国家网监测任务中，应使用上述原始记录表格。

GJW-04-2016-YS-SZ-001　　监测机构名称：________　　同步方监测机构名称：________

合同编号：________　　监测任务名称：________

地表水采样记录表

水体名称		断面名称		经　度	度　分　秒	断面周边环境描述	
				纬　度	度　分　秒		
采样日期（年　月　日）		天气状况		河流宽度/m	约	断面水质表观	
				河流深度（湖库）/m	约		

采样位置		采样时间	样品编号	监测项目	样品数量/个	样品储存容器			采样体积/mL	保存剂		保存方式（填序号）	样品状态感官描述
垂线	深度					材质	颜色	容量		名称（填序号）	添加量/mL		
		时　分											
		时　分											
		时　分											
		时　分											

备注：1．断面水质表观：水体颜色、气味、有无漂浮物等

2．断面周边环境：有无排污口，是否是死水区、回水区，有无居民区、工业区，有无居民区、工业区和农药化肥使用区等

3．质控样品信息：

4．如是实验室间同步采样断面，请填写双方采样机构名称，并由双方现场监测人员签字确认

样品保存剂：

1．H_2SO_4；2．浓 HNO_3；3．浓 HCl；4．浓 HCl+重铬酸钾；5．NaOH；6．H_3PO_4+硫酸铜；7．1%（*V*/*V*）甲醛；8．氯仿；9．NaOH 溶液+Zn（AC）$_2$溶液；10．1%碳酸镁悬浊液

保存方式：

1．冷藏

2．避光

3．标签完好，采取有效减震措施

4．其他：

采样人：　　年　月　日　　同步方采样人：　　年　月　日　　复核人：　　年　月　日

GJW-04-2015-YS-SZ-002　　监测机构名称：________　　同步方监测机构名称：________

合同编号：________　　监测任务名称：________

地表水现场监测记录表

水体名称：________　　断面名称：________

采样位置		监测时间	现场监测项目							
垂线	深度		水温/℃	溶解氧/（mg/L）	pH	电导率/（μS/cm）	浊度/度	透明度/cm	流速/（m/s）	流量/（m^3/s）
		时　分								
		时　分								
		时　分								
		时　分								
		时　分								
		时　分								
		时　分								
		时　分								
		时　分								
		时　分								
		时　分								
		时　分								

GJW-04-2016-YS-SZ-002　　监测机构名称：______　　同步方监测机构名称：______

合同编号：______　　监测任务名称：______

地表水现场监测记录表（续）

现场监测仪器名称及型号		仪器编号		仪器有效期		现场监测方法及依据	
现场监测仪器名称及型号		仪器编号		仪器有效期		现场监测方法及依据	
现场监测仪器名称及型号		仪器编号		仪器有效期		现场监测方法及依据	
现场监测仪器名称及型号		仪器编号		仪器有效期		现场监测方法及依据	
现场监测仪器名称及型号		仪器编号		仪器有效期		现场监测方法及依据	
现场监测仪器名称及型号		仪器编号		仪器有效期		现场监测方法及依据	
现场监测仪器名称及型号		仪器编号		仪器有效期		现场监测方法及依据	
现场监测仪器名称及型号		仪器编号		仪器有效期		现场监测方法及依据	
现场监测仪器名称及型号		仪器编号		仪器有效期		现场监测方法及依据	
备注	如是实验室间同步采样断面，请填写双方采样机构名称，并由双方现场监测人员签字确认。						

监测人：　　同步方监测人：　　复核人：　　审核人：

年　月　日　　年　月　日　　年　月　日　　年　月　日

GJW-04-2016-YS-SZ-003

监测机构名称：________________

合同编号：________________

监测任务名称：________________

水质样品交接记录表

接样日期（年月日时）	样品编号	数量	保存条件	采样人	接样人	备注	处理日期（年月日时）	处理方式	处置人	记录人	备注
			冷藏□ 固定□ 避光□ 其他□					中和□ 回收□ 上交□ 弃置□			
			冷藏□ 固定□ 避光□ 其他□					中和□ 回收□ 上交□ 弃置□			
			冷藏□ 固定□ 避光□ 其他□					中和□ 回收□ 上交□ 弃置□			
			冷藏□ 固定□ 避光□ 其他□					中和□ 回收□ 上交□ 弃置□			
			冷藏□ 固定□ 避光□ 其他□					中和□ 回收□ 上交□ 弃置□			
			冷藏□ 固定□ 避光□ 其他□					中和□ 回收□ 上交□ 弃置□			
			冷藏□ 固定□ 避光□ 其他□					中和□ 回收□ 上交□ 弃置□			
			冷藏□ 固定□ 避光□ 其他□					中和□ 回收□ 上交□ 弃置□			
			冷藏□ 固定□ 避光□ 其他□					中和□ 回收□ 上交□ 弃置□			
			冷藏□ 固定□ 避光□ 其他□					中和□ 回收□ 上交□ 弃置□			
			冷藏□ 固定□ 避光□ 其他□					中和□ 回收□ 上交□ 弃置□			
			冷藏□ 固定□ 避光□ 其他□					中和□ 回收□ 上交□ 弃置□			

GJW-04-2016-YS-SZ-004

合同编号：________________

监测机构名称：________________

监测任务名称：________________

水质样品流转记录表

采样日期：____年____月____日

序号	样品编号	保存条件（填序号）	样品瓶状态描述	样品量/mL	取样量/mL	剩余量/mL	监测项目	交样人	取样人	交接时间
备注						保存条件： 1．冷藏 2．固定 3．避光 4．其他				

GJW-04-2016-YS-SZ-005

合同编号：____________

监测机构名称：____________

监测任务名称：____________

重量分析原始记录表

实验室温度：____ 湿度：____ 天平型号：____ 天平编号：____ 称量物：____ 干燥条件：____±____℃ ____h

分析日期	样品名称	样品编号	皿或膜号	皿（膜）重/g				皿（膜）+样重/g				皿（膜）+样重/g（恒重后）				干物质含量/%	水分含量/%
				第1次	第2次	第3次	终值	第1次	第2次	第3次	终值	第1次	第2次	第3次	终值		
年 月 日 时																	
年 月 日 时																	
年 月 日 时																	
年 月 日 时																	
年 月 日 时																	
年 月 日 时																	
年 月 日 时																	
年 月 日 时																	
年 月 日 时																	

分析人： 年 月 日

校核人： 年 月 日

审核人： 年 月 日

GJW-04-2016-YS-SZ-006

合同编号：________________

监测机构名称：________________

监测任务名称：________________

标准溶液配制记录表

配制日期	标准物质名称	生产厂家及批号	纯度/%	比重	称取量/取样体积（ ）	溶剂	定容体积（ ）	配制浓度（ ）	有效期

配制日期	试剂名称	试剂浓度（ ）	贮备液来源	贮备液浓度（ ）	贮备液取用量（ ）	定容体积（ ）	再稀释情况			有效期
							第 1 次	第 2 次	第 3 次	

配制人：

年　月　日

复核人：

年　月　日

GJW-04-2016-YS-SZ-007　　　　　　　　　　　　　监测机构名称：________________

合同编号：________________　　　　　　　　　　监测任务名称：________________

标准溶液标定记录表

<table>
<tr><td>配制日期</td><td></td><td>试剂名称</td><td></td><td>生产厂家</td><td></td><td>纯度（　）</td><td></td></tr>
<tr><td>称取量/量取量（　）</td><td></td><td>溶剂</td><td></td><td>溶剂级别</td><td></td><td>定容体积（　）</td><td></td></tr>
<tr><td colspan="2">标定用标准溶液名称及浓度（　）</td><td colspan="3"></td><td colspan="2">标定用标准溶液配制日期</td><td></td></tr>
<tr><td colspan="2">移液管体积及修正值（　）</td><td colspan="6"></td></tr>
<tr><td colspan="2">滴定管体积及修正值（　）</td><td colspan="6"></td></tr>
<tr><td colspan="2">天平型号</td><td colspan="2"></td><td colspan="2">天平编号</td><td colspan="2"></td></tr>
<tr><td colspan="2">天平溯源方式及有效期</td><td colspan="6"></td></tr>
<tr><td colspan="4">标定1：

标定2：

标定3：

标定4：</td><td colspan="4">标定1：

标定2：

标定3：

标定4：</td></tr>
<tr><td>标定结果</td><td colspan="3"></td><td>标定结果</td><td colspan="3"></td></tr>
<tr><td>标定人</td><td></td><td>复核人</td><td></td><td>标定人</td><td></td><td>复核人</td><td></td></tr>
<tr><td colspan="8">标准溶液浓度（　）：</td></tr>
</table>

GJW-04-2016-YS-SZ-008　　　　　　　　　　　　监测机构名称：＿＿＿＿＿＿＿＿

合同编号：＿＿＿＿＿＿＿＿　　　　　　　　　　监测任务名称：＿＿＿＿＿＿＿＿

pH 测定原始记录表

<table>
<tr><td colspan="2">分析方法名称及编号</td><td colspan="4"></td></tr>
<tr><td>采样日期</td><td></td><td>分析日期</td><td></td><td>仪器精度</td><td></td></tr>
<tr><td>仪器名称及型号</td><td></td><td>仪器编号</td><td></td><td>仪器溯源
有效期</td><td></td></tr>
<tr><td colspan="2">仪器溯源方式</td><td colspan="4"></td></tr>
</table>

<table>
<tr><td colspan="6">仪器校准</td></tr>
<tr><td>缓冲溶液 1
温度/℃</td><td>pH</td><td>仪器示值</td><td>缓冲溶液 2
温度/℃</td><td>pH</td><td>仪器示值</td></tr>
<tr><td></td><td></td><td></td><td></td><td></td><td></td></tr>
</table>

<table>
<tr><td rowspan="2">样品编号</td><td rowspan="2">水温/℃</td><td colspan="2">pH</td></tr>
<tr><td>I</td><td>II</td></tr>
<tr><td></td><td></td><td></td><td></td></tr>
<tr><td></td><td></td><td></td><td></td></tr>
<tr><td></td><td></td><td></td><td></td></tr>
<tr><td></td><td></td><td></td><td></td></tr>
<tr><td></td><td></td><td></td><td></td></tr>
<tr><td></td><td></td><td></td><td></td></tr>
<tr><td></td><td></td><td></td><td></td></tr>
<tr><td></td><td></td><td></td><td></td></tr>
<tr><td></td><td></td><td></td><td></td></tr>
<tr><td></td><td></td><td></td><td></td></tr>
<tr><td></td><td></td><td></td><td></td></tr>
</table>

<table>
<tr><td colspan="4">准确度检查</td></tr>
<tr><td>质控样样品编号</td><td>保证值</td><td>实测值</td><td>是否合格</td></tr>
<tr><td></td><td></td><td></td><td>□是 □否</td></tr>
<tr><td></td><td></td><td></td><td>□是 □否</td></tr>
<tr><td></td><td></td><td></td><td>□是 □否</td></tr>
<tr><td colspan="4">备注：</td></tr>
</table>

分析人：　　　　　　　　　　复核人：　　　　　　　　　　审核人：

年　月　日　　　　　　　　　年　月　日　　　　　　　　　年　月　日

GJW-04-2016-YS-SZ-009　　　　　　　　　　　　监测机构名称：________________

合同编号：________________　　　　　　　　　　监测任务名称：________________

溶解氧（滴定法）测定原始记录表

采样日期	年　月　日　时		分析日期	年　月　日　时		
分析方法名称及编号						
硫代硫酸钠标准溶液浓度（　）						
序号	样品编号	取样体积（　）	标准溶液消耗量/mL			样品浓度（　）
			终读	始读	净用量	

计算公式：$溶解氧(O_2, mg/L)=\frac{M\times V\times 8\times 1\,000}{100}$

M：硫代硫酸钠溶液浓度（mol/L）；V：滴定时消耗硫酸钠溶液体积（mL）。

备注：

GJW-04-2016-YS-SZ-009　　　　　　　　　　监测机构名称：＿＿＿＿＿＿＿＿＿＿

合同编号：＿＿＿＿＿＿＿＿＿＿　　　　　　监测任务名称：＿＿＿＿＿＿＿＿＿＿

溶解氧（滴定法）测定原始记录表（续）

<table>
<tr><td rowspan="5">精密度检查</td><td>平行样样品编号</td><td colspan="2"></td><td>平行样样品编号</td><td colspan="2"></td><td>平行样样品编号</td><td colspan="2"></td></tr>
<tr><td>样品浓度（　）</td><td></td><td></td><td>样品浓度（　）</td><td></td><td></td><td>样品浓度（　）</td><td></td><td></td></tr>
<tr><td>均值（　）</td><td colspan="2"></td><td>均值（　）</td><td colspan="2"></td><td>均值（　）</td><td colspan="2"></td></tr>
<tr><td>相对偏差/%</td><td colspan="2"></td><td>相对偏差/%</td><td colspan="2"></td><td>相对偏差/%</td><td colspan="2"></td></tr>
<tr><td>是否合格</td><td colspan="2">□是　□否</td><td>是否合格</td><td colspan="2">□是　□否</td><td>是否合格</td><td colspan="2">□是　□否</td></tr>
</table>

<table>
<tr><td rowspan="8">硫代硫酸钠溶液的标定</td><td rowspan="2">标定日期</td><td rowspan="2">溶液用量/mL</td><td rowspan="2">溶液浓度/（mol/L）</td><td colspan="3">硫代硫酸钠消耗量/mL</td><td rowspan="2">硫代硫酸钠浓度/（mol/L）</td></tr>
<tr><td>终读</td><td>始读</td><td>净用量</td></tr>
<tr><td rowspan="3"></td><td rowspan="3"></td><td rowspan="3"></td><td></td><td></td><td></td><td rowspan="3"></td></tr>
<tr><td></td><td></td><td></td></tr>
<tr><td></td><td></td><td></td></tr>
<tr><td rowspan="3"></td><td rowspan="3"></td><td rowspan="3"></td><td></td><td></td><td></td><td rowspan="3"></td></tr>
<tr><td></td><td></td><td></td></tr>
<tr><td></td><td></td><td></td></tr>
</table>

分析人：　　　　　　　　复核人：　　　　　　　　审核人：

　　年　　月　　日　　　　年　　月　　日　　　　年　　月　　日

GJW-04-2016-YS-SZ-010　　　　　　　　　　　　　监测机构名称：____________________

合同编号：____________________　　　　　　　　　监测任务名称：____________________

高锰酸盐指数测定原始记录表

采样日期	年　月　日　时	分析日期	年　月　日　时
分析方法名称及依据			

标定				
标准溶液浓度 M/（mol/L）	标定高锰酸钾溶液时，高锰酸钾溶液消耗量 V_2/mL			$K=\frac{10}{V_2}$
	终读	始读	净用量	
标准溶液配制日期				

序号	样品编号	取样体积/mL	稀释倍数	稀释后取样体积/mL	高锰酸钾溶液消耗量/mL			样品浓度（mg/L）
					终读	始读	净用量	

GJW-04-2016-YS-SZ-010　　　　　　　　　　监测机构名称：________________

合同编号：____________________　　　　　监测任务名称：________________

高锰酸盐指数测定原始记录表（续）

<table>
<tr><td rowspan="5">精密度检查</td><td>平行样
样品编号</td><td colspan="2"></td><td>平行样
样品编号</td><td colspan="2"></td><td>平行样
样品编号</td><td colspan="2"></td></tr>
<tr><td>样品浓度（ ）</td><td></td><td></td><td>样品浓度
（ ）</td><td></td><td></td><td>样品浓度
（ ）</td><td></td><td></td></tr>
<tr><td>均值（ ）</td><td colspan="2"></td><td>均值（ ）</td><td colspan="2"></td><td>均值（ ）</td><td colspan="2"></td></tr>
<tr><td>相对偏差/%</td><td colspan="2"></td><td>相对偏差/%</td><td colspan="2"></td><td>相对偏差/%</td><td colspan="2"></td></tr>
<tr><td>是否合格</td><td colspan="2">□是　□否</td><td>是否合格</td><td colspan="2">□是　□否</td><td>是否合格</td><td colspan="2">□是　□否</td></tr>
<tr><td rowspan="4">准确度检查</td><td>质控样
样品编号</td><td colspan="8"></td></tr>
<tr><td>保证值（ ）</td><td colspan="8"></td></tr>
<tr><td>测定值（ ）</td><td colspan="8"></td></tr>
<tr><td>是否合格</td><td colspan="8">□是　□否</td></tr>
</table>

计算公式：

1．样品不经稀释：$I_{\mathrm{Mn}}=\dfrac{\left[\left(10+V_1\right)K-10\right]\times c\times 8\times 1\,000}{100}$

2．样品经稀释：$I_{\mathrm{Mn}}=\dfrac{\left\{\left[\left(10+V_1\right)K-10\right]-\left[\left(10+V_0\right)K-10\right]\times f\right\}\times c\times 8\times 1\,000}{V_3}$

V_1——滴定样品时高锰酸钾溶液消耗量，mL；

V_0——滴定空白时高锰酸钾溶液消耗量，mL；

V_3——样品体积，mL；

K——校正系数；

c——草酸钠溶液浓度，mol/L；

f——稀释样品时，蒸馏水在 100mL 测定用体积内所占比例。

分析人：　　　　　　　　复核人：　　　　　　　　审核人：

年　月　日　　　　　　年　月　日　　　　　　年　月　日

GJW-04-2016-YS-SZ-011　　　　　　　　　　　　　　监测机构名称：________________

合同编号：________________　　　　　　　　　　　　　　监测任务名称：________________

化学需氧量（容量法）测定原始记录表

采样日期	年　月　日　时		分析方法名称及依据							
分析日期	年　月　日　时		重铬酸钾溶液配制日期			重铬酸钾溶液浓度		□0.250 0 □0.025 0		
序号	样品编号	取样体积（ ）	稀释倍数	稀释后取样体积（ ）	重铬酸钾溶液浓度/（mol/L）	硫酸亚铁铵标准溶液消耗量/mL			样品浓度（ ）
						终读	始读	净用量	

计算公式：$\rho=\dfrac{c\times\left(V_0-V_1\right)\times 8\,000}{V_2}$

V_0：滴定空白时硫酸亚铁铵标准溶液用量，mL；V_1：滴定水样时硫酸亚铁铵标准溶液用量，mL；c：硫酸亚铁铵标准溶液浓度，mol/L；V：水样体积，mL；8 000：1/4 O_2的摩尔质量以 mg/L 为单位的换算值。

备注：

GJW-04-2016-YS-SZ-011　　　　监测机构名称：________________

合同编号：________________　　　　监测任务名称：________________

化学需氧量（容量法）测定原始记录表（续）

<table>
<tr><td rowspan="5">精密度检查</td><td>平行样样品编号</td><td colspan="2"></td><td>平行样样品编号</td><td colspan="2"></td><td>平行样样品编号</td><td colspan="2"></td></tr>
<tr><td>样品浓度（ ）</td><td></td><td></td><td>样品浓度（ ）</td><td></td><td></td><td>样品浓度（ ）</td><td></td><td></td></tr>
<tr><td>均值（ ）</td><td colspan="2"></td><td>均值（ ）</td><td colspan="2"></td><td>均值（ ）</td><td colspan="2"></td></tr>
<tr><td>相对偏差/%</td><td colspan="2"></td><td>相对偏差/%</td><td colspan="2"></td><td>相对偏差/%</td><td colspan="2"></td></tr>
<tr><td>是否合格</td><td colspan="2">□是 □否</td><td>是否合格</td><td colspan="2">□是 □否</td><td>是否合格</td><td colspan="2">□是 □否</td></tr>
<tr><td rowspan="4">准确度检查</td><td>质控样样品编号</td><td colspan="8"></td></tr>
<tr><td>保证值（ ）</td><td colspan="8"></td></tr>
<tr><td>测定值（ ）</td><td colspan="8"></td></tr>
<tr><td>是否合格</td><td colspan="8">□是 □否</td></tr>
</table>

<table>
<tr><td rowspan="5">硫酸亚铁铵溶液的标定</td><td rowspan="2">标定日期</td><td rowspan="2">重铬酸钾溶液用量/mL</td><td rowspan="2">重铬酸钾溶液浓度/（mol/L）</td><td colspan="3">硫酸亚铁铵溶液消耗量/mL</td><td rowspan="2">硫酸亚铁铵溶液浓度/（mol/L）</td></tr>
<tr><td>终读</td><td>始读</td><td>净用量</td></tr>
<tr><td rowspan="3"></td><td rowspan="3"></td><td rowspan="3"></td><td></td><td></td><td></td><td rowspan="3"></td></tr>
<tr><td></td><td></td><td></td></tr>
<tr><td></td><td></td><td></td></tr>
</table>

分析人：　　　　复核人：　　　　审核人：

年　月　日　　　　年　月　日　　　　年　月　日

GJW-04-2016-YS-SZ-012

监测机构名称：____________________

合同编号：____________________

监测任务名称：____________________

五日生化需氧量（稀释与接种法）测定原始记录表

<table>
<tr><td colspan="2">采样日期</td><td colspan="3">年　月　日　时</td><td colspan="2">分析日期</td><td colspan="3">年　月　日　时</td><td>分析方法名称及编号</td><td colspan="3"></td></tr>
<tr><td colspan="2">生化培养箱型号</td><td colspan="5"></td><td colspan="4">生化培养箱编号</td><td colspan="3"></td></tr>
<tr><td colspan="2">培养时间（ ）</td><td></td><td colspan="2">培养温度/℃</td><td colspan="2"></td><td colspan="2">温度计溯源方式</td><td colspan="2"></td><td colspan="2">温度计溯源有效期</td><td></td></tr>
<tr><td rowspan="2">序号</td><td rowspan="2">样品编号</td><td rowspan="2">稀释比</td><td colspan="4">培养前标准溶液消耗量/mL</td><td colspan="4">培养后标准溶液消耗量/mL</td><td rowspan="2">培养前溶解氧/（mg/L）</td><td rowspan="2">培养后溶解氧/（mg/L）</td><td rowspan="2">BOD_5/（mg/L）</td></tr>
<tr><td>瓶号</td><td>终读</td><td>始读</td><td>净用量</td><td>瓶号</td><td>终读</td><td>始读</td><td>净用量</td></tr>
<tr><td></td><td></td><td></td><td></td><td></td><td></td><td></td><td></td><td></td><td></td><td></td><td></td><td></td><td></td></tr>
<tr><td></td><td></td><td></td><td></td><td></td><td></td><td></td><td></td><td></td><td></td><td></td><td></td><td></td><td></td></tr>
<tr><td></td><td></td><td></td><td></td><td></td><td></td><td></td><td></td><td></td><td></td><td></td><td></td><td></td><td></td></tr>
<tr><td></td><td></td><td></td><td></td><td></td><td></td><td></td><td></td><td></td><td></td><td></td><td></td><td></td><td></td></tr>
<tr><td></td><td></td><td></td><td></td><td></td><td></td><td></td><td></td><td></td><td></td><td></td><td></td><td></td><td></td></tr>
</table>

计算公式：

备注：

GJW-04-2016-YS-SZ-012

监测机构名称：________________

合同编号：________________

监测任务名称：________________

五日生化需氧量（稀释与接种法）测定原始记录表（续）

精密度检查	平行样样品编号			平行样样品编号			平行样样品编号		
	样品浓度（　）			样品浓度（　）			样品浓度（　）		
	均值（　）			均值（　）			均值（　）		
	相对偏差/%			相对偏差/%			相对偏差/%		
	是否合格	□是　□否		是否合格	□是　□否		是否合格	□是　□否	
准确度检查	质控样样品编号								
	保证值（　）								
	测定值（　）								
	是否合格	□是　□否							

硫代硫酸钠溶液的标定	标定日期	重铬酸钾溶液用量/mL	重铬酸钾溶液浓度/（mol/L）	硫代硫酸钠溶液消耗量/mL			硫代硫酸钠溶液浓度/（mol/L）
				终读	始读	净用量	

分析人：　　　　复核人：　　　　审核人：

年　月　日　　　　年　月　日　　　　年　月　日

GJW-04-2016-YS-SZ-013　　　　　　　　　　　　　　　监测机构名称：________________

合同编号：________________　　　　　　　　　　　　监测任务名称：________________

分光光度法测定原始记录表 I

<table>
<tr><td colspan="2">采样日期</td><td colspan="2">年　月　日　时</td><td colspan="2">分析日期</td><td colspan="2">年　月　日　时</td></tr>
<tr><td colspan="2">分析项目</td><td colspan="2"></td><td colspan="2">仪器名称及型号</td><td colspan="2"></td></tr>
<tr><td colspan="2">分析方法名称及编号</td><td colspan="4"></td><td>参比液</td><td></td></tr>
<tr><td>仪器编号</td><td></td><td>仪器溯源有效期</td><td></td><td colspan="2">仪器溯源方式</td><td colspan="2"></td></tr>
<tr><td>测定波长/nm</td><td></td><td>显色时间/min</td><td></td><td>比色皿厚度/cm</td><td></td><td>显色温度/℃</td><td></td></tr>
</table>

序号	样品编号	取样体积/mL	稀释倍数	稀释后取样体积/mL	吸光度（A）	减空白后吸光度（A）	样品浓度/（mg/L）
回归方程	截距 a=		斜率 b=		相关系数 r=	绘制时间	
回归方式	□浓度～吸光度（定容体积：　　mL）　□绝对量～吸光度 □体积～吸光度（标准使用液浓度：　　mg/L）						

计算公式：样品浓度（mg/L）$=\frac{m}{V}$

m：根据校准曲线计算出的样品量（μg）；V：取样体积（mL）。

GJW-04-2016-YS-SZ-013　　　　　　　　　　　　　监测机构名称：

合同编号：　　　　　　　　　　　　　　　　　　　监测任务名称：

分光光度法测定原始记录表Ⅰ（续）

<table>
<tr><td rowspan="5">精密度检查</td><td>平行样
样品编号</td><td colspan="2"></td><td>平行样
样品编号</td><td colspan="2"></td><td>平行样
样品编号</td><td colspan="2"></td></tr>
<tr><td>样品浓度
（ ）</td><td></td><td></td><td>样品浓度（ ）</td><td></td><td></td><td>样品浓度（ ）</td><td></td><td></td></tr>
<tr><td>均值（ ）</td><td colspan="2"></td><td>均值（ ）</td><td colspan="2"></td><td>均值（ ）</td><td colspan="2"></td></tr>
<tr><td>相对偏差/%</td><td colspan="2"></td><td>相对偏差/%</td><td colspan="2"></td><td>相对偏差/%</td><td colspan="2"></td></tr>
<tr><td>是否合格</td><td colspan="2">□是 □否</td><td>是否合格</td><td colspan="2">□是 □否</td><td>是否合格</td><td colspan="2">□是 □否</td></tr>
<tr><td rowspan="8">准确度检查</td><td>质控样
样品编号</td><td colspan="3"></td><td colspan="2">加标回收样样品编号</td><td colspan="3"></td></tr>
<tr><td rowspan="2">保证值
（ ）</td><td colspan="3" rowspan="2"></td><td colspan="2">标准溶液浓度
（ ）</td><td colspan="3"></td></tr>
<tr><td colspan="2">加标量
（ ）</td><td colspan="3"></td></tr>
<tr><td rowspan="3">测定值
（ ）</td><td colspan="3" rowspan="3"></td><td colspan="2">加标样测定值
（ ）</td><td colspan="3"></td></tr>
<tr><td colspan="2">样品测定值
（ ）</td><td colspan="3"></td></tr>
<tr><td colspan="2">回收率/%</td><td colspan="3"></td></tr>
<tr><td>是否合格</td><td colspan="3">□是　　□否</td><td colspan="2">是否合格</td><td colspan="3">□是　　□否</td></tr>
</table>

分析人：　　　　　　　　复核人：　　　　　　　　审核人：

年　月　日　　　　　　　年　月　日　　　　　　　年　月　日

GJW-04-2016-YS-SZ-014　　　　　　　　　　　　监测机构名称：________________

合同编号：________________　　　　　　　　　　监测任务名称：________________

分光光度法测定原始记录表Ⅱ

采样日期	年　月　日　时	分析日期	年　月　日　时				
分析项目		仪器名称及型号					
分析方法名称及编号				参比液			
仪器编号		仪器溯源有效期		仪器溯源方式			
测定波长/nm		显色时间/min		比色皿厚度/cm		显色温度/℃	

序号	样品编号	取样体积 V/mL	馏出液体积 V_1/mL	比色体积 V_2/mL	吸光度（A）	减空白后吸光度（A）	样品浓度/（mg/L）
回归方程	截距 a=		斜率 b=		相关系数 r=	绘制时间	
回归方式	□浓度～吸光度（定容体积：　mL）； □绝对量～吸光度；□体积～吸光度（标准使用液浓度：mg/L）						

计算公式：　样品浓度（mg/L）$=\frac{m}{V}\cdot\frac{V_1}{V_2}$

m：根据校准曲线计算出的样品量（μg）；V_1：试样馏出液体积（mL）；V：样品的体积（mL），V_2：试样比色体积（mL）。

GJW-04-2016-YS-SZ-014　　　　　　　　　　监测机构名称：＿＿＿＿＿＿＿＿

合同编号：＿＿＿＿＿＿＿＿　　　　　　　　监测任务名称：＿＿＿＿＿＿＿＿

分光光度法测定原始记录表Ⅱ（续）

精密度检查	平行样 样品编号			平行样 样品编号			平行样 样品编号		
	样品浓度（ ）			样品浓度（ ）			样品浓度（ ）		
	均值（ ）			均值（ ）			均值（ ）		
	相对偏差/%			相对偏差/%			相对偏差/%		
	是否合格	□是　□否		是否合格	□是　□否		是否合格	□是　□否	

准确度检查	质控样 样品编号		加标回收样样品编号	
	保证值（ ）		标准溶液浓度（ ）	
			加标量（ ）	
	测定值（ ）		加标样测定值（ ）	
			样品测定值（ ）	
			回收率/%	
	是否合格	□是　□否	是否合格	□是　□否

分析人：　　　　　　　　复核人：　　　　　　　　审核人：

年　月　日　　　　　　　年　月　日　　　　　　　年　月　日

GJW-04-2016-YS-SZ-015　　　　监测机构名称：______________

合同编号：______________　　　　监测任务名称：______________

分光光度法校准曲线原始记录表

分析日期	年　月　日　时	分析方法名称及编号		测定波长/nm		比色皿厚度/cm			
参比液		仪器名称及型号		仪器编号					
分析项目		仪器溯源方式		仪器溯源有效期		显色时间/min		显色温度/℃	

标准曲线	分析编号	空白								
	标准溶液加入体积（　）									
	标准溶液加入量（　）									
	标准溶液浓度（　）									
	吸光度（*A*）									
	减空白后吸光度（*A*）									
	回归方程	截距 $a=$ 斜率 $b=$ 相关系数 $r=$								
	回归方式	□浓度～吸光度（定容体积：　　mL）； □绝对量～吸光度； □体积～吸光度（标准使用液浓度：　　μg/mL）								

标液配制情况

标液名称		标液浓度（　）		配制日期	年　月　日　时

分析人：　　　　　　　　复核人：　　　　　　　　审核人：

年　月　日　　　　　　年　月　日　　　　　　年　月　日

GJW-04-2016-YS-SZ-016　　　　监测机构名称：__________

合同编号：__________　　　　监测任务名称：__________

总氮测定原始记录表

采样日期	年　月　日　时	分析日期	年　月　日　时	仪器名称及型号	
分析方法名称及编号				参比液	
仪器编号		仪器溯源有效期		仪器溯源方式	

测定波长/nm		显色时间/min		比色皿厚度/cm		显色温度/℃	

序号	样品编号	取样体积 V/mL	稀释倍数 f	稀释后取样体积 V_1/mL	吸光度（A_{220}）	吸光度（A_{275}）	$A_{220}-2A_{275}$	减空白后吸光度（A）	样品浓度/（mg/L）

回归方程	截距 a=　　斜率 b=　　相关系数 r=	绘制时间	
回归方式	□浓度～吸光度（比色时定容体积：　　mL）； □绝对量～吸光度；□体积～吸光度（标准使用液浓度：　　mg/L）		

计算公式：总氮（mg/L）$=\frac{m}{V}\times f$

m：从校准曲线上查得的含氮量（μg）；V：所取水样体积。

备注：

GJW-04-2016-YS-SZ-016　　　　监测机构名称：＿＿＿＿＿＿＿＿＿＿

合同编号：＿＿＿＿＿＿＿＿＿＿　　　　监测任务名称：＿＿＿＿＿＿＿＿＿＿

总氮测定原始记录表（续）

<table>
<tr><td rowspan="5">精密度检查</td><td>平行样
样品编号</td><td colspan="2"></td><td>平行样
样品编号</td><td colspan="2"></td><td>平行样
样品编号</td><td colspan="2"></td></tr>
<tr><td>样品浓度
（　）</td><td></td><td></td><td>样品浓度（　）</td><td></td><td></td><td>样品浓度（　）</td><td></td><td></td></tr>
<tr><td>均值（　）</td><td colspan="2"></td><td>均值（　）</td><td colspan="2"></td><td>均值（　）</td><td colspan="2"></td></tr>
<tr><td>相对偏差/%</td><td colspan="2"></td><td>相对偏差/%</td><td colspan="2"></td><td>相对偏差/%</td><td colspan="2"></td></tr>
<tr><td>是否合格</td><td colspan="2">□是　□否</td><td>是否合格</td><td colspan="2">□是　□否</td><td>是否合格</td><td colspan="2">□是　□否</td></tr>
<tr><td rowspan="7">准确度检查</td><td>质控样样品编号</td><td colspan="3"></td><td colspan="2">加标回收样
样品编号</td><td colspan="3"></td></tr>
<tr><td rowspan="2">保证值
（　）</td><td colspan="3" rowspan="2"></td><td colspan="2">标准溶液浓度（　）</td><td colspan="3"></td></tr>
<tr><td colspan="2">加标量
（　）</td><td colspan="3"></td></tr>
<tr><td rowspan="3">测定值
（　）</td><td colspan="3" rowspan="3"></td><td colspan="2">加标样测定值（　）</td><td colspan="3"></td></tr>
<tr><td colspan="2">样品测定值
（　）</td><td colspan="3"></td></tr>
<tr><td colspan="2">回收率/%</td><td colspan="3"></td></tr>
<tr><td>是否合格</td><td colspan="3">□是　□否</td><td colspan="2">是否合格</td><td colspan="3">□是　□否</td></tr>
</table>

分析人：　　　　　　复核人：　　　　　　审核人：

年　月　日　　　　年　月　日　　　　年　月　日

GJW-04-2016-YS-SZ-017　　　　　　　　　　监测机构名称：________________

合同编号：________________　　　　　　监测任务名称：________________

总氮校准曲线原始记录表

<table>
<tr><td>分析日期</td><td colspan="2">年　月　日　时</td><td>采样日期</td><td colspan="2">年　月　日　时</td><td colspan="2">分析方法名称及编号</td><td></td><td>测定波长/nm</td><td></td></tr>
<tr><td>比色皿厚度/cm</td><td></td><td>参比液</td><td></td><td colspan="2">仪器名称及型号</td><td colspan="3"></td><td>仪器编号</td><td></td></tr>
<tr><td>仪器溯源方式</td><td colspan="2"></td><td>仪器溯源有效期</td><td></td><td>显色时间/min</td><td colspan="3"></td><td>显色温度/℃</td><td></td></tr>
</table>

标准曲线	分析编号	空白								
	标准溶液加入体积/（　）									
	标准溶液加入量/（　）									
	标准溶液浓度/（　）									
	吸光度（A_{220}）									
	吸光度（A_{275}）									
	$A_{220}-2A_{275}$									
	减空白后吸光度（A）									
	回归方程	截距 a = 斜率 b = 相关系数 r =								

标液配制情况

标液名称		标液浓度（　）		配制日期	

分析人：　　　　　　　　　　复核人：　　　　　　　　　　审核人：

年　月　日　　　　　　　　　年　月　日　　　　　　　　　年　月　日

GJW-04-2016-YS-SZ-018　　　　监测机构名称：________________

合同编号：________________　　　　监测任务名称：________________

原子吸收法测定原始记录表

采样日期	年 月 日 时	分析仪器名称及型号		仪器编号	
分析日期	年 月 日 时	仪器溯源方式		仪器溯源有效期	
背景扣除方式		前处理设备名称及编号			

原子化条件							
干燥温度/℃		干燥时间		灰化温度/℃		灰化时间	
原子化温度/℃		原子化时间		净化温度/℃		净化时间	

元素	分析方法名称及编号	前处理方法	测量方式		灯电流/mA	波长/nm	狭缝宽度/nm
			石墨炉法	火焰法			
		□电热板 □微波消解 □消解仪 □无					
		□电热板 □微波消解 □消解仪 □无					
		□电热板 □微波消解 □消解仪 □无					

序号	样品编号	元素			元素			元素		
		试液浓度/（ ）	稀释/浓缩/倍数	样品浓度/（ ）	试液浓度/（ ）	稀释/浓缩/倍数	样品浓度/（ ）	试液浓度/（ ）	稀释/浓缩倍数	样品浓度/（ ）

GJW-04-2016-YS-SZ-018　　　　监测机构名称：________________

合同编号：________________　　　　监测任务名称：________________

原子吸收法测定原始记录表（续 1）

<table>
<tr><td rowspan="12">校准曲线</td><td>元素</td><td colspan="2"></td><td colspan="2"></td><td colspan="2"></td></tr>
<tr><td>序号</td><td>标准溶液浓度（ ）</td><td>吸光度</td><td>标准溶液浓度（ ）</td><td>吸光度</td><td>标准溶液浓度（ ）</td><td>吸光度</td></tr>
<tr><td>空白</td><td></td><td></td><td></td><td></td><td></td><td></td></tr>
<tr><td>1</td><td></td><td></td><td></td><td></td><td></td><td></td></tr>
<tr><td>2</td><td></td><td></td><td></td><td></td><td></td><td></td></tr>
<tr><td>3</td><td></td><td></td><td></td><td></td><td></td><td></td></tr>
<tr><td>4</td><td></td><td></td><td></td><td></td><td></td><td></td></tr>
<tr><td>5</td><td></td><td></td><td></td><td></td><td></td><td></td></tr>
<tr><td>回归方式</td><td>□线性回归</td><td>□非线性回归</td><td>□线性回归</td><td>□非线性回归</td><td>□线性回归</td><td>□非线性回归</td></tr>
<tr><td>截距 a</td><td></td><td>—</td><td></td><td>—</td><td></td><td>—</td></tr>
<tr><td>斜率 b</td><td></td><td>—</td><td></td><td>—</td><td></td><td>—</td></tr>
<tr><td>相关系数 r/r^2</td><td></td><td></td><td></td><td></td><td></td><td></td></tr>
<tr><td colspan="2">标准溶液配制过程</td><td colspan="2">a. 标准贮备液：____ mg/L。
b. 标准中间液：准确移取 a________mL 于______mL 容量瓶中，得溶液浓度为__________ mg/L。
c. 标准使用液：准确移取 b_______mL 于_______mL 容量瓶中，得溶液浓度为_________ mg/L。</td><td colspan="2">a. 标准贮备液：___ mg/L。
b. 标准中间液：准确移取 a_________mL 于_______mL 容量瓶中，得溶液浓度为__________ mg/L。
c. 标准使用液：准确移取 b_______mL 于_______mL 容量瓶中，得溶液浓度为___________ mg/L。</td><td colspan="2">a. 标准贮备液：___ mg/L。
b. 标准中间液：准确移取 a_______mL 于________mL 容量瓶中，得溶液浓度为__________ mg/L。
c.标准使用液：准确移取 b_________mL 于______mL 容量瓶中，得溶液浓度为___________ mg/L。</td></tr>
</table>

备注：

监测机构名称：________________

合同编号：________________

监测任务名称：________________

原子吸收法测定原始记录表（续 2）

<table>
<tr><td rowspan="6">精密度检查</td><td>分析项目</td><td colspan="2"></td><td colspan="2"></td><td colspan="2"></td></tr>
<tr><td>平行样样品编号</td><td colspan="2"></td><td colspan="2"></td><td colspan="2"></td></tr>
<tr><td>样品浓度（　　）</td><td></td><td></td><td></td><td></td><td></td><td></td></tr>
<tr><td>均值（　　）</td><td colspan="2"></td><td colspan="2"></td><td colspan="2"></td></tr>
<tr><td>相对偏差/%</td><td colspan="2"></td><td colspan="2"></td><td colspan="2"></td></tr>
<tr><td>是否合格</td><td colspan="2">□是　　□否</td><td colspan="2">□是　　□否</td><td colspan="2">□是　　□否</td></tr>
<tr><td rowspan="13">准确度检查</td><td>分析项目</td><td colspan="2"></td><td colspan="2"></td><td colspan="2"></td></tr>
<tr><td>质控样样品编号</td><td colspan="2"></td><td colspan="2"></td><td colspan="2"></td></tr>
<tr><td>测定值（　　）</td><td colspan="2"></td><td colspan="2"></td><td colspan="2"></td></tr>
<tr><td>保证值（　　）</td><td colspan="2"></td><td colspan="2"></td><td colspan="2"></td></tr>
<tr><td>是否合格</td><td colspan="2">□是　　□否</td><td colspan="2">□是　　□否</td><td colspan="2">□是　　□否</td></tr>
<tr><td>分析项目</td><td colspan="2"></td><td colspan="2"></td><td colspan="2"></td></tr>
<tr><td>加标回收样样品编号</td><td colspan="2"></td><td colspan="2"></td><td colspan="2"></td></tr>
<tr><td>标准溶液浓度（　　）</td><td colspan="2"></td><td colspan="2"></td><td colspan="2"></td></tr>
<tr><td>加标量（　　）</td><td colspan="2"></td><td colspan="2"></td><td colspan="2"></td></tr>
<tr><td>加标样测定值（　　）</td><td colspan="2"></td><td colspan="2"></td><td colspan="2"></td></tr>
<tr><td>样品测定值（　　）</td><td colspan="2"></td><td colspan="2"></td><td colspan="2"></td></tr>
<tr><td>回收率/%</td><td colspan="2"></td><td colspan="2"></td><td colspan="2"></td></tr>
<tr><td>是否合格</td><td colspan="2">□是　　□否</td><td colspan="2">□是　　□否</td><td colspan="2">□是　　□否</td></tr>
</table>

分析人：　　　　　　复核人：　　　　　　审核人：

年　月　日　　　　　年　月　日　　　　　年　月　日

GJW-04-2016-YS-SZ-019　　　　监测机构名称：________________

合同编号：________________　　　　监测任务名称：________________

原子荧光法测定原始记录表

采样日期		仪器名称及型号		仪器编号	
分析日期		前处理设备编号		环境温度/℃	
环境湿度/%		仪器溯源方式		仪器溯源有效期	

元素	分析方法名称及编号	前处理方法	负高压/V	灯电流/mA	载气流量/（mL/min）	读数时间/s/延时时间/s	定容体积/mL
		□电热板 □微波消解 □消解仪 □水浴 □无					
		□电热板 □微波消解 □消解仪 □水浴 □无					

序号	样品编号	分析项目									
		取样体积/mL	定容体积/mL	稀释倍数	仪器读数/（　）	样品浓度/（μg/L）	取样体积/mL	定容体积/mL	稀释倍数	仪器读数/（　）	样品浓度/（μg/L）

GJW-04-2016-YS-SZ-019　　　　　　　　　　　监测机构名称：________________

合同编号：________________　　　　　　　　监测任务名称：________________

原子荧光法测定原始记录表（续 1）

<table>
<tr><td>元素</td><td colspan="3"></td><td colspan="3"></td></tr>
<tr><td>序号</td><td>标准使用液加入体积/mL</td><td>标准溶液浓度/（μg/L）</td><td>测量值（If）</td><td>标准使用液加入体积/mL</td><td>标准溶液浓度（μg/L）</td><td>测量值（If）</td></tr>
<tr><td>空白</td><td></td><td></td><td></td><td></td><td></td><td></td></tr>
<tr><td>1</td><td></td><td></td><td></td><td></td><td></td><td></td></tr>
<tr><td>2</td><td></td><td></td><td></td><td></td><td></td><td></td></tr>
<tr><td>3</td><td></td><td></td><td></td><td></td><td></td><td></td></tr>
<tr><td>4</td><td></td><td></td><td></td><td></td><td></td><td></td></tr>
<tr><td>5</td><td></td><td></td><td></td><td></td><td></td><td></td></tr>
<tr><td>6</td><td></td><td></td><td></td><td></td><td></td><td></td></tr>
<tr><td>7</td><td></td><td></td><td></td><td></td><td></td><td></td></tr>
<tr><td>回归方程</td><td colspan="3">截距 a=
斜率 b=
相关系数 r=</td><td colspan="3">截距 a=
斜率 b=
相关系数 r=</td></tr>
<tr><td>回归方式</td><td colspan="3">□浓度～吸光度。
□体积～吸光度（标准使用液浓度：　μg/mL）</td><td colspan="3">□浓度～吸光度
□体积～吸光度（标准使用液浓度：　μg/mL）</td></tr>
<tr><td>标准溶液配制过程</td><td colspan="3">a.标准贮备液：____ mg/L。
b.标准中间液：准确移取 a ________mL 于 500mL 容量瓶中，得溶液浓度为______ mg/L。
c.标准使用液：准确移取 b________mL 于 500mL 容量瓶中，得溶液浓度为_____ mg/L。</td><td colspan="3">a.标准贮备液：____ mg/L。
b.标准中间液：准确移取 a ______mL 于 500mL 容量瓶中，得溶液浓度为_________ mg/L。
c.标准使用液：准确移取 b_________mL 于 500mL 容量瓶中，得溶液浓度为______ mg/L。</td></tr>
<tr><td>计算公式</td><td colspan="3"></td><td colspan="3"></td></tr>
</table>

GJW-04-2016-YS-SZ-019 监测机构名称：____________________

合同编号：____________________ 监测任务名称：____________________

原子荧光法测定原始记录表（续 2）

<table>
<tr><td rowspan="6">精密度检查</td><td>分析项目</td><td colspan="2"></td><td colspan="2"></td><td colspan="2"></td></tr>
<tr><td>平行样样品编号</td><td colspan="2"></td><td colspan="2"></td><td colspan="2"></td></tr>
<tr><td>样品浓度（ ）</td><td></td><td></td><td></td><td></td><td></td><td></td></tr>
<tr><td>均值（ ）</td><td colspan="2"></td><td colspan="2"></td><td colspan="2"></td></tr>
<tr><td>相对偏差/%</td><td colspan="2"></td><td colspan="2"></td><td colspan="2"></td></tr>
<tr><td>是否合格</td><td colspan="2">□是 □否</td><td colspan="2">□是 □否</td><td colspan="2">□是 □否</td></tr>
<tr><td rowspan="13">准确度检查</td><td>分析项目</td><td colspan="2"></td><td colspan="2"></td><td colspan="2"></td></tr>
<tr><td>质控样样品编号</td><td colspan="2"></td><td colspan="2"></td><td colspan="2"></td></tr>
<tr><td>测定值（ ）</td><td colspan="2"></td><td colspan="2"></td><td colspan="2"></td></tr>
<tr><td>保证值（ ）</td><td colspan="2"></td><td colspan="2"></td><td colspan="2"></td></tr>
<tr><td>是否合格</td><td colspan="2">□是 □否</td><td colspan="2">□是 □否</td><td colspan="2">□是 □否</td></tr>
<tr><td>分析项目</td><td colspan="2"></td><td colspan="2"></td><td colspan="2"></td></tr>
<tr><td>加标回收样样品编号</td><td colspan="2"></td><td colspan="2"></td><td colspan="2"></td></tr>
<tr><td>标准溶液浓度（ ）</td><td colspan="2"></td><td colspan="2"></td><td colspan="2"></td></tr>
<tr><td>加标量（ ）</td><td colspan="2"></td><td colspan="2"></td><td colspan="2"></td></tr>
<tr><td>加标样测定值（ ）</td><td colspan="2"></td><td colspan="2"></td><td colspan="2"></td></tr>
<tr><td>样品测定值（ ）</td><td colspan="2"></td><td colspan="2"></td><td colspan="2"></td></tr>
<tr><td>回收率/%</td><td colspan="2"></td><td colspan="2"></td><td colspan="2"></td></tr>
<tr><td>是否合格</td><td colspan="2">□是 □否</td><td colspan="2">□是 □否</td><td colspan="2">□是 □否</td></tr>
</table>

分析人： 复核人： 审核人：

年 月 日 年 月 日 年 月 日

GJW-04-2015-YS-SZ-020

合同编号：________________

监测机构名称：________________

监测任务名称：________________

等离子发射光谱测定原始记录表

采样日期	年 月 日 时	仪器名称及型号		仪器编号	
分析日期	年 月 日 时	分析方法名称及编号		前处理方法	□电热板 □微波消解 □全自动消解仪 □无
仪器溯源方式		仪器溯源有效期		前处理设备名称及编号	
观测高度/mm		护套气流量/（L/min）		高频功率/W		测量时间/s	

序号	样品编号	分析项目			分析项目			分析项目			分析项目			分析项目		
		测定波长			测定波长			测定波长			测定波长			测定波长		
		试样浓度/（mg/L）	稀释倍数	样品浓度/（mg/L）	试样浓度/（mg/L）	稀释倍数	样品浓度/（mg/L）	试样浓度/（mg/L）	稀释倍数	样品浓度/（mg/L）	试样浓度/（mg/L）	稀释倍数	样品浓度/（mg/L）	试样浓度/（mg/L）	稀释倍数	样品浓度/（mg/L）

GJW-04-2016-YS-SZ-020　　　　　　　　监测机构名称：______________

合同编号：______________　　　　　　监测任务名称：______________

等离子发射光谱测定原始记录表（续 1）

<table>
<tr><td rowspan="10">校准曲线</td><td>元素</td><td colspan="2"></td><td colspan="2"></td><td colspan="2"></td><td colspan="2"></td><td colspan="2"></td></tr>
<tr><td>序号</td><td>标准溶液浓度（　）</td><td>强度</td><td>标准溶液浓度（　）</td><td>强度</td><td>标准溶液浓度（　）</td><td>强度</td><td>标准溶液浓度（　）</td><td>强度</td><td>标准溶液浓度（　）</td><td>强度</td></tr>
<tr><td>空白</td><td></td><td></td><td></td><td></td><td></td><td></td><td></td><td></td><td></td><td></td></tr>
<tr><td>1</td><td></td><td></td><td></td><td></td><td></td><td></td><td></td><td></td><td></td><td></td></tr>
<tr><td>2</td><td></td><td></td><td></td><td></td><td></td><td></td><td></td><td></td><td></td><td></td></tr>
<tr><td>3</td><td></td><td></td><td></td><td></td><td></td><td></td><td></td><td></td><td></td><td></td></tr>
<tr><td>4</td><td></td><td></td><td></td><td></td><td></td><td></td><td></td><td></td><td></td><td></td></tr>
<tr><td>5</td><td></td><td></td><td></td><td></td><td></td><td></td><td></td><td></td><td></td><td></td></tr>
<tr><td rowspan="3">回归方程</td><td colspan="2">截距 a=</td><td colspan="2">截距 a=</td><td colspan="2">截距 a=</td><td colspan="2">截距 a=</td><td colspan="2">截距 a=</td></tr>
<tr><td colspan="2">斜率 b=</td><td colspan="2">斜率 b=</td><td colspan="2">斜率 b=</td><td colspan="2">斜率 b=</td><td colspan="2">斜率 b=</td></tr>
<tr><td></td><td colspan="2">相关系数 r=</td><td colspan="2">相关系数 r=</td><td colspan="2">相关系数 r=</td><td colspan="2">相关系数 r=</td><td colspan="2">相关系数 r=</td></tr>
<tr><td colspan="2">标准溶液配制过程</td><td colspan="2">a. 标准贮备液：____ mg/L。
b. 标准中间液：准确移取 a______mL 于________mL 容量瓶中，得溶液浓度为______mg/L。
c. 标准使用液：准确移取 b__mL 于_____mL 容量瓶中，得溶液浓度为____mg/L。</td><td colspan="2">a. 标准贮备液：_____ mg/L。
b. 标准中间液：准确移取 a___mL 于___mL 容量瓶中，得溶液浓度为_____mg/L。
c. 标准使用液：准确移取 b___mL 于___mL 容量瓶中，得溶液浓度为____ mg/L。</td><td colspan="2">a. 标准贮备液：___mg/L。
b. 标准中间液：准确移取 a___mL 于__mL 容量瓶中，得溶液浓度为_____mg/L。
c. 标准使用液：准确移取 b___mL 于__mL 容量瓶中，得溶液浓度为____mg/L。</td><td colspan="2">a. 标准贮备液：____ mg/L。
b. 标准中间液：准确移取 a___mL 于___mL 容量瓶中，得溶液浓度为_____mg /L。
c. 标准使用液：准确移取 b___mg 于___mL 容量瓶中，得溶液浓度为_____mg/L。</td><td colspan="2">a. 标准贮备液：_____mg/L。
b. 标准中间液：准确移取 a__mL 于___mL 容量瓶中，得溶液浓度为____mg/L。
c. 标准使用液：准确移取 b___mL 于__mL 容量瓶中，得溶液浓度为_____mg/L。</td></tr>
</table>

备注：

分析人：　　　　　　　　复核人：　　　　　　　　审核人：

年　月　日　　　　　　　年　月　日　　　　　　　年　月　日

GJW-04-2015-YS-SZ-020

监测机构名称：______________

合同编号：______________

监测任务名称：______________

等离子发射光谱测定原始记录表（续 2）

	分析项目						
精密度检查	平行样样品编号						
	样品浓度（　　）						
	均值（　　）						
	相对偏差/%						
	是否合格	□是　□否		□是　□否		□是　□否	
准确度检查	分析项目						
	质控样样品编号						
	测定值（　　）						
	保证值（　　）						
	是否合格	□是　□否		□是　□否		□是　□否	
	分析项目						
	加标回收样样品编号						
	标准溶液浓度（　　）						
	加标量（　　）						
	加标样测定值（　　）						
	样品测定值（　　）						
	回收率/%						
	是否合格	□是　□否		□是　□否		□是　□否	

分析人：　　　　复核人：　　　　审核人：

年　月　日　　　年　月　日　　　年　月　日

GJW-04-2016-YS-SZ-021

合同编号：________________

监测机构名称：________________

监测任务名称：________________

等离子发射质谱测定原始记录表

采样日期	年　月　日　时	仪器名称及型号		仪器编号	
分析日期	年　月　日　时	分析方法名称及编号		前处理方法	□电热板　□微波消解　□全自动消解仪 □无
仪器溯源方式		仪器溯源有效期		前处理设备名称及编号	

仪器条件

射频功率/W		射频/V		采样深度/mm		Torch-H/mm		Torch-V/mm	
载气/（L/min）		辅助气/（L/min）		蠕动泵/（r/s）		S/C Temp/degc			
进样流速/（r/s）		进样时间/s		稳定时间/s		采样时间/s		重复次数	

仪器性能								方法	
Oxide9/%	Doubly Charged/%	CPS			*W*-10%			内标	
		m/*z*=	*m*/*z*=	*m*/*z*=	*m*/*z*=	*m*/*z*=	*m*/*z*=	内标浓度（）	

GJW-04-2016-YS-SZ-021

监测机构名称：________________

合同编号：________________

监测任务名称：________________

等离子发射质谱测定原始记录表（续 1）

序号	样品编号	分析项目及质量数				分析项目及质量数				分析项目及质量数				分析项目及质量数			
		响应值	测量值/（μg/L）	稀释倍数	样品浓度/（mg/L）	响应值	测量值/（μg/L）	稀释倍数	样品浓度/（mg/L）	响应值	测量值/（μg/L）	稀释倍数	样品浓度/（mg/L）	响应值	测量值/（μg/L）	稀释倍数	样品浓度/（mg/L）

GJW-04-2016-YS-SZ-021

合同编号：____________________

监测机构名称：____________________

监测任务名称：____________________

等离子发射质谱测定原始记录表（续 2）

	元素										
	序号	标准溶液浓度（ ）	响应值	标准溶液浓度（ ）	响应值	标准溶液浓度（ ）	响应值	标准溶液浓度（ ）	响应值	标准溶液浓度（ ）	响应值
校准曲线	空白										
	1										
	2										
	3										
	4										
	5										
	回归方程	截距 a=		截距 a=		截距 a=		截距 a=		截距 a=	
		斜率 b=		斜率 b=		斜率 b=		斜率 b=		斜率 b=	
		相关系数 r=		相关系数 r=		相关系数 r=		相关系数 r=		相关系数 r=	
标准溶液配制过程		a.标准贮备液：____ mg/L。 b.标准中间液：准确移取 a___mL 于___mL 容量瓶中， 得溶液浓度为____ mg/L。 c.标准使用液：准确移取 b__mL 于___mL 容量瓶中， 得溶液浓度为____ mg/L。		a.标准贮备液：____ mg/L。 b.标准中间液：准确移取 a____mL 于_____mL 容量瓶 中，得溶液浓度____ mg/L。 c.标准使用液：准确移取 b__mL 于___mL 容量瓶中， 得溶液浓度为____ mg/L。		a.标准贮备液：____ mg/L。 b.标准中间液：准确移取 a___mL 于___mL 容量瓶中， 得溶液浓度为____ mg/L。 c.标准使用液：准确移取 b___mL 于___mL 容量瓶中， 得溶液浓度为____ mg/L。		a.标准贮备液：____ mg/L。 b.标准中间液：准确移取 a___mL 于___mL 容量瓶中， 得溶液浓度为____ mg/L。 c.标准使用液：准确移取 b__mL 于___mL 容量瓶中， 得溶液浓度为____ mg/L。		a.标准贮备液：____ mg/L。 b.标准中间液：准确移取 a___mL 于___mL 容量瓶中， 得溶液浓度为____ mg/L。 c.标准使用液：准确移取 b____mL 于____mL 容量瓶 中，得溶液浓度为____ mg/L。	

备注：

分析人：　　　　复核人：　　　　审核人：

年　月　日　　　　年　月　日　　　　年　月　日

GJW-04-2016-YS-SZ-021

监测机构名称：________________

合同编号：________________

监测任务名称：________________

等离子发射质谱测定原始记录表（续 3）

精密度检查	分析项目						
	平行样样品编号						
	样品浓度（　）						
	均值（　）						
	相对偏差/%						
	是否合格	□是　□否		□是　□否		□是　□否	
准确度检查	分析项目						
	质控样样品编号						
	测定值（　）						
	保证值（　）						
	是否合格	□是　□否		□是　□否		□是　□否	
	分析项目						
	加标回收样样品编号						
	标准溶液浓度（　）						
	加标量（　）						
	加标样测定值（　）						
	样品测定值（　）						
	回收率/%						
	是否合格	□是　□否		□是　□否		□是　□否	

分析人：　　　　复核人：　　　　审核人：

年　月　日　　　　年　月　日　　　　年　月　日

GJW-04-2016-YS-SZ-022　　　　　　　　监测机构名称：________________

合同编号：________________　　　　　　监测任务名称：________________

总汞冷原子吸收分光光度法测定原始记录表

采样日期		仪器名称及型号			仪器编号	
分析日期		前处理设备编号			环境温度/℃	
环境湿度/%		仪器溯源方式			仪器溯源有效期	
分析方法名称及编号		氯化亚锡浓度/（g/L）	载气流量/（mL/min）	光程	测量方式	定容体积/mL
前处理方法	□电热板 □微波消解 □消解仪 □水浴 □无			□单 □多	□峰高 □峰面积	

序号	样品编号	取样体积/mL	定容体积/mL	稀释倍数	仪器读数	样品浓度/（μg/L）

GJW-04-2016-YS-SZ-022 监测机构名称：____________________

合同编号：____________________ 监测任务名称：____________________

总汞冷原子吸收分光光度法测定原始记录表（续 1）

<table>
<tr><th>序号</th><th>标准使用液
加入体积/mL</th><th>标准溶液浓度/
（μg/L）</th><th>测量值</th><th>测量值
（减空白信号强度）</th></tr>
<tr><td>空白</td><td></td><td></td><td></td><td></td></tr>
<tr><td>1</td><td></td><td></td><td></td><td></td></tr>
<tr><td>2</td><td></td><td></td><td></td><td></td></tr>
<tr><td>3</td><td></td><td></td><td></td><td></td></tr>
<tr><td>4</td><td></td><td></td><td></td><td></td></tr>
<tr><td>5</td><td></td><td></td><td></td><td></td></tr>
<tr><td>6</td><td></td><td></td><td></td><td></td></tr>
<tr><td>7</td><td></td><td></td><td></td><td></td></tr>
<tr><td>回归方程</td><td colspan="4">截距 a=
斜率 b=
相关系数 r=</td></tr>
<tr><td>回归方式</td><td colspan="4">□浓度～信号强度
□体积～信号强度（标准使用液浓度：　　μg/mL）</td></tr>
<tr><td>标准溶液配制过程</td><td colspan="4">a.标准贮备液：___ mg/L。
b.标准中间液：准确移取 a ____________mL 于 500mL 容量瓶中，得溶液浓度为________ mg/L。
c.标准使用液：准确移取 b____________mL 于 500mL 容量瓶中，得溶液浓度为________ mg/L。</td></tr>
<tr><td>计算公式</td><td colspan="4"></td></tr>
</table>

GJW-04-2016-YS-SZ-022　　　　　　　　　　　　　　　　监测机构名称：____________

合同编号：____________　　　　　　　　　　　　　　　监测任务名称：____________

总汞冷原子吸收分光光度法测定原始记录表（续 2）

<table>
<tr><td rowspan="6">精密度检查</td><td>分析项目</td><td colspan="2"></td><td colspan="2"></td><td colspan="2"></td></tr>
<tr><td>平行样样品编号</td><td colspan="2"></td><td colspan="2"></td><td colspan="2"></td></tr>
<tr><td>样品浓度（　　）</td><td></td><td></td><td></td><td></td><td></td><td></td></tr>
<tr><td>均值（　　）</td><td colspan="2"></td><td colspan="2"></td><td colspan="2"></td></tr>
<tr><td>相对偏差/%</td><td colspan="2"></td><td colspan="2"></td><td colspan="2"></td></tr>
<tr><td>是否合格</td><td colspan="2">□是　　□否</td><td colspan="2">□是　　□否</td><td colspan="2">□是　　□否</td></tr>
<tr><td rowspan="13">准确度检查</td><td>分析项目</td><td colspan="2"></td><td colspan="2"></td><td colspan="2"></td></tr>
<tr><td>质控样样品编号</td><td colspan="2"></td><td colspan="2"></td><td colspan="2"></td></tr>
<tr><td>测定值（　　）</td><td colspan="2"></td><td colspan="2"></td><td colspan="2"></td></tr>
<tr><td>保证值（　　）</td><td colspan="2"></td><td colspan="2"></td><td colspan="2"></td></tr>
<tr><td>是否合格</td><td colspan="2">□是　　□否</td><td colspan="2">□是　　□否</td><td colspan="2">□是　　□否</td></tr>
<tr><td>分析项目</td><td colspan="2"></td><td colspan="2"></td><td colspan="2"></td></tr>
<tr><td>加标回收样样品编号</td><td colspan="2"></td><td colspan="2"></td><td colspan="2"></td></tr>
<tr><td>标准溶液浓度（　　）</td><td colspan="2"></td><td colspan="2"></td><td colspan="2"></td></tr>
<tr><td>加标量（　　）</td><td colspan="2"></td><td colspan="2"></td><td colspan="2"></td></tr>
<tr><td>加标样测定值（　　）</td><td colspan="2"></td><td colspan="2"></td><td colspan="2"></td></tr>
<tr><td>样品测定值（　　）</td><td colspan="2"></td><td colspan="2"></td><td colspan="2"></td></tr>
<tr><td>回收率/%</td><td colspan="2"></td><td colspan="2"></td><td colspan="2"></td></tr>
<tr><td>是否合格</td><td colspan="2">□是　　□否</td><td colspan="2">□是　　□否</td><td colspan="2">□是　　□否</td></tr>
</table>

分析人：　　　　　　　　　　复核人：　　　　　　　　　　审核人：

　　年　　月　　日　　　　　　　年　　月　　日　　　　　　　年　　月　　日

GJW-04-2016-YS-SZ-023　　　　　　　　　　　　　　　监测机构名称：________________

合同编号：________________　　　　　　　　　　　　监测任务名称：________________

氟化物测定原始记录表

采样日期	年　月　日　时	分析日期	年　月　日　时	仪器编号	
分析方法名称及依据					
仪器名称及型号				定容体积/mL	
仪器溯源方式			仪器溯源有效期		
序号	样品编号	取样体积/mL	稀释倍数	电极电位/mV	样品浓度/（mg/L）

计算公式：氟化物（mg/L）$=10^{\frac{E-a}{b}} \times \frac{V}{V_1}$

E：样品测定时的电极电位（mV）；V：定容体积（mL）；V_1：取样体积（mL）。

GJW-04-2016-YS-SZ-023　　　　监测机构名称：____________

合同编号：____________　　　　监测任务名称：____________

氟化物测定原始记录（续）

<table>
<tr><td rowspan="5">精密度检查</td><td>平行样样品编号</td><td colspan="2"></td><td>平行样样品编号</td><td colspan="2"></td><td>平行样样品编号</td><td colspan="2"></td></tr>
<tr><td>样品浓度（ ）</td><td></td><td></td><td>样品浓度（ ）</td><td></td><td></td><td>样品浓度（ ）</td><td></td><td></td></tr>
<tr><td>均值（ ）</td><td colspan="2"></td><td>均值（ ）</td><td colspan="2"></td><td>均值（ ）</td><td colspan="2"></td></tr>
<tr><td>相对偏差/%</td><td colspan="2"></td><td>相对偏差/%</td><td colspan="2"></td><td>相对偏差/%</td><td colspan="2"></td></tr>
<tr><td>是否合格</td><td colspan="2">□是 □否</td><td>是否合格</td><td colspan="2">□是 □否</td><td>是否合格</td><td colspan="2">□是 □否</td></tr>
</table>

<table>
<tr><td rowspan="8">准确度检查</td><td>质控样样品编号</td><td></td><td>加标回收样样品编号</td><td></td></tr>
<tr><td rowspan="2">保证值（ ）</td><td rowspan="2"></td><td>标准溶液浓度（ ）</td><td></td></tr>
<tr><td>加标量（ ）</td><td></td></tr>
<tr><td rowspan="3">测定值（ ）</td><td rowspan="3"></td><td>加标样测定值（ ）</td><td></td></tr>
<tr><td>样品测定值（ ）</td><td></td></tr>
<tr><td>回收率/%</td><td></td></tr>
<tr><td>是否合格</td><td>□是 □否</td><td>是否合格</td><td>□是 □否</td></tr>
</table>

<table>
<tr><td rowspan="8">校准曲线</td><td>分析编号</td><td>标准使用液加入体积/mL</td><td>标准使用液加入量/μg</td><td>溶液浓度/（mg/L）</td><td>lgC</td><td>电极电位/mV</td></tr>
<tr><td>空白</td><td></td><td></td><td></td><td></td><td></td></tr>
<tr><td>1</td><td></td><td></td><td></td><td></td><td></td></tr>
<tr><td>2</td><td></td><td></td><td></td><td></td><td></td></tr>
<tr><td>3</td><td></td><td></td><td></td><td></td><td></td></tr>
<tr><td>4</td><td></td><td></td><td></td><td></td><td></td></tr>
<tr><td>5</td><td></td><td></td><td></td><td></td><td></td></tr>
<tr><td>6</td><td></td><td></td><td></td><td></td><td></td></tr>
<tr><td colspan="2">回归方程</td><td colspan="2">截距 $a=$</td><td colspan="2">斜率 $b=$</td><td>相关系数 $r=$</td></tr>
</table>

标准溶液配制情况：

a. 标准贮备液：__________ mg/L；

b. ______ mg/L 标准使用溶液：准确吸取 a__________mL 于__________mL 容量瓶中，定容。

分析人：　　　　复核人：　　　　审核人：

年　月　日　　　　年　月　日　　　　年　月　日

GJW-04-2016-YS-SZ-024　　　　　　　　　　　监测机构名称：________________

合同编号：________________　　　　　　　　监测任务名称：________________

离子色谱法测定原始记录表

<table>
<tr><td>采样日期</td><td colspan="3">年　月　日　时</td><td>分析日期</td><td colspan="3">年　月　日　时</td><td colspan="2">分析方法名称及依据</td><td colspan="4"></td></tr>
<tr><td>仪器名称及型号</td><td colspan="5"></td><td colspan="2">仪器编号</td><td colspan="2"></td><td colspan="2">检测器</td><td colspan="2"></td></tr>
<tr><td>流速（　）</td><td colspan="2"></td><td colspan="2">仪器溯源方式</td><td colspan="3"></td><td colspan="2">仪器溯源有效期</td><td colspan="4"></td></tr>
<tr><td rowspan="3">序号</td><td rowspan="3">样品编号</td><td colspan="3">分析项目</td><td colspan="3">分析项目</td><td colspan="3">分析项目</td><td colspan="3">分析项目</td></tr>
<tr><td colspan="3"></td><td colspan="3"></td><td colspan="3"></td><td colspan="3"></td></tr>
<tr><td>试样浓度（　）</td><td>稀释过程</td><td>样品浓度（　）</td><td>试样浓度（　）</td><td>稀释过程</td><td>样品浓度（　）</td><td>试样浓度（　）</td><td>稀释过程</td><td>样品浓度（　）</td><td>试样浓度（　）</td><td>稀释过程</td><td>样品浓度（　）</td></tr>
<tr><td></td><td></td><td></td><td></td><td></td><td></td><td></td><td></td><td></td><td></td><td></td><td></td><td></td><td></td></tr>
<tr><td></td><td></td><td></td><td></td><td></td><td></td><td></td><td></td><td></td><td></td><td></td><td></td><td></td><td></td></tr>
<tr><td></td><td></td><td></td><td></td><td></td><td></td><td></td><td></td><td></td><td></td><td></td><td></td><td></td><td></td></tr>
<tr><td></td><td></td><td></td><td></td><td></td><td></td><td></td><td></td><td></td><td></td><td></td><td></td><td></td><td></td></tr>
<tr><td></td><td></td><td></td><td></td><td></td><td></td><td></td><td></td><td></td><td></td><td></td><td></td><td></td><td></td></tr>
<tr><td></td><td></td><td></td><td></td><td></td><td></td><td></td><td></td><td></td><td></td><td></td><td></td><td></td><td></td></tr>
<tr><td></td><td></td><td></td><td></td><td></td><td></td><td></td><td></td><td></td><td></td><td></td><td></td><td></td><td></td></tr>
<tr><td></td><td></td><td></td><td></td><td></td><td></td><td></td><td></td><td></td><td></td><td></td><td></td><td></td><td></td></tr>
<tr><td></td><td></td><td></td><td></td><td></td><td></td><td></td><td></td><td></td><td></td><td></td><td></td><td></td><td></td></tr>
<tr><td></td><td></td><td></td><td></td><td></td><td></td><td></td><td></td><td></td><td></td><td></td><td></td><td></td><td></td></tr>
<tr><td></td><td></td><td></td><td></td><td></td><td></td><td></td><td></td><td></td><td></td><td></td><td></td><td></td><td></td></tr>
<tr><td></td><td></td><td></td><td></td><td></td><td></td><td></td><td></td><td></td><td></td><td></td><td></td><td></td><td></td></tr>
<tr><td></td><td></td><td></td><td></td><td></td><td></td><td></td><td></td><td></td><td></td><td></td><td></td><td></td><td></td></tr>
<tr><td></td><td></td><td></td><td></td><td></td><td></td><td></td><td></td><td></td><td></td><td></td><td></td><td></td><td></td></tr>
</table>

监测机构名称：______________________

合同编号：______________________

监测任务名称：______________________

离子色谱法测定原始记录表（续 1）

校准曲线	元素												
	序号	标液取样体积/mL	标准溶液浓度（ ）	响应值	标液取样体积/mL	标准溶液浓度（ ）	响应值	标液取样体积/mL	标准溶液浓度（ ）	响应值	标液取样体积/mL	标准溶液浓度（ ）	响应值
	空白												
	1												
	2												
	3												
	4												
	5												
	回归方程	截距 a=			截距 a=			截距 a=			截距 a=		
		斜率 b=			斜率 b=			斜率 b=			斜率 b=		
		相关系数 r=			相关系数 r=			相关系数 r=			相关系数 r=		
标液配制情况		标液名称	浓度（ ）	配制日期	标液名称	浓度（ ）	配制日期	标液名称	浓度（ ）	配制日期	标液名称	浓度（ ）	配制日期

分析人：　　　　复核人：　　　　审核人：

年　月　日　　　　年　月　日　　　　年　月　日

GJW-04-2016-YS-SZ-024　　　　　　　　　　　　监测机构名称：____________________

合同编号：____________________　　　　　　　监测任务名称：____________________

离子色谱法测定原始记录表（续 2）

精密度检查	分析项目						
	平行样样品编号						
	样品浓度（　）						
	均值（　）						
	相对偏差/%						
	是否合格	□是　□否		□是　□否		□是　□否	
准确度检查	分析项目						
	质控样样品编号						
	测定值（　）						
	保证值（　）						
	是否合格	□是　□否		□是　□否		□是　□否	
	分析项目						
	加标回收样样品编号						
	标准溶液浓度（　）						
	加标量（　）						
	加标样测定值（　）						
	样品测定值（　）						
	回收率/%						
	是否合格	□是　□否		□是　□否		□是　□否	

分析人：　　　　　　　　　　复核人：　　　　　　　　　　审核人：

年　月　日　　　　　　　　　年　月　日　　　　　　　　　年　月　日

GJW-04-2016-YS-SZ-025　　　　　　　　　　监测机构名称：____________

合同编号：____________　　　　　　　　　　监测任务名称：____________

石油类测定原始记录表

<table>
<tr><td>采样日期</td><td colspan="3">年　　月　　日　　时</td><td>分析日期</td><td colspan="2">年　　月　　日　　时</td></tr>
<tr><td>仪器名称及型号</td><td colspan="3"></td><td>分析方法名称
及编号</td><td colspan="2"></td></tr>
<tr><td>仪器编号</td><td></td><td>仪器溯源方式</td><td colspan="2"></td><td>仪器溯源有效期</td><td></td></tr>
</table>

序号	样品编号	取样体积 V/mL	CCl_4 体积 V_1/mL	稀释倍数	吸附后仪器示值 m/（mg/L）	样品浓度/（mg/L）

计算公式：$\rho\text{（mg/L）}=\dfrac{m\times V_1}{V}$

m：吸附后仪器示值（mg/L）；V_1：CCl_4 体积（mL）；V：样品体积（mL）。

GJW-04-2016-YS-SZ-025　　　　　　　　　　监测机构名称：________________

合同编号：________________　　　　　　　监测任务名称：________________

石油类测定原始记录表（续）

<table>
<tr><td rowspan="5">精密度检查</td><td>平行样
样品编号</td><td colspan="2"></td><td>平行样
样品编号</td><td colspan="2"></td><td>平行样
样品编号</td><td colspan="2"></td></tr>
<tr><td>样品浓度（　）</td><td></td><td></td><td>样品浓度（　）</td><td></td><td></td><td>样品浓度（　）</td><td></td><td></td></tr>
<tr><td>均值（　）</td><td colspan="2"></td><td>均值（　）</td><td colspan="2"></td><td>均值（　）</td><td colspan="2"></td></tr>
<tr><td>相对偏差/%</td><td colspan="2"></td><td>相对偏差/%</td><td colspan="2"></td><td>相对偏差/%</td><td colspan="2"></td></tr>
<tr><td>是否合格</td><td colspan="2">□是 □否</td><td>是否合格</td><td colspan="2">□是 □否</td><td>是否合格</td><td colspan="2">□是 □否</td></tr>
</table>

<table>
<tr><td rowspan="8">准确度检查</td><td>质控样
样品编号</td><td></td><td>加标回收样样品编号</td><td></td></tr>
<tr><td rowspan="2">保证值
（　）</td><td rowspan="2"></td><td>标准溶液浓度
（　）</td><td></td></tr>
<tr><td>加标量
（　）</td><td></td></tr>
<tr><td rowspan="3">测定值
（　）</td><td rowspan="3"></td><td>加标样测定值
（　）</td><td></td></tr>
<tr><td>样品测定值
（　）</td><td></td></tr>
<tr><td>回收率/%</td><td></td></tr>
<tr><td>是否合格</td><td>□是 □否</td><td>是否合格</td><td>□是 □否</td></tr>
</table>

分析人：　　　　　　　　复核人：　　　　　　　　审核人：

年　月　日　　　　　　　年　月　日　　　　　　　年　月　日

GJW-04-2016-YS-SZ-026　　　　　　　　　　　监测机构名称：＿＿＿＿＿＿＿＿

合同编号：＿＿＿＿＿＿＿＿　　　　　　　　监测任务名称：＿＿＿＿＿＿＿＿

粪大肠菌群检验原始记录表

<table>
<tr><td>分析方法名称
及编号</td><td colspan="15"></td><td colspan="7">生化培养箱型号
及编号</td><td colspan="8"></td></tr>
<tr><td>采样日期/
分析日期</td><td colspan="15">年　　月　　日　　时</td><td colspan="15">年　　月　　日　　时</td></tr>
<tr><td>样品编号</td><td colspan="15"></td><td colspan="15"></td></tr>
<tr><td>稀释倍数</td><td colspan="15"></td><td colspan="15"></td></tr>
<tr><td>样品接种量/mL</td><td colspan="5"></td><td colspan="5"></td><td colspan="5"></td><td colspan="5"></td><td colspan="5"></td><td colspan="5"></td></tr>
<tr><td>初发酵结果</td><td></td><td></td><td></td><td></td><td></td><td></td><td></td><td></td><td></td><td></td><td></td><td></td><td></td><td></td><td></td><td></td><td></td><td></td><td></td><td></td><td></td><td></td><td></td><td></td><td></td><td></td><td></td><td></td><td></td><td></td></tr>
<tr><td>复发酵结果</td><td></td><td></td><td></td><td></td><td></td><td></td><td></td><td></td><td></td><td></td><td></td><td></td><td></td><td></td><td></td><td></td><td></td><td></td><td></td><td></td><td></td><td></td><td></td><td></td><td></td><td></td><td></td><td></td><td></td><td></td></tr>
<tr><td>MPN 值/100mL</td><td colspan="15"></td><td colspan="15"></td></tr>
<tr><td>粪大肠菌群数/
（个/L）</td><td colspan="15"></td><td colspan="15"></td></tr>
<tr><td>采样日期/
分析日期</td><td colspan="15">年　　月　　日　　时</td><td colspan="15">年　　月　　日　　时</td></tr>
<tr><td>样品编号</td><td colspan="15"></td><td colspan="15"></td></tr>
<tr><td>稀释倍数</td><td colspan="15"></td><td colspan="15"></td></tr>
<tr><td>样品接种量/mL</td><td colspan="5"></td><td colspan="5"></td><td colspan="5"></td><td colspan="5"></td><td colspan="5"></td><td colspan="5"></td></tr>
<tr><td>初发酵结果</td><td></td><td></td><td></td><td></td><td></td><td></td><td></td><td></td><td></td><td></td><td></td><td></td><td></td><td></td><td></td><td></td><td></td><td></td><td></td><td></td><td></td><td></td><td></td><td></td><td></td><td></td><td></td><td></td><td></td><td></td></tr>
<tr><td>复发酵结果</td><td></td><td></td><td></td><td></td><td></td><td></td><td></td><td></td><td></td><td></td><td></td><td></td><td></td><td></td><td></td><td></td><td></td><td></td><td></td><td></td><td></td><td></td><td></td><td></td><td></td><td></td><td></td><td></td><td></td><td></td></tr>
<tr><td>MPN 值/100mL</td><td colspan="15"></td><td colspan="15"></td></tr>
<tr><td>粪大肠菌群数/
（个/L）</td><td colspan="15"></td><td colspan="15"></td></tr>
</table>

分析人：　　　　　　　　　　复核人：　　　　　　　　　　审核人：

年　月　日　　　　　　　　　年　月　日　　　　　　　　　年　月　日

GJW-04-2016-YS-SZ-027　　　　监测机构名称：____________

合同编号：____________　　　　监测任务名称：____________

地表水监测项目和分析方法汇总表

序号	监测项目名称	分析方法名称及编号	方法检出限

填表人：　　　　　　　　　　复核人：

年　月　日　　　　　　　　　年　月　日

GJW-04-2016-YS-SZ-028　　　　　　　　监测机构名称：________________

合同编号：________________　　　　　　监测任务名称：________________

河流（湖库）水质监测结果汇总表

<table>
<tr><td>河流（湖库）名称</td><td></td><td>断面名称</td><td></td><td>采样日期</td><td></td></tr>
<tr><td>水温/℃</td><td></td><td>河流宽度/m</td><td></td><td>河流（湖库）
深度/m</td><td></td></tr>
<tr><td>序号</td><td colspan="2">监测项目</td><td colspan="3">监测结果均值（含单位）</td></tr>
<tr><td></td><td colspan="2"></td><td colspan="3"></td></tr>
<tr><td></td><td colspan="2"></td><td colspan="3"></td></tr>
<tr><td></td><td colspan="2"></td><td colspan="3"></td></tr>
<tr><td></td><td colspan="2"></td><td colspan="3"></td></tr>
<tr><td></td><td colspan="2"></td><td colspan="3"></td></tr>
<tr><td></td><td colspan="2"></td><td colspan="3"></td></tr>
<tr><td></td><td colspan="2"></td><td colspan="3"></td></tr>
<tr><td></td><td colspan="2"></td><td colspan="3"></td></tr>
<tr><td></td><td colspan="2"></td><td colspan="3"></td></tr>
<tr><td></td><td colspan="2"></td><td colspan="3"></td></tr>
<tr><td></td><td colspan="2"></td><td colspan="3"></td></tr>
<tr><td></td><td colspan="2"></td><td colspan="3"></td></tr>
<tr><td></td><td colspan="2"></td><td colspan="3"></td></tr>
<tr><td></td><td colspan="2"></td><td colspan="3"></td></tr>
<tr><td></td><td colspan="2"></td><td colspan="3"></td></tr>
<tr><td></td><td colspan="2"></td><td colspan="3"></td></tr>
<tr><td></td><td colspan="2"></td><td colspan="3"></td></tr>
<tr><td></td><td colspan="2"></td><td colspan="3"></td></tr>
<tr><td></td><td colspan="2"></td><td colspan="3"></td></tr>
<tr><td></td><td colspan="2"></td><td colspan="3"></td></tr>
</table>

填表人：　　　　　　　　　　复核人：　　　　　　　　　　审核人：

年　月　日　　　　　　　　　年　月　日　　　　　　　　　年　月　日

附录 2

国家地表水环境质量监测网监测任务作业指导书编制说明

一、背景

（一）基本情况

“十三五”国家地表水环境监测网共设置 2 767 个断面，包含评价、考核、排名断面 1 940 个，入海控制断面共 195 个（其中 85 个同时为评价、考核、排名断面），趋势科研断面 717 个。

目前国家网监测任务由 509 个市县级环境监测站承担，其中，707 个跨省界、市界断面由上、下游或左、右岸环境监测站开展联合监测。

国家网监测项目要求：河流监测《地表水环境质量标准》（GB 3838—2002）表 1 的基本项目（23 项，总氮除外），以及流量、电导率。湖库增测透明度、总氮、叶绿素 a 和水位等指标。入海控制断面增测盐度（必测）、总氮（必测）、硝酸盐氮（必测）、亚硝酸盐氮（必测）、硫酸盐（选测）、铁（选测）、锰（选测）、氯化物（选测）和硅酸盐（选测）。

按照《2016 年全国环境监测工作要点》和《2016 年国家生态环境监测及数据共享方案》的要求，中国环境监测总站 2016 年年底完成国家网地表水监测事权上收工作，2017 年国家网由总站直接统一运行和管理，实现对省级环境质量统一标准、统一监测、统一考核评价，增强国家网数据的代表性、准确性、精密性、可比性和完整性。

（二）目前国家网监测存在的问题

1．样品采集执行中存在差异

样品的采集是监测结果差异性的最根本影响因素，各流域的河流、湖库天然条件千差万别，通过调研发现，各承担单位大多根据实际情况调整了采样方法，没有严格按照现行的标准规范的要求进行。一是在多泥沙河流去除沉降性固体的问题上，各承担单位采取了延长沉降时间、过滤或离心等不同的方式。水样沉降时间和沉降方式的差异，导致了水样中悬浮物含量的差异。后续实验室分析中，悬浮物中各项指标，尤其是总磷、高锰酸盐指数、氨氮、砷、硒、汞等的浓度值出现高低差异。二是在可溶态重金属采集立即过滤的问题上，各承担单位普遍存在回到实验室后过滤的问题，但是各承担单位回到实验室的时间长短不一，造成了痕量重金属铜、铅、锌、镉数据差异大。

2．监测分析方法选择不合理

国家网的多项同一监测指标存在多个标准方法，方法选择的不一致是导致国家网监测结果差异性的重要原因。在国家网考核管理要求越来越精细的新形势下，选择普遍适用的 1～2 种，不超过 3 种标准方法作为国家网各项指标的分析方法，以减少分析方法之间的误差，是必然趋势。

而且，现行的标准方法一般根据样品实际情况提供多种前处理方式，尤其是氨氮的前处理方式多达 3 种。受实验室条件和实验室人员能力的限制，国家网承担单位对同一水样选择不同的前处理方式，也是造成监测结果不一致，尤其是联合监测双方结果差异的最重要原因。

3. 实验室内部质量控制需要细化

部分监测项目缺少明确的质控要求，部分监测项目的质控要求过于严苛，在实际操作中存在困难。

4. 采样、实验记录填报不规范

采样记录、实验记录普通存在填写不完整，信息不全面，导致溯源困难。

（三）编制过程中面临的挑战

十大流域情况各异；2 767 个断面数量众多，分布全国；509 个承担单位监测能力不同，如何兼顾普适性与特殊性，对样品采集、保存、运输、实验室分析、数据报送以及质量控制与质量保证全程序监测任务进行统一和规范是本指导书在编制过程中面临的最大挑战。

二、指导思想

为贯彻落实《中华人民共和国环境保护法》《生态环境监测网络建设方案》和《国家生态环境质量监测事权上收实施方案》的要求，进一步理顺国家网运行管理体制，构建统一的国家网监测技术体系，规范化开展国家网监测工作，提高国家网监测数据的准确性和可比性，为环境管理科学决策提供重要保障。

三、主要目标

统一国家网监测技术方法，监测任务承担单位完全按照作业指导书的要求规范开展国家网监测任务，使国家网的监测活动在一个监测技术体系下执行，确保数据的代表性、准确性、精密性、可比性和完整性。

四、编写原则

（一）立足现有的规范标准

作业指导书以相关标准方法为基本依据，以规范地表水监测为主要目标，删除了原标准方法中关于废水监测的相关内容。

（二）优选稳定可靠的常用方法，兼顾先进方法

综合考虑现行承担单位普遍采用的稳定可靠方法，同时也考虑先进的方法，为所有项目确定 1～3 种国家标准方法规范，多数项目以 1 种方法为主。

（三）细化关键环节

细化规定现行标准规范中没有详细描述的，受监测人员主观判断影响较大的关键性环节，是作业指导书编写的重点工作。对关键操作环节的操作步骤和注意事项做了详尽描述和原因阐明，增强监测人员对标准方法的深入理解，便于实现分析操作的统一和规范，并

最大化地减少监测人员由于操作主观性带来的数据差异性。

（四）补充完善质控指标要求

国家网运行的质控措施采用内部质量控制和外部质量监督相结合，内控为主，外控为辅。本次作业指导书梳理了国家网主要指标的内部质量控制指标要求，明确了全程序空白和实验室空白的概念，以及空白数量和空白指标的要求。首次明确提出，以数字化的形式、并且是全指标评价标准来指导国家网承担单位开展水质监测工作，为国家网监测数据的准确性、有效性和可比性夯实基础。

五、编制过程

本书的编制开始于 2016 年 8 月，历时 5 个月，经过多轮专家研讨会讨论，并多次征求地方站意见，数易其稿，最终形成此试行稿。

本书由环境保护部环境监测司和中国环境监测总站负责组织编写。总站制订编写大纲，统筹全书的编写。辽宁、上海、浙江、安徽、山东、河南、广东、重庆、四川、常州、武汉、福州等省市监测中心（站）和浙江省舟山海洋生态环境监测站、广西壮族自治区海洋环境监测中心站为本作业指导书的主要参与编写单位。

2016 年 10 月，总站组织两次专家研讨会，对初稿进行审核，并根据专家意见对初稿进行了修改和完善。总站将修改稿再次征求上述主要参编单位的意见，意见汇总后，形成试行稿。

2016 年 11 月，总站赴重庆、四川、广东、河北、山西、浙江、江苏、辽宁等地进行现场实验论证，并按东北、华北、华东、华南、西南、西北片区召开技术讨论会，收集各省对试行稿的意见。汇总意见后，再次完善试行稿。

2016 年 12 月，监测司组织专家评审会对试行稿进行了审定。总站按照专家意见，并组织地方站的专家共同完成了文本的修改和完善，成稿后，报送监测司。

六、解决的重点问题说明

（一）去除沉降性固体问题——采集的水样现场自然沉降 30 min

针对上述问题，编写组首先认真阅读比较了《地表水和污水监测技术规范》《地表水环境质量标准》《水质采样技术指导》以及《多泥沙河流水环境样品采集及预处理技术规程》等标准规范对去除沉降性固体的要求。

《地表水和污水监测技术规范》：“如果水样中含沉降性固体（如泥沙等），则应分离除去。分离方法为：将所采水样摇匀后倒入筒形玻璃容器（如 1～2 L 量筒），静置 30 min，将不含沉降性固体但含有悬浮性固体的水样移入盛样容器并加入保存剂。测定水温、pH、DO、电导率、总悬浮物和油类的水样除外。”

《水质采样技术指导》：“如果水样中含沉降性固体，如泥沙等，应分离除去。分离方法为：将所采水样摇匀后倒入筒型玻璃容器，静置 30 min，将已不含沉降性固体但含有悬浮性固体的水样移入乘样容器并加入保存剂。测定总悬浮物和油类的水样除外。”

《地表水环境质量标准》（GB 3838—2002）：“本标准规定的项目标准值，要求水样采集后自然沉降 30 min，取上层非沉降部分按规定方法进行分析。”

《多泥沙河流水环境样品采集及预处理技术规程》：“悬浮物是指河流中通过水的紊动作用而保持悬浮状态，且不与河流底部接触的粒径在 0.45～63 μm 范围内的颗粒状物质。一般分析项目水样的采集，必须将采样器中每次所采集的水样，全部通过 63 μm 的过滤筛倒入一个较大的贮样器中。储够需用量后，应先将贮样器中的水样搅拌均匀，然后边搅拌边灌装贮样瓶。”

在依据现行规范的基础上，充分听取各承担单位意见，结合总站组织安徽、浙江、内蒙古等相关省市监测部门进行的验证实验，对国家网水样采集的沉降要求按如下规定试行：

水样采集后自然沉降 30 min，取上层非沉降部分。

特别注意事项：

（1）如果监测断面水样清澈，现场可不进行自然沉降 30 min，直接进行水样分装。水样返回实验室后，不可再次沉降，且测定前必须摇匀。

（2）水样在现场自然沉降 30 min 后，返回实验室，不可再次沉降，且测定前必须摇匀。

（3）使用船只采样，且在船上不具备沉降条件时，可在返回岸上后立即进行现场沉降。

（4）由于客观原因，无法在现场自然沉降 30 min 的，需拍照记录现场情况，并在采样记录表中写明原因。

（5）是否进行现场自然沉降需在采样记录表中明确说明。

（6）对于自然沉降 30 min 后仍然存在大量沉降性固体的河流：一是可以依据《多泥沙河流水环境样品采集及预处理技术规程》（SL 270—2001）规定将采样器中每次采集的水样，全部通过 63 μm 的过滤筛倒入一个较大的静置用容器中，储够需用量后，先将静置用容器中的水样搅拌均匀，然后边搅拌边灌装采样瓶。测定金属项目的样品应使用尼龙网过滤筛，测有机物项目的样品应使用不锈钢金属网筛。二是可以试行离心方式去除可沉降性固体，推荐参数 4 000 r/min，离心时间 5 min。若采用以上两种方式，须同时提供与自然沉降方式的比对数据。

（7）湖库样品采集，测定化学需氧量、高锰酸盐指数、总氮、总磷时，水样静置 30 min，用虹吸方式移取水样，吸管进水尖嘴应插至水样表层 50 mm 以下位置。

（二）重金属铜铅锌镉的采样，在现场经 0.45 μm 的滤膜过滤

针对上述问题，编写组首先认真阅读比较了《水质河流采样技术指导》和各相关的标准方法中对可溶态重金属过滤的要求。

《水质河流采样技术指导》：“如河水中的痕量金属，采样后必须尽快（最好在采样现场）利用过滤等技术把‘溶解物’和‘不溶物’分开，这样可以使采样后可能发生的组分变化降至最小。”

《水质 铜、锌、铅、铜的测定 原子吸收分光光度法》：“分析溶解的金属时，样品采集后立即通过 0.45 μm 滤膜过滤，得到的滤液再按（2.1）中的要求酸化。”

在依据现行规范标准上，并充分听取各承担单位意见，同时综合考虑可溶态重金属在水中的性质和现场操作的可行性，对国家网重金属现场过滤的要求明确作出如下规定：

"采集的水样必须在现场立即用 0.45μm 的微孔滤膜过滤后装于聚乙烯采样瓶中。"

（三）现场加保存剂

现场加保存剂的问题是在去除沉降性固体和重金属铜、铅、锌、镉现场立即过滤的问题基础上衍生出来的问题。明确了对上述两个问题的规定后，本指导书主要依据各项目的标准分析方法中规定的保存方法，详细规定了每个项目是否现场必须立即加保存剂、加何种保存剂，以及什么情况下可不加保存剂。

（四）补充目前尚未上升为标准方法但实际监测工作又急需使用的三个方法

《透明度的测定　塞氏盘法》的方法文本参照《水和废水监测分析方法（第四版增补版）》编写；《叶绿素 a 的测定　分光光度法》和《铜、铅和镉的测定　石墨炉原子吸收分光光度》的方法文本参照其标准承担单位目前提交的送审稿或征求意见稿编写。《叶绿素 a 的测定　分光光度法》和《铜、铅和镉的测定　石墨炉原子吸收分光光度》的承担单位均为辽宁省环境监测实验中心。

（五）明确总磷、氨氮、挥发酚等项目关键性环节的操作要求

针对上述问题，编写组首先认真阅读比较了标准方法。其次，编写组对上海、湖北、四川、重庆、浙江、江苏、辽宁、安徽、山东、福建、广东等省（自治区）的省站或市站进行了充分调研。对总磷消解后是否过滤的问题，氨氮絮凝沉淀后采用过滤分离和离心操作的问题，以及对挥发酚的检出限问题进行了明确和规定。

（六）质量控制指标的完善

针对上述问题，编写组首先认真阅读比较了标准方法、《水和废水监测分析方法（第四版增补版）》以及《环境水质监测质量保证手册》对质量控制指标的要求。其次，编写组对上海、湖北、四川、重庆、浙江、江苏、辽宁、安徽、山东、福建、广东等省（自治区）的省站或市站进行了调研。确定制定原则：指标要求不能低于现行标准方法的要求。

（七）立足实际监测现状，补充完善标准方法中的相关实验要求

根据现有标样和试剂的商品化和稳定性情况，增加了市售有证标准溶液和纯水机制备的实验用水的准予使用说明，同时，对标准曲线的开放式调整进行了明确规定：在线性范围内，根据实际样品浓度，制作适合浓度范围的标准曲线，标准曲线在不包括零浓度点的情况下至少涵盖 5 个浓度点。

作业指导书与现行标准的具体相关差异说明，详见表 1。

表 1 作业指导书与现行标准的细化说明

项目	序号	现行标准中的相关规定	作业指导书中的相关规定	说明
高锰酸盐指数的测定（酸性法）（GB/T 11892—89）	1	未给出方法检出限数据	方法检出限为 0.5 mg/L	明确概念，细化操作细节，补充质量控制指标
	2	除非另有说明，否则均使用符合国家标准或专业标准的分析纯试剂和蒸馏水或同等纯度的水，不得使用去离子水	除非另有说明，均使用符合国家标准或专业标准的分析纯试剂，实验用水需使用新制备的蒸馏水、RO 反渗透膜法制备的三级水或同等纯度以上不含有机物或还原性物质的水	
	3	4.7 高锰酸钾标准贮备液：倾出上清液	2.7 高锰酸钾标准贮备液，浓度 C_2（$1/5KMnO_4$）约为 0.1 mol/L。称取 3.2 g 高锰酸钾溶解于水并稀释至 1 000 mL。于 90～95℃水浴中加热此溶液两小时，冷却。存放两天后，倾出上清液或用玻璃砂芯漏斗过滤，贮于棕色瓶中	
	4	5.3 25 mL 酸式滴定管	3.3 25mL 或 50 mL 酸式滴定管	
	5	无相关内容	4.1 空白样品的测定值应小于方法检出限	
	6	无相关内容	4.2 注 4：K 值应介于 0.950～1.01	
	7	无相关内容	4.3 保证每个样品的加热时间都是相同的	
	8	无相关内容	4.4 整个过程时间控制在 5 min 以内。注 5：沸水浴的水面要高于锥形瓶内的液面。样品量以加热氧化后残留的高锰酸钾（2.8）为其加入量的 1/2～1/3 为宜。加热时，如溶液红色退去，说明高锰酸钾量不够，须重新取样，经稀释后测定。滴定时温度如低于 60℃，反应速度缓慢，因此应加热至 80℃左右。若溶液温度过低，需适当加热。沸水浴温度为 98℃。如在高原地区，报出数据时，需注明水的沸点	
	9	无相关内容	4.5 当测定结果＜100mg/L 时，保留至小数点后一位，当测定结果≥100 mg/L 时，保留三位有效数字	

项目	序号	现行标准中的相关规定	作业指导书中的相关规定	说明
高锰酸盐指数的测定（酸性法）（GE/T 11892—89）	10	无相关内容	5．质量保证和质量控制 5.1 空白试验 每批次（≤20 个）样品应至少做两个实验室空白试验，空白样品的测定值应小于方法检出限。 5.2 精密度控制 每批次（≤20 个）样品，应至少测定 10%的平行双样，样品数量＜10 个时，应至少测定一个平行双样。当样品含量≤2.0 mg/L 时，平行双样测定结果的相对偏差应≤25%，样品含量＞2.0 mg/L 时，平行双样测定结果的相对偏差应≤20%。 5.3 准确度控制 每批次（≤20 个）样品，应至少测定一个有证标准样品，有证标准样品的测定值应在允许的范围内	
高锰酸盐指数的测定（碱性法）（GB/T 11892—1989）	1	无相关内容	4.2 将锥形瓶置于沸水浴内 30 min（从水浴重新沸腾起计时），沸水浴的液面要高于反应溶液的液面	细化操作细节
	2	无具体时间要求	4.4 整个过程时间控制在 5 min 以内	
化学需氧量的测定　重铬酸盐法（GB/T 11914—1989）	1	1 方法检出限 当计算出 COD 值小于 10 mg/L 时，应表示为“COD＜10mg/L”	当取样量为 20.0 mL 时，本方法（采用低浓度试剂）的检出限为 5 mg/L	根据《水和废水监测分析方法（第四版）》及各实验室的监测数据显示当取样量为 20.0 mL 时，采用低浓度试剂方法的检出限为 5 mg/L
	2	5.1 回流装置：带有 24 号标准磨口的 250 mL 锥形瓶的全玻璃回流装置，回流冷凝管长度为 300～500mm，若取样量在 30mL 以上，可采用磨口 500 mL 锥形瓶的全玻璃回流装置。 5.2 加热装置 5.3 25 mL 或 50 mL 酸式滴定管	3.1 回流冷却装置：磨口 250 mL 锥形瓶的全玻璃回流装置，若取样量在 30 mL 以上，可采用磨口 500 mL 锥形瓶的全玻璃回流装置。冷却方式可选用水冷或风冷全玻璃回流装置，其他等效冷凝回流装置亦可。 3.2 加热装置：电炉或其他等效标准消解装置。 3.3 天平：精度为 0.000 1 g。 3.4 酸式滴定管（25 mL 或 50 mL）或其他精度满足要求的等效电子滴定器	根据目前监测设备的发展情况，增加了天平的精度要求，增加了回流冷却装置、加热装置和酸式滴定管等的其他等效设备

项目	序号	现行标准中的相关规定	作业指导书中的相关规定	说明
	3	去干扰试验：无机还原性物质如亚硝酸盐、硫化物及二价铁盐将使结果增加，将其需氧量作为水样 COD 值的一部分是可以接受的。本方法的主要干扰物为氯化物，可加入硫酸汞溶液去除。经回流后，氯离子可与硫酸汞结合成可溶性的氯汞配合物	4. 前处理 无机还原性物质如亚硝酸盐、硫化物及二价铁盐将使结果增加，将其需氧量作为水样 COD 值的一部分是可以接受的。本方法的主要干扰物为氯化物，可加入硫酸汞溶液去除。经回流后，氯离子可与硫酸汞结合成可溶性的氯汞配合物。硫酸汞溶液的用量，可根据水样中氯离子的含量按质量比 m（$HgSO_4$）：m（Cl^-）≥20：1 的比例加入。高含量的氯离子对本方法产生正干扰，可采用附录 A 进行测定或粗略判定。此外，氯离子的含量也可测定电导率后按照 HJ 506 附录 A 进行换算，或参照 GB 17378.4 测定盐度后进行换算	将硫酸汞由固体改为溶液的形式对氯化物进行掩蔽，操作更简便； 将硫酸汞的加入量由 0.4 g 修改为可根据样品中氯离子的含量按比例加入，加入前可进行氯离子含量测定或粗略判定，从而减少有毒物质硫酸汞的使用； 增加附录 A，将采用硝酸银法对氯离子浓度进行粗略判定加入标准
化学需氧量的测定　重铬酸盐法（GB/T 11914—1989）	4	7.8 水样的测定：于试料中加入 10.0 mL 重铬酸钾标准溶液和同颗防爆沸玻璃珠，摇匀	5.1.1 样品测定 将水样充分摇匀，取 20.0 mL 于锥形瓶中，依次加入硫酸汞溶液、10.00 mL 重铬酸钾标准溶液 II 和几颗防爆沸玻璃珠，摇匀。硫酸汞溶液按 m（$HgSO_4$）：m（Cl^-）≥20：1 的比例加入。 5.2.2 样品测定 将水样或稀释后水样充分摇匀，取出 20.0 mL 于锥形瓶中，依次加入硫酸汞溶液、10.00 mL 重铬酸钾标准溶液 I 和几颗防爆沸玻璃珠，摇匀。其他操作与 COD 值≤50 mg/L 的样品测定相同	重铬酸钾标准溶液应该精确到 10.00 mL
	5		6. 质量保证和质量控制 6.1 空白试验 每批次（≤20 个）样品应至少测定两个实验室空白和一个全程序空白。 6.2 精密度控制 每批样品应分析 10%～20%的平行样品。当样品含量为	根据实际监测工作增加质控内容

项目	序号	现行标准中的相关规定	作业指导书中的相关规定	说明
	5		5～50 mg/L 时，平行双样测定结果的相对偏差应≤20%；当样品含量为 50～100 mg/L 时，平行双样测定结果的相对偏差应≤15%；当样品含量＞100mg/L 时，平行双样测定结果的相对偏差应≤10%。 6.3 准确度控制 每批样品，应至少测定一个有证标准样品，有证标准样品的测定值应在允许范围内	
化学需氧量的测定　重铬酸盐法（GB/T 11914—1989）	6		7. 注意事项 7.1 本方法所用的试剂如硫酸汞等具有一定的毒性，对健康具有潜在的危害，应避免与这些化学品直接接触，准备和处理时要务必小心。样品前处理过程应在通风橱中进行，所用试剂及分析后的样品需回收并进行安全处理。 7.2 本方法中采用浓硫酸和重铬酸盐处理和消解样品，需穿防护衣，佩戴防护手套，保护好面部。当溶液泼洒时，即刻用大量清水冲洗。 7.3 向水中加入浓硫酸时，必须小心谨慎，边加入边搅拌。 7.4 玻璃仪器清洗时应小心，避免灰尘落入，应单独存放，专门用于测定 COD。 7.5 溶液消解时应保证消解装置均匀加热，使溶液缓慢沸腾，但不宜爆沸。如出现爆沸，说明溶液中出现局部过热，会导致测定结果有误。爆沸的原因可能是加热过于激烈，或是防爆沸玻璃珠的效果不好；如消解过程中未出现沸腾，溶液可能未被完全消解，可能会导致测定结果有误。 7.6 试亚铁灵的加入量虽然不影响临界点，但还是应该尽量一致。当溶液的颜色先变为蓝绿色再变到红褐色即达到终点，但还会存在几分钟后重现蓝绿色的情况，此时需补充滴定，直至红褐色达到终点。 7.7 水样加热回流后，溶液中重铬酸钾剩余量应是加入量的 1/5～4/5 为宜	为了实验安全和操作规范性，增加了注意事项

项目	序号	现行标准中的相关规定	作业指导书中的相关规定	说明
化学需氧量的测定　重铬酸盐法（GB/T 11914—1989）	6		7.8 回流冷凝管不宜用软质乳胶管，否则容易老化、变形、冷却水不通畅。 7.9 要充分保证冷凝效果，用手摸冷却出水时不能有温感，否则会影响测定结果	
五日生化需氧量（BOD_5）的测定　稀释与接种法（HJ505—2009）	1	4.2 接种液 4.2.3 污水处理厂的出水 4.2.4 分析含有难降解物质的工业废水时，在其排污口下游适当处取水样作为废水的驯化接种液。	2.2 接种液 无此内容	去掉工业废水相关内容
	2	4.4 中未给出对溶解氧饱和的判断方法	2.4 中补充“氧气在稀释水中的溶解度可参考《水质溶解氧的测定电化学探头法》（HJ 506—2009）附录 A”	细化操作细节，补充增加水中溶解氧过饱和的判断方法
	3	4.10 中未给出对丙烯基硫脲的操作注意事项	增加 2.10 中补充说明“（丙烯基硫脲属于有毒化合物，操作时应避免接触皮肤和眼睛）”	细化操作细节，补充对丙烯基硫脲的操作安全说明
	4	5.2 溶解氧瓶 带水封装置，容积 250～300 mL。	3.2 中补充“采用电化学探头法测定试样中的溶解氧时，应注意使用的溶解氧瓶与所用的电极是否配套”	细化操作细节
	5	5.4 虹吸管 供分取水样或添加稀释水	3.4 虹吸管 供分取水样或添加稀释水。虹吸管每次使用后用蒸馏水清洗干净并晾干，定期更换，避免微生物和藻类生长	细化操作细节，避免因虹吸管处理不当污染样品
	6	5.5 溶解氧测定仪	3.5 补充“（注：可使用 BOD 测定专用溶解氧测定仪，可避免测定中多次虹吸造成的操作不便及可能引入的误差）”	细化操作细节
	7	6.2 无对样品质量检查这部分内容	4 中补充“样品接收时应注意样品瓶是否充满液体，有无气泡，并检查运输过程中温度控制记录”	细化操作细节，增加实验室对接收样品在采样和保存中的质量控制内容
	8	6.2 样品的前处理 6.2.2 余氯和结合氯的去除	4.样品前处理 无相关规定	考虑到一般地表水中应不存在有余氯的水样

项目	序号	现行标准中的相关规定	作业指导书中的相关规定	说明
五日生化需氧量（BOD_5）的测定　稀释与接种法（HJ505—2009）	9	7.1 非稀释法 若样品中的有机物含量较少，BOD_5 的质量浓度不大于 6mg/L，但样品中无足够的微生物，如酸性废水、碱性废水、高温废水、冷冻保存的废水或经过氯化处理等的废水，采用非稀释接种法测定	5.1 非稀释法 如样品中的有机物含量较少，BOD_5 的质量浓度不大于 6 mg/L，且样品中有足够的微生物，用非稀释法测定。若样品中的有机物含量较少，BOD_5 的质量浓度不大于 6 mg/L，但样品中无足够的微生物，采用非稀释接种法测定	去掉废水的部分，保留地表水相关部分
	10	7.1.2.2 电化学探头法测定试样中的溶解氧 溶解氧的测定按 GB/T 11913 进行操作	5.1 ②（ii）电化学探头法测定试样中的溶解氧 溶解氧的测定按 HJ 506—2009 进行操作	GB/T 11913—1989（已作废），被《水质溶解氧的测定　电化学探头法》（HJ 506—2009）替代。
	11	7.1.2 中 7.1.2.1 和 7.1.2.2 将一瓶盖上瓶盖，加上水封，在瓶盖外罩上一个密封罩，防止培养期间水封水蒸发干。	5.1 ②中补充 （注 3：若无密封罩，可用封口膜或者锡箔纸包严瓶口）	细化操作细节，补充防止培养期间水封水蒸发干的其他简单方法
	12	7.2 稀释与接种法 若试样中的有机物含量较多，BOD_5 的质量浓度大于 6 mg/L，且样品中有足够的微生物，采用稀释法测定；若试样中的有机物含量较多，BOD_5 的质量浓度大于 6 mg/L，但试样中无足够的微生物，采用稀释接种法测定	5.2 稀释与接种法 若试样中的有机物含量较多，BOD_5 的质量浓度大于 6 mg/L，且样品中有足够的微生物，采用稀释法测定，受生活污水污染的地表水，一般可以采用稀释法；若试样中的有机物含量较多，BOD_5 的质量浓度大于 6 mg/L，但试样中无足够的微生物，采用稀释接种法测定。一些含有难降解物质的工业污水污染的地表水，测定结果受稀释接种微生物的影响较大，如果进行联合监测或者比对监测，需要采用经相同驯化后的微生物或者商品化的微生物接种	细化操作细节，补充联合监测和比对监测的注意点
	13	7.2 稀释与接种法 表 2　BOD_5 测定的稀释倍数 水样类型：轻度污染的工业废水、中度污染的工业废水、重度污染的工业废水或原城市污水	5.2 稀释与接种法 表 7-2　BOD_5 测定的稀释倍数 水样类型：轻度污染、中度污染、重度污染的原城市污水	去掉废水的部分，保留地表水相关部分

项目	序号	现行标准中的相关规定	作业指导书中的相关规定	说明
五日生化需氧量（BOD_5）的测定 稀释与接种法（HJ505—2009）	14	9.3 平行样品 每一批样品至少做一组平行样，计算相对偏差 RP。当 BOD_5 小于 3 mg/L 时，RP 值应≤±15%；当 BOD_5 为 3～100 mg/L 时，RP 值应≤±20%；当 BOD_5 大于 100 mg/L 时，RP 值应≤±25%	7.3 精密度控制 每一批样品至少做一组平行样，计算相对偏差 RP。当 BOD_5 小于 3 mg/L 时，RP 值应≤±25%；当 BOD_5 为 3～100 mg/L 时，RP 值应≤±20%；当 BOD_5 大于 100 mg/L 时，RP 值应≤±15%	根据 ISO 5815-1 和 ISO 5815-2 进行了修改
氨氮的测定（HJ 535—2009）	1	1 方法原理 以游离态的氨或铵离子等形式存在的氨氮与纳氏试剂反应生成淡红棕色络合物	以游离态的氨或铵离子等形式存在的氨氮与纳氏试剂反应生成黄棕色胶态化合物或淡红棕色络合物	细化操作细节，采用商品化纳氏试剂，低浓度样品显色为黄棕色
	2	4.1 无氨水 4.1.1 离子交换法 4.1.2 蒸馏法 4.1.3 纯水器法	2.1 无氨水。 实验室纯水器直接制备，或直接购买市售纯水，需检验满足实验空白要求	根据目前监测站实验室条件，普遍具有纯水器
	3	无相关内容	2.4 纳氏试剂，可选择下列方法的一种配制，亦可直接购买市售经检验符合要求的纳氏试剂	根据目前监测站有使用商品化纳氏试剂的情况，补充了相关内容
	4	无相关内容	4.2 注 14：标准曲线斜率范围 0.006 0～0.007 8，截距≤±0.005	细化操作细节
	5	无相关内容	5．质量保证和质量控制 5.1 实验室空白的吸光度应≤0.060 。 5.2 精密度控制：每批样品应至少测定 10%的平行双样，样品数量少于 10 时，应测定一个平行双样，当样品含量≤1.0 mg/L 时，平行双样测定结果的相对偏差应≤20%；当样品含量为＞1.0 mg/L 时，平行双样测定结果的相对偏差应≤15%。 5.3 准确度控制：每批次样品，应至少测定一个有证标准样品或基体加标回收样品，有证标准样品的测定值应在允许的范围内。样品含量≤1.0 mg/L 时，加标回收率为 70%～130%；样品含量＞1.0 mg/L 时，加标回收率为 80%～120%。	根据实际监测工作增加质控内容

项目	序号	现行标准中的相关规定	作业指导书中的相关规定	说明
氨氮的测定（HJ 535—2009）	6	当样品中存在余氯，可加入适量的硫代硫酸钠溶液去除，并用淀粉-碘化钾试纸检验余氯是否除尽	取消	考虑到一般地表水中应该不存在有余氯的水样
	7	水样根据样品性状预处理有三种方式：不做处理；絮凝沉淀法；预蒸馏法	对于一般水样，建议采用絮凝沉淀法预处理，对于特殊水样，采用预蒸馏法处理	进一步规范水样处理
	8	6.2.2 絮凝沉淀也可对絮凝沉淀后样品离心处理	推荐离心处理，离心条件为：4 000 r/min，离心 5 min	因离心处理比滤纸过滤干扰小
总磷的测定　钼酸铵分光光度法（GB/T 11893—1989）	1	6.2.1.2 注②如消解后有残渣时，用滤纸过滤于具塞刻度管中，并用水充分清洗锥形瓶及滤纸，一并移到具塞刻度管中	5.2.1.2 消解后，若试样有浊度干扰时，可采用中速定性滤纸或纤维滤膜过滤于另一个 50mL 比色管中，用水洗比色管及滤纸，一并移入比色管中，加水至标线，供分析用。所用滤纸和滤膜过滤前应用纯水多次洗涤除磷，空白试样进行同样的过滤操作，空白吸光度应控制在 0.007 以下	细化操作细节，明晰实验影响因素 明确质量控制指标
	2	无相关规定	5.2.3 注 4：室温低于 13℃时，可在 20～30℃水浴中显色 15min。比色皿用后应以稀硝酸浸泡片刻，以除去吸附的钼蓝有色物。显色 15min 时，需要尽快测定吸光度，放置越久，测定结果越低	
	3	无相关规定	5.3 当测定结果＜10.0 mg/L 时，保留至小数点后两位；当测定结果≥10 0 mg/L 时，保留三位有效数字	
	4	8 精密度和准确度 8.1　十三个实验室测定（采用 6.2.1.1 消解）含磷 2.06 mg/L 的统一样品 8.1.1 重复性 实验室内相对标准偏差为 0.75%。 8.1.2 再现性 实验室间相对标准偏差为 1.5%。 8.1.3 准确度 相对误差为+1.9%。 8.2 六个实验室测定（采用 5.2.1.2 消	6．质量保证和质量控制 6.1 空白试验：每批样品至少测定一个实验室空白，空白值应低于方法检出限。 6.2 校准曲线：线性相关系数应达到 0.999 以上。 6.3 每批样品应测定一个校准曲线中间点浓度的标准溶液，其测定结果与校准曲线该点浓度的相对误差应≤10%。否则，需重新绘制校准曲线。 6.4 精密度控制：每批样品应至少测定 10%的平行双样，样品数量＜10 个时，应测定一个平行双样。当样品含量＜0.03mg/L 时，平行双样测定结果的相对偏差应≤25%；当	

项目	序号	现行标准中的相关规定	作业指导书中的相关规定	说明
总磷的测定　钼酸铵分光光度法（GB/T 11893—1989）	4	解）含磷量 2.06 mg/L 的统一样品。 8.2.1 重复性 实验室内相对标准偏差为 1.4%。 8.2.2 再现性 实验室间相对标准偏差为 1.4%	样品含量≥0.03mg/L 时，平行双样测定结果的相对偏差应≤10%。 6.5 准确度控制：每批样品至少测定一个有证标准样品或基体加标回收样品，有证标准样品的测定值应在允许的范围内。样品含量<0.03mg/L 时，加标回收率为 70%～130%；样品含量≥0.03mg/L 时，加标回收率为 80%～120%	
	5	无相关内容	7. 注意事项 砷大于 2 mg/L 干扰测定，用硫代硫酸钠去除；硫化物大于 2 mg/L 干扰测定，通氮气去除；铬大于 50 mg/L 干扰测定，用亚硫酸钠去除；亚硝酸盐大于 1 mg/L 有干扰，用氧化消解或加氨磺酸均可以除去；铁浓度为 20 mg/L，使结果偏低 5%；铜浓度达 10 mg/L 无干扰；氟化物小于 70 mg/L 也无干扰；水中大多数常见离子对显色的影响可以忽略	
总氮的测定　碱性过硫酸钾消解紫外分光光度法（HJ 636—2012）	1	6.1 无氨水 在 1 000mL 的蒸馏水中，加 0.1mL 硫酸（ρ=1.84g/mL），在全玻璃蒸馏器中重蒸馏，弃去前 50mL 馏出液，然后将约 800mL 馏出液收集在带有磨口玻璃塞的玻璃瓶内	2.1 无氨水。 实验室纯水器直接制备，或直接购买市售纯水，需检验满足实验空白要求	根据目前监测站实验室条件，普遍具有纯水器
	2	无相关规定	4.3 试样测定 量取 10.00 mL 试样于 25 mL 具塞磨口玻璃比色管中，按照上述步骤进行测定。 注 6：试样中的含氮量超过 70 μg 时，可减少取样量并加水稀释至 10.00 mL。 注 7：消解后的试样如浑浊影响比色，应采取离心（3 500～4 000 r/min，3～10 min）或静置取上清液分析（试样如细颗粒物较多、澄清时间过长，尽量选择离心的方法）。	细化操作步骤，给出参考值，利于实际工作。 不同批次滤纸存在硝酸盐氮空白高且不稳定的现象，并且抽滤或过滤过程中可能存在着稀释、吸附或沾污，考虑到总氮全量分析时取样体积为 10 mL，样品本身体积就很小，再用抽

项目	序号	现行标准中的相关规定	作业指导书中的相关规定	说明
总氮的测定 碱性过硫酸钾消解紫外分光光度法（HJ 636—2012）	2			滤或过滤容易带来较大误差，因此消解后浑浊水样的总氮分析不采取过滤及抽滤。建议并尽量采用离心方法处理，离心转速为 3 500～4 000 r/min，离心时间为 3～10 min，具体参数应根据样品颗粒物性质决定。如不具备离心条件时可静置澄清后取上清液分析，但不同水样浑浊情况不一样，很难确定合适的静置时间，特别是水样中细颗粒物较多时，澄清时间过长影响工作效率
	3	6 家实验室对总氮质量浓度分别为 1.52mg/L±0.10mg/L 和4.78mg/L±0.34mg/L 的有证标准样品进行了测定，相对误差分别为 1.3%～5.3%，0.2%～4.2%；相对误差最终值（$\overline{RE} \pm 2S_{\overline{RE}}$）分别为 2.6%±2.8%，1.5%±3.2%。 5.2 精密度 6 家实验室对总氮质量浓度为 0.20mg/L、1.52mg/L 和 4.78mg/L 的统一样品进行了测定，实验室内相对标准偏差分别为 4.1%～13.8%，0.6%～4.3%，0.8%～3.4%；实验室间相对标准偏差分别为 8.4%，2.7%，1.8%；重复性限分别为 0.06mg/L、0.14mg/L、0.27mg/L；再现性限分别为 0.07mg/L、0.17mg/L、0.35mg/L	删除	实际工作中质量保证和质量控制中相关的控制指标更有指导意义

项目	序号	现行标准中的相关规定	作业指导书中的相关规定	说明
铜、铅、锌、镉的测定 电感耦合等离子体质谱法（HJ 700—2014）	1	2.8.1 可用光谱纯金属（纯度大于99.99%）或其他标准物质配制成浓度为 1.00 mg/mL 的标准储备溶液，也可购买有证标准溶液	2.8.1 单元素标准储备溶液：ρ=1.00 mg/mL。市售有证标准溶液，密封、避光、聚乙烯或聚丙烯瓶、4℃冷藏保存	目前各监测站基本不用纯金属配制贮备液，多购买多元素混合标准溶液，使用时稀释
	2	2.9 宜选用 ^{6}Li、^{45}Sc、^{74}Ge、^{89}Y、^{103}Rh、^{115}In、^{185}Re、^{209}Bi 为内标元素	2.9 根据表 11-1 推荐的元素质量数和内标，可选用 45Sc、74Ge、103Rh、115In、185Re、209Bi 为内标元素，可直接购买市售有证内标混合标准溶液	原标准针对 20 余种金属元素给出了推荐的内标元素，修改后删除了部分不适合的内标元素
	3	3.2 校准曲线的绘制建议铜、锌浓度为 0μg/L、10.0μg/L、50.0μg/L、100μg/L、200μg/L、300μg/L、400μg/L、500μg/L；铅、镉浓度为 0μg/L、0.5μg/L、1.0μg/L、5.0μg/L、10.0μg/L、20.0μg/L、40.0μg/L、50.0μg/L	3.2 校准曲线的绘制建议浓度为 0 μg/L、1.0 μg/L、5.0 μg/L、10 μg/L、50 μg/L、100 μg/L	实验室常用的曲线配制 7 个点，综合标准中铜、锌和铅、镉推荐的浓度和实际水样浓度，选择了 1～100 μg/L
铜、锌的测定 电感耦合等离子体发射光谱法（HJ776—2015）	1	6.15 “单元素标准贮备液”“浓度为 1 000mg/L 或 100mg/L。自配或购买市售有证标准溶液，称取 1.000 0g（精确到 0.000 1g）金属（光谱纯），加入 30mL 水，缓慢加入 30mL 硝酸至完全溶解，煮沸，冷却后用实验用水定容至 1L	2.4.1 单元素标准贮备液。浓度为 1.0mg/L，市售有证标准溶液，密封、避光、聚乙烯或聚丙烯瓶、4℃冷藏保存	目前各监测站基本不用纯金属配制贮备液，多购买多元素混合标准溶液，使用时稀释
	2	9.2 “校准曲线的绘制”取一定量的单元素标准使用液（6.15.2）制备校准曲线，根据地表水及废水等浓度范围分组配制，在各自浓度范围内，至少配制 5 个浓度点	3.3 校准曲线的绘制 取一定量的单元素标准使用液（2.4.2）或混合标准溶液（2.4.3）制备校准曲线，推荐浓度点为 0 mg/L、0.05 mg/L、0.10 mg/L、0.50 mg/L、1.0 mg/L（注 1：可根据实际样品浓度选择合适的浓度点，标准曲线点数不少于 5 个）。	综合监测实际，可借鉴推荐的浓度点，也可自行设置，但需满足至少配制 5 个浓度点要求

项目	序号	现行标准中的相关规定	作业指导书中的相关规定	说明
锌的测定　火焰原子吸收分光光度法（GB/T 7475—1987）	1	2 试剂除非另有说明，否则分析时均使用符合国家标准或专业标准的分析纯试剂、去离子水或同等纯度的水	2 试剂分析时均使用符合国家标准优级纯试剂，实验用水为电阻率≥18.2 MΩ·cm 的超纯水	优级纯试剂杂质少且容易购买，各个实验室基本配备超纯水机
	2	金属贮备液：1.000 g/L 称取 1.000 g 光谱纯金属，准确到 0.001 g，用硝酸溶解，必要时加热，直至溶解完全，然后用水稀释定容至 1 000mL	2.5.1 单元素标准储备溶液：ρ=1.00 mg/mL。 市售有证标准溶液，密封、避光、聚乙烯或聚丙烯瓶、4℃冷藏保存。 2.5.2 单元素中间标准溶液：用硝酸溶液（2.2）稀释元素标准储备溶液（2.5.1）将元素配制成混合标准使用溶液，浓度为 1.0 mg/L	目前各监测站基本不用纯金属配制贮备液，多购买单元素或多元素混合标准溶液，使用时稀释
	3	没有质量保证和质量控制的相关内容	5．质量保证和质量控制 5.1 校准有效性检查 每批样品分析均须绘制校准曲线，校准曲线的相关系数应大于或等于 0.999 。每分析 10 个样品需用一个校准曲线的中间点浓度校准溶液进行校准核查，其测定结果与最近一次校准曲线该点浓度的相对偏差应≤10%，否则应重新绘制校准曲线。每半年至少应该做一次仪器谱线的校对以及元素间干扰校正系数的测定。 5.2 空白：每批样品至少测定一个全程序空白及实验室空白，空白值应满足下列条件之一：（1）低于方法检出限；（2）低于标准限值的 10%；（3）低于每批样品最低测定值的 10%。 5.3 平行样：每批样品应至少测定 10%的平行双样，样品数量少于 10 个时，应测定一个平行双样，两个平行样测定结果相对偏差应≤20%。 5.4 连续校准：每分析 10 个样品，应分析一次校准曲线中间浓度点，其测定结果与实际浓度值相对偏差应≤10%，每批样品分析完毕后进行一次曲线最低点分析，测定结果与实际浓度值相对偏差应≤30%	与 ICP-MS 方法中质控部分中的空白、实验室控制样品和平行样的要求保持相同

项目	序号	现行标准中的相关规定	作业指导书中的相关规定	说明
锌的测定　火焰原子吸收分光光度法（GB/T 7475—1987）	3	没有质量保证和质量控制的相关内容	5.5 准确度控制 每批样品应至少测定 10%的加标样品，样品数量<10 个时，应至少测定一个加标样品，加标回收率应在 80%～120%。必要时，每批样品至少分析一个有证标准物质或实验室自行配制的质控样，有证标准物质测定结果应在允许范围内	
汞、砷、硒的测定　原子荧光法（HJ 694—2014）	1	2.22.3 中“硒标准使用液配制的是 10.0μg/L”	实际使用过程中，都是配制的 100μg/L 的标准使用液	因为日常工作中，硒的荧光强度不高，一般厂家给定的仪器推荐条件是 1～10μg/L 的范围，为了方便后续配制曲线，建议这里改用大浓度的标准使用液
	2	4.2 硒的标准曲线绘制中取样量是 0 mL、2 mL、4 mL、6 mL、8 mL、10 mL	硒的标准曲线绘制中取样量是 0 mL、0.5 mL、1 mL、2 mL、3 mL、5mL	按照 HJ 694—2014 标准的说明，硒的检出限是 0.4μg/L，测定下限是 1.6 μg/L。而按照标准给出的曲线配制方法，曲线范围是 0～2.0μg/L，第二个点浓度是 0.4 μg/L，考虑到各家仪器性能不一样，将检出限浓度纳入标准曲线范围内可能无法满足各家实验室的实际要求，建议这里提高标准曲线浓度范围至 0～10μg/L，第二个点浓度是 1.0 μg/L。质量标准中硒的三类限值是 10μg/L，调整后也能很好地适应实际工作需求

项目	序号	现行标准中的相关规定	作业指导书中的相关规定	说明
汞、砷、硒的测定 原子荧光法（HJ 694—2014）	3	无相关内容	增加注意事项相关内容。 8. 注意事项 8.1 待机超过 2 h，再次开始测试之前要重做校准曲线零点和中间点浓度的核查，测试结果的相对偏差应≤20%。 8.2 当测试样品浓度值超出曲线上限，应该进行清洗程序，重测校准曲线零点和中间点浓度，测试结果的相对偏差应≤20%。 8.3 实验室工作温度应保持恒定，波动范围在 5℃以内。 8.4 硼氢化钾是强还原剂，极易与空气中的氧气和二氧化碳反应，在中性和酸性溶液中易分解产生氢气，所以配制硼氢化钾还原剂时，要将硼氢化钾固体溶解在氢氧化钠溶液中，并临用现配。 8.5 实验室所用玻璃器皿需用硝酸溶液（3.14）浸泡 24h，或用热硝酸荡洗。清洗时依次用自来水，去离子水清洗	针对实际使用中的一些问题给出实验中需要注意的细节。
汞的测定 冷原子吸收分光光度法（HJ 597—2011）	1	3 前处理涉及三种前处理方法	只保留 5.1 近沸保温法	针对地表水样品浓度的适用范围选择该前处理方法
	2	4.1.2 反应装置采用 250mL 和 500mL 的器皿	只使用 500mL 的器皿	针对地表水，检出限低，需要样品量大，所以只用 500mL 的
砷、硒的测定 电感耦合等离子体质谱法（HJ 700—2014）	1	8.3.2.1 准确量取 100.0mL 摇匀后样品于 250mL 聚四氟乙烯烧杯中，加热温度不超过 85℃，注意消解时保证溶液不沸腾。注释 3 中提到烧杯放在电热板中间，未加盖的烧杯温度不高于 85℃，若烧杯上盖有表面皿，水温可升至 95℃	4.1 电热板消解法 将样品摇匀后，立即准确量取 100 mL 于 250 mL 聚四氟乙烯烧杯（或玻璃烧杯）中（视水样实际情况，取样量可适当减少，注意稀释倍数的计算），加入 2 mL（1+1）硝酸和 1 mL（1+1）盐酸溶液于上述烧杯中，置于电热板上加热消解，注意消解时保证溶液不沸腾，以有水蒸气持续冒出为准，至样品蒸发至 20 mL 左右，盖上表面皿以减少过量蒸发，保持轻微持续回流 30 min	①对“摇匀”描述理解的更到位。②考虑到聚四氟乙烯烧杯的成本，单测定砷、硒来说玻璃烧杯也能满足要求。③对电热板来说，加热温度不超过 85℃，该温度不适合实际的操作控制，不同的电热板调节的温度都会不同，事实上，只要保持消解时溶液不沸腾，以有水蒸气持续冒出为准，就能满足实验需要

项目	序号	现行标准中的相关规定	作业指导书中的相关规定	说明
砷、硒测定　电感耦合等离子体质谱法（HJ 700—2014）	2	9.2 校准曲线的绘制。建议砷硒的曲线范围为 0.5～50 μg/L	5.2 校准曲线的绘制 在容量瓶中取一定体积的标准使用液（2.8.3），使用 1%硝酸溶液配制系列标准曲线，建议浓度为 0 μg/L、1.0 μg/L、5.0 μg/L、10.0 μg/L、20.0 μg/L、50.0 μg/L、100 μg/L	硒的测定下限 0.8μg/L，若从 0.5μg/L 开始测定，不能定量，结合实际工作，从 1μg/L 测定较好
氟化物的测定离子色谱法（HJ 84—2016）	1	每批次样品（≤20 个），应至少做一个加标回收率测定，实际样品的加标回收率应控制在 80%～120%	6.5 准确度控制 每批次样品（≤20 个），应至少测定一个加标回收率测定或者有证标准样品。实际样品的加标回收率应控制在 80%～120%，有证标准样品的测定值应在允许范围内	准确度控制增加有证标准样品相关内容
	2	无相关内容	3.5 预处理柱：聚苯乙烯-二乙烯基苯为基质的 RP 柱或硅胶为基质键合 C_{18} 柱（去除疏水性化合物）；H 型强酸性阳离子交换柱或 Na 型强酸性阳离子交换柱（去除重金属和过渡金属离子）等类型	细化操作细节
	3	无相关内容	4.1 试样的制备 对于不含疏水性化合物、重金属或过渡金属离子等干扰物质的清洁水样，经抽气过滤装置（3.2）过滤后，可直接进样；也可用带有水系微孔滤膜针筒过滤器（3.3）的一次性注射器（3.4）进样。对含干扰物质的复杂水质样品，须用相应的预处理柱（3.5）进行有效去除后再进样。 注 2：样品经 0.45 μm 微孔滤膜过滤，除去样品中颗粒物，防止系统堵塞。在系统开机排气泡过程后不要有气泡残留，否则会影响分离效果	细化操作细节
	4	无相关内容	5.1.2 参考条件 2 阴离子分离柱（3.1.1）。氢氧根淋洗液（2.7.3），流速：1.2 mL/min，抑制型电导检测器，连续自循环再生抑制器。进样量：25 μl。 注 3：不被色谱柱保留或弱保留的阴离子干扰氟离子的测定。若这种共淋洗现象显著，可改用弱淋洗液（0.005 mol/L $Na_2B_4O_7$）进行洗脱或改变梯度洗脱程序或更换其他型号的色谱柱	细化操作细节

项目	序号	现行标准中的相关规定	作业指导书中的相关规定	说明
氟化物的测定 离子色谱法（HJ 84—2016）	5	无相关内容	5.3 试样的测定 按照与绘制标准曲线相同的色谱条件（5.1）和步骤（5.2），将试样注入离子色谱仪测定阴离子浓度，以保留时间定性，仪器响应值定量。 注 4：若测定结果超出标准曲线范围，应将样品用实验用水稀释处理后重新测定；可预先稀释 50～100 倍后试进样，再根据所得结果选择适当的稀释倍数重新进样分析，同时记录样品稀释倍数（f）。当水负峰干扰氟离子的测定时，可于 100 mL 水样中加入 1 mL 淋洗贮备液来消除水负峰的干扰。保留时间相近的两种离子，因浓度差太大而影响低浓度氟离子的测定时，可用加标的方法测定低浓度氟离子	细化操作细节
氟化物的测定 离子选择电极法（GB/T 7484—1987）	1	水样含氟硼酸盐或污染严重时，应先进行蒸馏	取消	实际地表水样品基体影响较小，一般不需要蒸馏
	2	总离子强度缓冲液（TISABⅢ）	取消	TISABⅢ适用于复杂水样，地表水分析一般没用
	3	4.2 无相关内容	温差≤±1℃	水和废水监测分析方法（第四版）
	4	6.3 测定用无分度吸管，吸取适量试份，置于 50mL 容量瓶中，用乙酸钠或盐酸调节至近中性	取消调 pH	实际地表水样品为中性
	5	一次标准加入法 当样品组成复杂或成分不明时，宜采用一次标准加入法，以便减小基体阳性	取消	实际地表水样品基体影响较小，故删去一次标准加入法，直接采用校准曲线法
	6	无相关内容	6.1 在分析样品之前，都需清洗电极至空白电位值再进行测定	分析中经验所得。高浓度样品测定之后再测定低浓度样品，电极未洗至空白电位，可能会使结果偏高

项目	序号	现行标准中的相关规定	作业指导书中的相关规定	说明
氟化物的测定离子选择电极法（GB/T 7484—1987）	7	无相关内容	7.1 温度影响电极的电位和电离平衡，须使试液和标准溶液的温度相同，并注意调节仪器的温度补偿装置使之与溶液的温度一致。每日要测定电极的实际斜率。根据 Nernst 方程式，温度在 20～25℃，氟离子浓度每改变 10 倍，电极电位变化 58 mV±1 mV	依据 GB 7484—87 中的 1.2 灵敏度
	8	测定结果，可以用氟离子的 mg/L 表示，也可以用其他认为方便的方式表示	结果以用氟离子的 mg/L 表示	为了数据可比，建议用相同的表示方法
	9	无相关内容	6.质量保证和质量控制 6.1 在分析样品之前，都需清洗电极至空白电位值再进行测定。 6.2 精密度控制 每批次样品（≤20 个），应至少测定 10%的平行双样，样品数量＜10 个时，应至少测定一个平行双样。平行双样测定结果的相对偏差应≤10%。 6.3 准确度控制 每批次样品（≤20 个），应至少做一个加标回收率测定或者有证标准样品测定。实际样品的加标回收率应控制在 80%～120%，有证标准样品的测定值应在允许范围内	参照《氟化物的测定离子色谱法》相关指标
	10	无相关内容	5. 当测定结果＜10.0 mg/L 时，保留至小数点后两位；当测定结果≥10.0 mg/L 时，保留三位有效数字	规范数据报送
六价铬的测定二苯碳酰二肼分光光度法（GB/T 7467—1987）	1	1.2 测定范围 试份体积为 50mL，使用光程长为 30mm 的比色皿，本方法的最小检出量为 0.2μg 六价铬，最低检出浓度为 0.004 mg/L，使用光程为 10mm 的比色皿，测定上限浓度为 1.0mg/L	1 方法原理 当取样体积为 50 mL，使用 30 mm 的比色皿，本方法的最小检出量为 0.2 μg 六价铬，最低检出浓度为 0.004 mg/L，测定上限浓度为 0.2 mg/L	明确规范了使用 30mm 比色皿

项目	序号	现行标准中的相关规定	作业指导书中的相关规定	说明
六价铬的测定二苯碳酰二肼分光光度法（GB/T 7467—1987）	2	3.4 4g/L 氢氧化钠溶液：将 1g 氢氧化钠（NaOH）溶于水并稀释至 250mL。 3.5.2 氢氧化钠：2%（*m/V*）溶液：称取 2.4 g 氢氧化钠，溶于 120mL 水中	2.4 氢氧化钠溶液（4 g/L）：称取氢氧化钠（NaOH）1 g，溶于新煮沸放冷的水中，并稀释至 250 mL。 2.5.2 氢氧化钠溶液（20 g/L）：称取 2.4 g 氢氧化钠，溶于新煮沸放冷的 120 mL 水中	强调了用新煮沸放冷的水配制氢氧化钠溶液，以去除水中的二氧化碳
	3	无相关内容	2.7 铬标准贮备液：称取于 110℃干燥 2 h 的重铬酸钾（$K_2Cr_2O_7$，优级纯）0.282 9 g，用水溶解后，移入 1 000 mL 容量瓶中，用水稀释至标线，摇匀。此溶液每毫升含六价铬 0.100 mg。也可直接购买市售有证标准溶液	根据目前监测站普遍使用市售有证标准溶液的情况，补充了相关内容
	4	3.13 显色剂（Ⅱ）： 注：显色剂（Ⅰ）也可按下法配制：称取 4.0g 苯二甲酸酐（C8H4O），加到 80mL 乙醇中，搅拌溶解（必要时可用水浴微温），加入 0.5g 二苯碳酰二肼，用乙醇稀释至 100mL。此溶液于暗处可保存六个月。使用时要注意加入显色剂后立即摇匀，以免六价铬被还原	删除	考虑到一般没有用该注中的方法配制显色剂（Ⅰ），删除后可统一显色剂（Ⅰ）的配制方法
	5	6.1.2 色度校正：如样品有色但不太深时，按 6.3 步骤另取一份试样，以 2mL 丙酮（3.1）代替显色剂，其他步骤同 6.3，试份测得的吸光度扣除此色度校正吸光度后，再行计算	4.2 色度校正：如样品有色但不太深时，则另取一份样品，以 2 mL 丙酮代替显色剂，其他步骤同 4.3。试分测得的吸光度扣除此色度校正吸光度后再进行计算	用色度校正的样品直接代替水作为参比来测定样品的吸光度，所测值已扣除了样品原色度值的影响，不用再计算
	6	无相关内容	3.3 一般实验室常用仪器和设备。 注 1：所有玻璃器皿内壁须光洁，以免吸附铬离子。不得用重铬酸钾洗液洗涤。可用硝酸、硫酸混合液或合成洗涤剂洗涤，洗涤后要冲洗干净。一般用 1+3 HNO_3 浸泡后，先用自来水冲洗，再用蒸馏水洗干净	增加了玻璃器皿的具体洗清方法
	7	无相关内容	3.2 具塞磨口玻璃比色管：50 mL	明确了需用比色管的容积

项目	序号	现行标准中的相关规定	作业指导书中的相关规定	说明
六价铬的测定 二苯碳酰二肼分光光度法（GB/T 7467—1987）	8	6.4 校准 向一系列 50mL 比色管中分别加入 0 mL、0.20 mL、0.50 mL、1.00，2.00 mL、4.00 mL、6.00 mL、8.00 mL 和 10.0 mL 铬标准溶液（3.8 或 3.9）	5.1 标准曲线的绘制 向 9 个 50 mL 比色管中分别加入 0 mL、0.20 mL、0.50 mL、1.00，2.00 mL、4.00 mL、6.00 mL、8.00 mL 和 10.0 mL 铬标准溶液（2.8）（如经锌盐沉淀分离法前处理，则应加倍加入标准溶液），用水稀释至标线。然后按照和样品同样的预处理和测定步骤操作	去掉了使用铬标准溶液（II）做标准曲线的情况，考虑到一般地表水中六价铬浓度较低，小于 10μg，只需用铬标准溶液（ I ）做标准曲线
	9	6.3 测定 取适量（含六价铬少于 50μg）无色透明试份，置于 50mL 比色管中	5.2 试样测定 取适量（含六价铬少于 50 μg）无色透明水样或经预处理的水样，置于 50 mL 比色管中，用水稀释至标线，加入 0.5 mL（1+1）硫酸溶液，0.5 mL（1+1）磷酸溶液，摇匀。加入 2 mL 显色剂（I），立即摇匀，5～10min 后，于 540 nm 波长处，用 30 mm 的比色皿，以水做参比，测定吸光度，扣除空白试验测得的吸光度后，从校准曲线上查得六价铬含量。 注 3：如经锌盐沉淀分离、高锰酸钾氧化法处理的样品，可直接加入显色剂测定	规范了测定试样的描述。去掉了使用 10 mm 比色皿的情况，考虑到一般地表水中六价铬浓度较低，使用 30mm 的比色皿，以提高灵敏度
	10	7.1 计算方法 六价铬含量低于 0.1 mg/L，结果以三位小数表示；六价铬含量高于 0.1 mg/L，结果以三位有效数字表示	4.5 计算 当测定结果小于 1.00 mg/L 时，保留至小数点后三位；当测定结果大于或等于 1.00 mg/L 时，保留三位有效数字	规范结果的数字修约
	11	无相关内容	6．质量保证和质量控制 6.1 空白试验 每批次样品（≤20 个）应至少做两个实验室空白试验，空白的吸光度应不超过 0.010 （30 mm 比色皿）。否则应检查实验用水质量、试剂纯度、器皿洁净度等，查明原因，重新分析直至合格之后才能测定样品。 6.2 精密度控制 每批次样品（≤20 个），应至少测定 10%的平行双样，样品数量<10 个时，应至少测定一个平行双样。当样品含	根据实际监测工作增加了质控内容

项目	序号	现行标准中的相关规定	作业指导书中的相关规定	说明
六价铬的测定二苯碳酰二肼分光光度法（GB/T 7467—1987）	11	无相关内容	量≤0.01 mg/L 时，平行双样测定结果的相对偏差应≤15%；当样品含量为 0.01～1.0 mg/L 时，平行双样测定结果的相对偏差应≤10%；当样品含量＞1.0 mg/L 时，平行双样测定结果的相对偏差应≤5%。 6.3 准确度控制 每批次样品（≤20 个），应至少测定一个有证标准样品或基体加标回收样品，有证标准样品的测定值应在允许范围内。样品含量≤0.01 mg/L 时，加标回收率为 85%～115%；样品含量＞0.01 mg/L 时，加标回收率为 90%～110%	
氰化物的测定异烟酸—吡唑啉酮分光光度法；异烟酸—巴比妥酸分光光度法（HJ 484—2009）	1	氰化钾贮备溶液的配制和标定	删除改为购买市售有证标准物质。如需自行配制，可参照 HJ 484 执行	由于氰化钾属于剧毒品，目前难以购买，所以购买现成的氰化钾标准溶液，50mg/L，有效期 6 个月，冷藏保存，使用前稀释到 1mg/L
	2	20.1 校准曲线的绘制 取 8 支 25 mL 具塞比色管，分别加入氰化钾标准使用溶液 0 mL、0.20 mL、0.50 mL、1.00 mL、2.00 mL、3.00 mL、4.00 mL 和 5.00 mL	5.1 校准曲线的绘制 5.1.1 异烟酸—吡唑啉酮分光光度法 取 6 支具塞比色管（3.3），分别加入氰化钾标准使用溶液（2.11）0 mL、0.10 mL、0.50 mL、1.50 mL、5.00 mL 和 10.00 mL，再加入氢氧化钠溶液（2.10）至 10 mL	增加低浓度点，使曲线更适合地表水检测
	3	22、29 精密度和准确度	6．质量保证和质量控制 6.1 空白试验的氰化物含量应小于方法检出限。 6.2 校准曲线回归方程的相关系数 γ≥0.999；每批样品应带一个中间校核点，其测定值与校准曲线相应点浓度的相对偏差应不超过 5%。 6.3 精密度控制：每批样品应至少测定 10%的平行双样，样品数量＜10 个时，应测定一个平行双样。当样品含量≤0.05 mg/L 时，平行双样测定结果的相对偏差应≤20%；当样品含量为 0.05～0.5 mg/L 时，平行双样测定结果的相	根据监测工作实际情况增加质控内容

项目	序号	现行标准中的相关规定	作业指导书中的相关规定	说明
氰化物的测定 异烟酸—吡唑啉酮分光光度法；异烟酸—巴比妥酸分光光度法（HJ 484—2009）	3	22、29 精密度和准确度	对偏差应≤15%；当样品含量>0.5 mg/L 时，平行双样测定结果的相对偏差应≤10%。当采用异烟酸—巴比妥酸分光光度法测定样品结果低于测定下限时，平行双样测定结果的相对偏差最高允许值可放宽至 50%。 6.4 准确度控制：每批样品至少测定一个有证标准样品或基体加标回收样品，有证标准样品的测定值应在允许范围内。样品含量≤0.05 mg/L 时，加标回收率为 85%～115%；样品含量>0.05 mg/L 时，加标回收率为 90%～110%	
挥发酚的测定 4-氨基安替比林萃取分光光度法（HJ 503—2009）	1	12 质量保证和质量控制 每批样品应带一个中间校核点，中间校核点测定值和校准曲线相应点浓度的相对误差不超过 10%	5．质量保证和质量控制 5.1 每批样品应带一个中间校核点，中间校核点测定值和校准曲线相应点浓度的相对误差不超过 10%。 5.2 平行样：每批样品应至少测定 10%的平行双样，样品数量<10 个时，应测定一个平行双样。当样品含量≤0.05mg/L 时，平行双样测定结果的相对偏差应≤25%；当样品含量为 0.05～1.0mg/L 时，平行双样测定结果的相对偏差应≤15%；当样品含量>1.0mg/L 时，平行双样测定结果的相对偏差应≤10%。 5.3 准确度控制：每批样品至少做一个有证标准样品或加标回收测定，有证标准样品的测定值应在真值允许的误差范围内	根据实际监测工作增加相应质控内容
	2		4.2 标准曲线的绘制 于一组 8 个分液漏斗中，分别加入 100 mL 水（2.1），依次加入 0 mL、0.25 mL、0.50 mL、1.00 mL、3.00 mL、5.00 mL、7.00 mL 和 10.00 mL 酚标准使用液（2.11），再分别加水（2.1）至 250 mL。加 2.0 mL 缓冲溶液（2.6），混匀，pH 为 10.0±0.2，加 1.5 mL 4-氨基安替比林溶液（2.7），混匀，再加 1.5 mL 铁氰化钾溶液（2.8），充分混匀后，密塞，放置 10 min。在上述显色分液漏斗中准确	细化操作细节，增加注意事项

项目	序号	现行标准中的相关规定	作业指导书中的相关规定	说明
挥发酚的测定 4-氨基安替比林萃取分光光度法（HJ 503—2009）	2		加入 10.0 mL 三氯甲烷（2.2），密塞，剧烈振摇 2 min，倒置放气，静置分层。用干脱脂棉或滤纸拭干分液漏斗颈管内壁，于颈管内塞一小团干脱脂棉或滤纸，将三氯甲烷层通过干脱脂棉团或滤纸，弃去初滤出的数滴萃取液后，将余下三氯甲烷直接放入光程为 30 mm 的比色皿中。于 460 nm 波长，以三氯甲烷（2.2）为参比，测定三氯甲烷层的吸光度值。 注 5：严格按照顺序加入显色试剂，并保证显色时间，否则易造成吸光度偏差、结果不稳定和不准确。 注 6：4-氨基安替比林试剂的纯度、浓度对测定灵敏度及结果的准确性影响很大。固体 4-氨基安替比林易潮解、氧化变质，从而使试剂空白值明显增高，严重影响分析结果的准确度以及方法检出限。因此，应置于干燥器中密封避光保存。 注 7：三氯甲烷萃取液一般在 3h 内比较稳定，如放置时间过长，则吸光度出现大的误差，所以比色应及时进行。 注 8：关于 10 mL 三氯甲烷不够用的问题：为了降低检出限，本方法采用 3 mm 比色皿。由于萃取用 10 mL 三氯甲烷，只能填满 30 mm 比色皿的 1/2～2/3，对于部分分光光度计来说，可能会存在不够用的情况。因此，本方法在分析过程中，不用预先放出少量三氯甲烷来润洗滤纸（或脱脂棉）以及分液漏斗下管壁，直接将 10 mL 三氯甲烷放入 30 mm 比色皿中（此法经过验证，完全可以达到实验要求），满足实验要求。 注 9：在振荡分液漏斗的过程中，要尽量采用手工振荡，手工振荡力度较大，三氯甲烷和溶液混合较为充分，萃取效率高，会满足检出限的要求。 注 10：制作曲线及检出限测定的过程中，所有的分液漏斗尽量保证萃取力量和萃取次数一致，这样可以减少操作过程中带来的误差，提高结果的精密度，可以得到较小的检出限	

项目	序号	现行标准中的相关规定	作业指导书中的相关规定	说明
石油类和动植物油类的测定 红外分光光度法（HJ 637—2012）	1	7.3 试样的制备 7.3.1 地表水和地下水 振荡 3min，并经常开启旋塞排气，静置分层后…… 将下层有机相移至已加入3g无水硫酸钠（5.6）的具塞磨口锥形瓶中，摇动数次…… 上清液经玻璃砂芯漏斗过滤至具塞磨口锥形瓶中……	4.1.1 萃取 将样品全部转移至 2 000 mL 分液漏斗中，量取 25.0 mL 四氯化碳（2.5）洗涤样品瓶后，全部转移至分液漏斗中。振荡 3 min，并经常开启旋塞排气，静置分层后，将下层有机相转移至已加入 3 g 无水硫酸钠（2.6）的具塞磨口锥形瓶中，摇动数次。如果无水硫酸钠全部结晶成块，需要补加无水硫酸钠，静置。将上层水相全部转移至 2 000 mL 量筒中，测量样品体积并记录。 注 1：①加入四氯化碳萃取剂后振摇可以选择手动振摇，也可以选择分液漏斗振荡器振摇，也可以选择射流萃取，但要保证四氯化碳与水样充分接触，依照不同振摇方式可以适当延长或缩短萃取时间。②手动振摇可以选用每秒钟上下振一次的速率，重复振荡 6 min；分液漏斗振荡器振荡可以设置 200 r/min 的速度，按照标准连续振荡 3 min；射流萃取可以根据不同萃取仪的气流速率调整萃取时间，但不应少于 20 次循环。每种振荡结束后静置分层时间为 15 min。 有机相的脱水也可以选择普通 50 mL 玻璃三角漏斗，在三角底部填少量用四氯化碳浸泡并晾干后的玻璃棉，将无水硫酸钠倒入漏斗总体积的三分之一处，再将滤液缓慢倒入漏斗中	根据实际的不同操作方式，增加并细化控制要求，锥形瓶以及砂芯漏斗的使用多了潜在污染引入步骤，清洗不当易造成交叉污染
	2	7.4 空白试样的制备 取实验用水代替样品，按照试样的制备步骤制备空白试样	增加注意事项。 注 2：测定前要保证分析用的分液漏斗、容量瓶、砂芯漏斗、比色管等清洗干净。上述使用的玻璃器皿常规清洗后，用吸光度符合要求的四氯化碳（2.5）荡洗 2～3 次即可	细化操作细节，增加注意事项
	3	8.1.1 校正系数的测定	5.1 校正系数检验 注 3：①若校正系数检验不合格，需联系仪器工程师或按照 HJ 637—2012 中 8.1.1 步骤重新测定校正系数并检验，直至符合条件为止。②为保证统一性，石油类标准贮备液需选用市售石油类标准物质。③可用有证标准样品检测代替校正系数检验，如检测值在标准样品的保证值范围内可省略此步骤	由于一般市售测油仪均有内置的校正系数，因此只需要用标准溶液对仪器校正系数进行检验

项目	序号	现行标准中的相关规定	作业指导书中的相关规定	说明
石油类和动植物油类的测定 红外分光光度法（HJ 637—2012）	4	8.2.2 石油类浓度的测定	增加备注。 注 4：当样品有石油类检出时，一定要查看样品红外谱图，如无特征吸收，可确定为未检出	根据实际监测工作增加质控内容
	5	8.3 空白试验 以空白试样代替试样，按照与测定（8.2）相同步骤进行测定	5.3 空白试验 以空白试样代替试样，按照与测定（5.2）相同步骤进行测定。 注 5：所有使用的玻璃容器必须在使用前保证洁净，常规步骤清洗完毕后还需要用四氯化碳荡洗后备用。①所有使用的玻璃容器必须在使用前保证洁净，常规步骤清洗完毕后还需要用四氯化碳荡洗后备用；②若处理不当，会造成动植物测定含量大于总油的倒挂现象，故测定过程中一定要注意各个环节所用试剂和容器的清洁，包括漏斗、玻璃棉、硅酸镁、比色皿等，避免引入干扰。总油和动植物油分离的测定过程均需要引入空白实验，用于监测测试过程中使用试剂和容器的清洁与否，空白实验测定结果一定要低于方法检出限	增加备注
	6	9.1 结果计算	$\rho=\rho_1 \cdot V_0 \cdot D/V_w$ （2） 式中：ρ——样品中石油类的质量浓度，mg/L； ρ_1——萃取液中石油类的质量浓度，mg/L； V_0——萃取溶剂的体积，mL； D——萃取液稀释倍数； V_w——样品体积，mL	一般市售测油仪均能根据 3 个波长测得的吸光度运用内置校正系数直接给出浓度，简化计算公式
阴离子表面活性剂的测定 亚甲蓝分光光度法（GB/T 7494—1987）	1	3.4 直链烷基苯磺酸钠标准贮备溶液：称取 0.100 g 标准物 LAS（平均分子量 344.4，称准至 0.001 g），溶于 50 mL 水中，转移到 100 mL 容量瓶中，稀释至标线，混匀，每毫升含 1.00 mg LAS。保存于 4℃冰箱中。每周配制一次	2.4 直链烷基苯磺酸钠标准贮备溶液：称取 0.100 g 标准物 LAS（平均分子量 344.4，称准至 0.001 g），溶于 50 mL 水中，转移到 100 mL 容量瓶中，稀释至标线，混匀，每毫升含 1.00 mg LAS。保存于 4℃冰箱中。每周配制一次。或直接使用购买的直链烷基苯磺酸钠标准溶液	根据目前监测站普遍使用市售有证标准溶液的情况，补充了相关内容

项目	序号	现行标准中的相关规定	作业指导书中的相关规定	说明
阴离子表面活性剂的测定　亚甲蓝分光光度法（GB/T 7494—1987）	2	6.1 校准 取一组分液漏斗 10 个，分别加入 100 mL、99 mL、97 mL、95 mL、93 mL、91 mL、89 mL、87 mL、85 mL、80 mL 水，然后分别移入 0 mL、1.00 mL、3.00 mL、5.00 mL、7.00 mL、9.00 mL、11.00 mL、13.00 mL、15.00 mL、20.00 mL 直链烷基苯磺酸钠标准溶液，摇匀。按“测定”步骤处理每一标准，以测得的吸光度扣除试剂空白值（零标准溶液的吸光度）后与相应的 LAS 量（μg）绘制校准曲线	3.2 校准曲线的绘制 取一组分液漏斗 10 个，分别加入 100 mL、99 mL、97 mL、95 mL、93 mL、91 mL、89 mL、87 mL、85 mL、80 mL 水，然后分别移入 0 mL、1.00 mL、3.00 mL、5.00 mL、7.00 mL、9.00 mL、11.00 mL、13.00 mL、15.00 mL、20.00 mL 直链烷基苯磺酸钠标准溶液，摇匀。按“水样测定”步骤操作，以测得的吸光度扣除空白试验值（零浓度标准溶液的吸光度）后，与相应的 LAS 量（μg）绘制校准曲线。 注 3：①浓度点可根据实际情况适当增减，但不得少于 5 个点（零浓度除外）。②绘制校准曲线和水样的测定，应使用同一批三氯甲烷、亚甲蓝溶液和洗涤液	可根据实际情况对校准曲线的点进行调整，但规定了最低点数；为减小系统误差，规定了使用同一批次相关试剂
	3	7.2 精密度和准确度	4．质量保证和质量控制 4.1 空白试验的吸光度不应超过 0.02，本方法的空白吸光度有时会超过 0.02，且波动性也较大。此时可多做几个空白试验，取均值扣除。 4.2 精密度控制：每批样品应至少测定 10%的平行双样，样品数量少于 10 时，应测定一个平行双样，平行双样测定结果的相对偏差应≤20%。 4.3 准确度控制：每批次样品，应至少测定一个有证标准样品或基体加标回收样品，有证标准样品测定值应在允许范围内。样品含量≤0.5 mg/L 时，加标回收率为 80%～120%；样品含量＞0.5mg/L 时，加标回收率为 85%～110%	根据监测工作实际情况增加质控内容
硫化物的测定　亚甲基蓝分光光度法（GB/T 16489—1996）	1	去离子除氧水：将蒸馏水通过离子交换柱制得去离子水，通入氮气至饱和，以除去水中溶解氧。制得的去离子除氧水应立即盖严，并存放于玻璃瓶内	2.1 去离子除氧水：将蒸馏水通过离子交换柱制得去离子水，通入氮气至饱和，以除去水中溶解氧。制得的去离子除氧水应立即盖严，并存放于玻璃瓶内。也可用纯水机新制备的纯水代替	许多监测站现在都有纯水装备，新制备的纯水可满足无氧要求

项目	序号	现行标准中的相关规定	作业指导书中的相关规定	说明
硫化物的测定 亚甲基蓝分光光度法（GB/T 16489—1996）	2	无相关规定	4.2 校准曲线的绘制 取 9 支 100 mL 具塞比色管，各加入 20 mL 乙酸锌-乙酸钠溶液（2.10），分别取 0mL、0.50 mL、1.00 mL、2.00 mL、3.00 mL、4.00 mL、5.00 mL、6.00 mL、7.00 mL 的硫化钠标准使用液（2.16）置于 100 mL 比色管中，加水至 60 mL，沿比色管壁缓慢加入对氨基二甲基苯胺溶液（2.5）10 mL，立即密塞。并缓慢颠倒一次，加硫酸铁铵溶液（2.4）1 mL，立即密塞，充分摇匀。10 min 后，用水稀释至标线，混匀。用 1cm 比色皿，以水为参比，在 665 nm 处测量吸光度，同时做空白试验。以测定的各标准溶液扣除空白试验的吸光度为纵坐标，对应的标准溶液中硫离子的含量（μg）为横坐标，绘制校准曲线。 注 3：浓度点可根据实际情况适当增减，但不得少于 5 个点（零浓度除外）。绘制校准曲线，移取硫化钠标准使用液时，每一个标准点均需混匀使用液后方才移液。*N,N*-二甲基对苯二胺溶液加入一定要沿试管壁缓慢加入，立即密塞，缓慢颠倒的速度一定要慢，不能剧烈摇晃，速度过快容易造成硫化物损失；沿试管壁加入硫酸铁铵溶液，要迅速闭盖，同时要快速摇匀，让反应充分进行	补充相关注意事项，便于对操作关键环节的理解
	3	样品测定 沉淀分离法	去掉	统一为一种前处理方法：酸化-吹气-吸收法前处理，更利于数据比对
	4	硫化物结果表示方法： 无规定	硫化物结果表示方法： 当测定结果＜1.00 mg/L 时，保留至小数点后三位；当测定结果≥1.00 mg/L 时，保留三位有效数字	补充硫化物结果表示方法
	5	无规定	增加硫化物标准使用液内容：可以购买标准溶液，市售标准溶液开瓶容易挥发，即开即用	现在广泛用市售标准物质

项目	序号	现行标准中的相关规定	作业指导书中的相关规定	说明
粪大肠菌群的测定　多管发酵法（HJ/T 347—2007）	1	方法简述	原理增加了粪大肠菌群和多管发酵法的内容 1．原理 粪大肠菌群是总大肠菌群中的一部分，主要来自粪便。在44.5℃下能生长并发酵乳糖，产酸产气的大肠菌群称为粪大肠菌群。用提高培养温度的方法，造成不利于来自然环境的大肠菌群生长的条件，使培养出来的菌主要为来自粪便中的大肠菌群，从而更准确地反映出水质受粪便污染的情况。 多管发酵法是通过对水样进行振荡后，使细菌在其中均匀分布，然后对水样进行适当的稀释和接种，在特定的温度下，细菌分解乳糖产酸使培养液 pH 降低，溴甲酚紫指示剂由紫色变黄色，指示产酸；在适宜的 pH 范围内，细菌的脱氢酶催化底物分解产生气体，利用倒管指示产气。对样品进行两次发酵进行测定。观察到的阳性结果通过概率统计或查 MPN 表，以最可能数（MPN）的方式来记载测定结果	国标中的原理是解释 MPN 的原理。补充了粪大肠菌群的定义，以及多管发酵法的原理
	2	3.培养基和试剂	增加了培养基质量鉴定的内容 2.5 粪大肠菌群测定培养基质量鉴定 2.5.1 商品外包装应密封完好。 2.5.2 自制培养基应按照配方准备配制，并记录相关信息，如：培养基名称、类型、每个成分物质含量、制造商、批号、pH、培养基（分装体积）、无菌措施、配制日期、人员等，以便溯源。 2.5.3 商品化即用型培养基的生产厂如果经过 ISO 9001 体系认证或满足相应质量要求，应提供相应的资质证明。使用者不必再进行大量的培养基测试工作，但应严格按照供应商提供贮存条件、有效期和使用方法进行保存和使用	对试剂配制部分的补充，有利于方法的统一

项目	序号	现行标准中的相关规定	作业指导书中的相关规定	说明
粪大肠菌群的测定　多管发酵法（HJ/T 347—2007）	3	3.4 培养基的存放：在密封瓶中的脱水培养基成品要存放在大气湿度低、温度低于 30℃的暗处，存放时应避免阳光直接照射，并且要避免杂菌侵入和液体蒸发。当培养液颜色变化或体积变化明显时废弃不用	2.4 培养基的存放 在密封瓶中的脱水培养基开封后尽快使用，要存放在大气湿度低、温度低于 30℃的暗处。配制培养液的量，以能在一周内用完为好。配好的培养液存放时应避免阳光直接照射，要避免杂菌侵入和液体蒸发。当培养液颜色变化，或体积变化明显时废弃不用。放置在低温或冰箱中的液体培养基，有可能会有空气溶解进去，导致培养中在玻璃倒管中造成空气泡。因此，低温存放的试管在使用前过夜培养，弃去有气泡的管子	细化操作细节
	4	无此内容	3.仪器和设备 增加仪器和设备的内容	国标没有相关内容，细化了实验所需设备
	5	4.1 水样接种量	5 将表 20-1　接种用水量的参考表中的内容进行了细化，描述了不同程度污染水样的详细接种操作	细化了水样接种的操作
	6	表 3 最可能数（MPN）表	表 20-3　15 管法最大可能数（MPN）表，对 MPN 表进行了扩充	细化了 MPN 表
	7	质量控制与质量保证 无此内容	5. 质量保证和质量控制 5.1 应使用质量鉴定合格的培养基。 5.2 每月对实验用水做一次细菌学分析质量检测。 5.3 每批样品应用无菌水做全程序空白和实验室空白测定，培养后的培养液不得有任何变化，否则，该次样品测定结果无效，应查明原因后重新测定。 5.4 有条件地区每批样品建议使用有证标准菌株进行阳性、阴性对照试验。粪大肠菌群测定的阳性菌株为大肠埃希氏菌（Escherichia coli），阴性菌株为产气肠杆菌（Enterobacter aerogenes）。标准菌株繁殖必须在 6 代以内。上述标准菌株均制成浓度为 300～3 000 个/mL 的菌悬液，分别取相应水量的菌悬液接种，阳性与阴性菌株各一支，按要求培养，大肠埃希氏菌应呈现阳性反应；产气肠杆菌	补充了质量控制和质量保证的内容

项目	序号	现行标准中的相关规定	作业指导书中的相关规定	说明
粪大肠菌群的测定　多管发酵法（HJ/T 347—2007）	7	质量控制与质量保证 无此内容	应呈现阴性反应，否则，该次样品测定结果无效，应查明原因后重新测定。 注 3：可先制备较高浓度菌悬液，采用血球计数器在显微镜下对其浓度进行初步测定，然后根据实际情况用无菌水稀释至 300～3 000 个/mL。 5.5 培养箱放置的房间温度应比培养箱使用温度低，并在使用时内部放置一个精确的自动记录温度仪监控实验温度变化。 5.6 由条件地区每次灭菌时，建议使用高压蒸汽高温灭菌指示胶带，如变色不均匀或不彻底提示未达到灭菌条件。每月使用孢子悬浮液或孢子试条，如嗜热脂肪杆菌芽胞菌片进行灭菌效果检测（定期检定灭菌设备）。 5.7 灭菌后的采样瓶，两周内未使用，需重新灭菌	
	8	废物处理 无此内容	6. 废物处理 使用后的器皿及废弃物须经 121℃高压蒸汽灭菌 20 min 后，器皿方可清洗，废弃物作为普通垃圾处置	补充了废物处理的方式
粪大肠菌群的测定　纸片快速法（HJ 755—2015）	1	总大肠菌群相关内容	无	删除了总大肠菌群相关内容
硝酸盐、亚硝酸盐的测定　离子色谱法（HJ 84—2016）	1		4.1 样品的制备 注 3：样品经 0.45μm 或 0.22μm 微孔滤膜过滤，除去样品中颗粒物，防止系统堵塞。注意整个系统不要进气泡，否则会影响分离效果	根据实际监测工作增加样品处理注意事项
	2		5.2 标准曲线的绘制 注 4：目标离子的线性范围主要受限于分离柱的离子交换容量。对于超出方法线性范围的样品，可通过稀释样品、增加或减少进样量的方式进行测定	根据实际监测工作增加样品分析及预处理过程中的注意事项

项目	序号	现行标准中的相关规定	作业指导书中的相关规定	说明
硝酸盐、亚硝酸盐的测定　离子色谱法（HJ 84—2016）	3	11.5 准确度控制 每批次样品（≤20 个），应至少做一个加标回收率测，实际样品的加标回收率应控制在 80%～120%	6.5 准确度控制 每批次样品（≤20 个），应至少测定一个加标回收率或者有证标准样品。实际样品的加标回收率应控制在 80%～120%，有证标准样品的测定值应在允许范围内	根据实际监测工作增加质控内容
硫酸盐的测定　离子色谱法（HJ84—2016）	1	1.3 进样量为 25μl 时，硫酸根的检出限为 0.09mg/L	1 样品量为 50μl 时，方法检出限 0.030 mg/L，检测范围 0.12～10 mg/L	不同仪器之间进样量和检出限有差异
	2	7.2 标准曲线的绘制未明确提及相关内容	3.2 分别取硫酸根标准使用液 0.20mL、0.50mL、1.00mL、2.00mL、5.00mL、8.00mL、10.00mL 到 100mL 容量瓶中，用水定容到刻度线，配制成 7 个标准浓度分别为 0.2mg/L、0.5mg/L、1.0mg/L、2.0mg/L、5.0mg/L、8.00mg/L、10.0mg/L。测定其峰面积（或峰高），绘制校准曲线	增加了曲线浓度点的具体配制
	3	9 精密度和准确度 9.1 统一样品的测定 7 个实验室分别测定三个浓度的统一样品（重复测定次数 n=4），得到方法的精密度和准确度数据。 硫酸根的精密度： 重复性标准偏差分别为 2.3%，2.4%，1.7%； 再现性标准偏差分别为 5.1%，6.0%，4.4%； 9.2 实际样品的测定 硫酸根的加标回收率为 86.7%～113.0%	4．质量保证和质量控制 4.1 准确度 两家实验室对实际样品分别进行低、中、高加标浓度回收率试验，加标回收率为 83.7%～107%。 4.2 精密度 两家实验室分别对低、中、高浓度硫酸盐的样品进行了测定，实验室内相对标准偏差分别为 0.159%～2.4%、0.64%～1.70%、0.5%～0.68%；实验室间相对标准偏差分别为 1.70%、1.05%、0.60%	重新验证

项目	序号	现行标准中的相关规定	作业指导书中的相关规定	说明
硫酸盐的测定 离子色谱法 （HJ84—2016）	4	无相关质控内容	4．质量保证和质量控制 4.5 连续校准 每批次样品（≤20 个），应分析一个标准曲线中间点浓度的标准溶液，其测定结果与标准曲线该点浓度之间的相对误差应≤10%。否则，应重新绘制标准曲线。 4.6 精密度控制 每批次样品（≤20 个），应至少测定 10%的平行双样，样品数量<10 个时，应至少测定一个平行双样。平行双样测定结果的相对偏差应≤10%。 4.7 准确度控制 每批次样品（≤20 个），应至少测定一个加标回收率或者有证标准样品。实际样品的加标回收率应控制在 80%～120%，有证标准样品的测定值应在允许范围内	参考第四版 P82，并根据试验确定
硫酸盐的测定 铬酸钡分光 光度法 （HJ/T 342—2007）	1	测定范围为 8～85 mg/L	测定范围为 4～120 mg/L	适用水体范围不一样
	2	6 步骤 6.3 向水样及标准溶液中各加 1mL 2.5mol/L 盐酸溶液（3.3），加热煮沸 5min 左右。取下后再各加 2.5mL 铬酸钡悬浊液（3.1），再煮沸 5min 左右	3.2 校准曲线的绘制 分别加入 1mL 2.5mol/L 盐酸溶液（3.3）和 2.5mL 铬酸钡悬浊液（3.1，取用前摇匀），煮沸 10min 左右	简化步骤
	3	6 步骤 6.5 待溶液冷却后，用慢速定性滤纸过滤，滤液收集于 50mL 比色管内（如滤液浑浊，应重复过滤至透明）。用蒸馏水洗涤锥形瓶及滤纸三次，滤液收集于比色管中，用蒸馏水稀释至标线	3.2 校准曲线的绘制 取下锥形瓶冷却后，向各瓶逐滴加入（1+1）氨水（3.2）至呈柠檬黄色，再多加 2 滴。放置于冰水中冷却，后用 0.45μm 微孔滤膜过滤，收集滤液于 50mL 比色管内（如滤液浑浊，应重新过滤）。用水洗涤锥形瓶三次，再洗涤滤膜至滤液快至比色管标线时，取出比色管，加水至标线，混匀	改进过滤效果。用慢速定性滤纸过滤效果不理想；放置水中冷却，有利铬酸钡沉淀；用 0.45μm 微孔滤膜过滤效果比较好

项目	序号	现行标准中的相关规定	作业指导书中的相关规定	说明
硫酸盐的测定 铬酸钡分光光度法（HJ/T 342—2007）	4	8 精密度和准确度 实验室内相对标准偏差为 0.52%，实验室间相对标准偏差为 3.17%，相对误差为 1.24%；加标回收率为 89.1%～113.9%	4．质量保证和质量控制 实验室内相对标准偏差分别为 2.10%～3.81%、0.90%～3.34%、1.00%～1.61%；实验室间相对标准偏差分别为 3.08%、2.00%、1.34%。加标回收率为 83.7%～107%	对精密度和准确度进一步论证
氯化物的测定 离子色谱法（HJ84—2016）	1	1.3 进样量为 25 μl 时，硫酸根的检出限为 0.09 mg/L	1 样品量为 50 μl 时，方法检出限 0.030 mg/L，检测范围 0.12～10 mg/L	不同仪器之间进样量和检出限有差异
	2	7.2 标准曲线的绘制未明确提及相关内容	3.2 分别取氯离子标准使用液（2.2.1）0.20 mL、0.50 mL、1.00 mL、2.00 mL、5.00 mL、8.00 mL、10.00 mL 到 100 mL 容量瓶中，用水定容到刻度线，配制成 7 个标准浓度分别为 0.2 mg/L、0.5 mg/L、1.0 mg/L、2.0 mg/L、5.0 mg/L、8.00 mg/L，10.0 mg/L。测定其峰面积（或峰高），绘制校准曲线	增加了曲线浓度点的具体配制
	3	9 精密度和准确度 9.1 统一样品的测定 7 个实验室分别测定三个浓度的统一样品（重复测定次数 n=4），得到方法的精密度和准确度数据。 硫酸根的精密度： 重复性标准偏差分别为 2.3%、2.4%、1.7%； 再现性标准偏差分别为 5.1%、6.0%、4.4%； 9.2 实际样品的测定 硫酸根的加标回收率为 86.7%～113.0%	4．质量保证和质量控制 4.1 准确度 两家实验室对实际样品分别进行低、中、高加标浓度回收率试验，加标回收率为 83.7%～107%。 4.2 精密度 两家实验室分别对低、中、高浓度硫酸盐的样品进行了测定，实验室内相对标准偏差分别为 0.159%～2.4%、0.64%～1.70%、0.5%～0.68%；实验室间相对标准偏差分别为 1.70%、1.05%、0.60%	重新验证

项目	序号	现行标准中的相关规定	作业指导书中的相关规定	说明
氯化物的测定 离子色谱法（HJ84—2016）	4	无相关质控内容	4．质量保证和质量控制 4.3 每批次样品（≤20 个），应测定一个校准曲线中间点浓度的标准溶液，其测定结果与校准曲线该点浓度的相对误差应≤10%。否则，需重新绘制校准曲线。 4.4 每批次样品（≤20 个），应至少测定 10%的平行双样，样品数量＜10 个时，应至少测定一个平行双样。测定结果相对偏差应≤10%。 4.5 每批次样品（≤20 个），应至少做一个加标回收率测定，实际样品的加标回收率应控制在 80%～120%	参考第四版 P82，并根据试验确定

附录 3

编 委 会

主　　编： 王业耀

副 主 编： 孙宗光　吕怡兵　刘　方

执行副主编： 许秀艳　解　鑫　袁　懋

编　　委：（按章节顺序排列）

解　鑫　刘　京　丁　页　林健弟　李　彤　谢　争　林芸辉
谭泉峰　廖　翀　陈雨艳　谢小红　谢文理　渠　魏　李斗果
龚　玲　肖　婷　陈　桥　潘　晨　李　金　胡序朋　许秀艳
陈　烨　东　明　袁　懋　张付海　唐晓菲　阴　琨　许人骥
李　耕　陈小霞　丁曦宁　王文雷　刘金芝　许艳芳　朱晓丹
胡笑妍　蒋立英　周冰冰　魏　君　张霖琳　陈　纯　路新燕
薛荔栋　朱红霞　吕天峰　王俊伟　刘　宏　靳皓琛　左苗苗
吴庆梅　叶　翠　乌云图雅　李　莉　卢　益　孙秀萍　徐海明
张智源　潘　虹　孙　燕　张吉喆　方　伟　巢文军　肖　文
高愈霄　李　晶　张小琼　徐东炯　朱冰川　卢　雁　王秋丽
李　媛　刘　瑞　项　健　王　梅　翟振国　陈进营　杨　爽
任朝兴　周敬峰　邓元秋　季海冰　余　磊　庄彤晖　刘　允
李晓明　李东一　朱　擎　张　皓　白　雪　嵇晓燕　陈亚男
姚志鹏　陈　鑫　周　密